Scala for the Impatient, Third Edition

Scala 速学版

（第3版）

[美] 凯 · S. 霍斯特曼（Cay S. Horstmann）◎ 著

李晗 ◎ 译

人民邮电出版社

北京

图书在版编目（CIP）数据

Scala ： 速学版 ： 第 3 版 / （美）凯·S.霍斯特曼
(Cay S. Horstmann) 著 ； 李晗译. -- 北京 ： 人民邮电
出版社，2024. -- ISBN 978-7-115-64762-7

Ⅰ. TP312.8

中国国家版本馆 CIP 数据核字第 2024U4S060 号

版权声明

Authorized translation from the English language edition, entitled Scala for the Impatient, 3rd Edition, ISBN: 9780138033651 by Cay S. Horstmann, published by Pearson Education, Inc. Copyright © 2023 Pearson Education, Inc. This edition is authorized for distribution and sale in the People's Republic of China (excluding Hong Kong SAR, Macao SAR and Taiwan).

All rights reserved. No part of this book may be reproduced or transmitted in any form or by any means, electronic or mechanical, including photocopying, recording or by any information storage retrieval system, without permission from Pearson Education, Inc.

CHINESE SIMPLIFIED language edition published by POSTS AND TELECOM PRESS, Copyright © 2024.

本书中文简体版由 Pearson Education,Inc 授权人民邮电出版社出版。未经出版者书面许可，不得以任何方式或任何手段复制和抄袭本书内容。本书经授权在中华人民共和国境内（香港特别行政区、澳门特别行政区和台湾地区除外）发行和销售。

本书封面贴有 Pearson Education（培生教育出版集团）激光防伪标签，无标签者不得销售。

版权所有，侵权必究。

◆ 著　[美] 凯·S.霍斯特曼（Cay S. Horstmann）
译　李　晗
责任编辑　陈灿然
责任印制　王　郁　胡　南

◆ 人民邮电出版社出版发行　北京市丰台区成寿寺路 11 号
邮编　100164　电子邮件　315@ptpress.com.cn
网址　https://www.ptpress.com.cn
三河市中晟雅豪印务有限公司印刷

◆ 开本：787×1092　1/16
印张：16.75　2024 年 8 月第 1 版
字数：396 千字　2024 年 8 月河北第 1 次印刷
著作权合同登记号　图字：01-2023-1917 号

定价：89.80 元

读者服务热线：(010) 81055410　印装质量热线：(010) 81055316
反盗版热线：(010) 81055315
广告经营许可证：京东市监广登字 20170147 号

内 容 提 要

本书是一本系统地介绍 Scala 语言的入门图书，针对 Scala 3 进行了全面的更新，不仅覆盖了 Scala 语言的基础知识，而且涵盖了许多更复杂的概念，并最终深入到非常高级的内容。

本书共分 20 章，首先介绍了 Scala 语言的基础概念，以及控制结构和函数、数组操作、映射、Option、元组、类、对象和枚举、包、导入和导出、继承、文件和正则表达式等关键概念；其次介绍了特质、运算符、高阶函数、容器、模式匹配、注解、Future、类型参数、高级类型、上下文抽象和类型级编程等高级内容。每章都标记了一个级别标签，告诉你本章的难易程度，以及它是面向应用程序员还是库设计者。本书以紧凑的形式呈现内容，提供了许多实用的示例代码，还给出了基于作者实际经验的提示、注意和警告。

本书适合有一定编程经验、对 Scala 感兴趣，并希望尽快掌握 Scala 核心概念和用法的开发者阅读。

作者简介

凯 •S. 霍斯特曼（Cay S. Horstmann）是《Java 核心技术速学版（第 3 版）》（*Core Java for the Impatient*, *Third Edition*）的作者，也是 *Core Java*, *Volumes I and II*, *Twelfth Edition* 的主要作者，他还为专业编程人员和计算机科学专业的学生撰写了十多本书。他是美国圣何塞州立大学计算机科学专业的荣誉退休教授，也是一名 Java Champion。

第1版序

几年前，当我遇到凯·霍斯特曼（Cay Horstmann）时，他告诉我，读者需要一本更好的Scala入门书。当时我的书刚刚出版，因此我当然要问他觉得我那本书有哪些不好的地方。他回答说，书很棒，但是太过冗长，他的学生们是不会有耐心读完800页的《Scala编程》（*Programming in Scala*）的。我承认他说得有道理。然后，他就开始着手解决这个问题，于是就有了这本《Scala速学版》。

我很高兴他的书终于出版了，因为它真的达到了书名所说的效果。本书对 Scala 进行了非常实用的介绍，解释了它的特别之处，它与Java有何不同，如何克服学习中的一些常见障碍，以及如何编写优秀的Scala代码。

Scala是一种具有高度表达力和灵活性的语言。它允许库编写者使用高度复杂的抽象，以便库用户可以简单而直观地表达自己。因此，根据所查看代码类型的不同，它可能看起来非常简单或非常复杂。

一年前，我试图通过为 Scala 及其标准库定义一组级别来提供一些澄清。应用程序员和库设计人员各有3个级别。初级内容可以快速学习，并足以高效地编程。中级内容使程序更加简洁和函数化，并使库的使用更加灵活。最高级别的内容是为那些解决专门任务的专家准备的。当时，我这样写道：

> 我希望这将帮助学习该语言的新手决定以什么顺序选择要学习的内容，并将给教师和图书作者一些建议，以怎样的顺序来呈现内容。

凯的书是第一本系统地应用了该想法的书。每一章都标记了一个级别标签，告诉你本章的难易程度，以及它是面向库编写者还是应用程序员。

正如你所料，本书开篇快速介绍了 Scala 的基础功能。此外，它还涵盖了许多更“高级”的概念，并最终深入到非常高级的内容，这些内容通常并不会出现在编程语言的入门指引当中，例如如何编写解析器组合器或使用定界延续。级别标签作为一种指南，告诉我们何时应该学习什么内容。凯出色地使最高级的概念变得简单易懂。

我非常喜欢《Scala速学版》的概念，于是我问凯和他的编辑格雷格·多恩奇（Greg Doench）

能否将本书的第一部分作为免费资料放在 Typesafe 网站上供大家下载。他们慷慨地同意了我的请求，对此我深表感谢。这样一来，每个人都可以快速访问我认为是目前最好的 Scala 入门内容。

马丁·奥德斯基（Martin Odersky）

2012 年 1 月

前　言

传统编程语言的进化已经大大放缓，渴望使用更现代语言特性的程序员正在寻找其他选择。Scala 是一个很有吸引力的选择。事实上，我认为对于想要提高生产力的程序员来说，这是迄今为止最具吸引力的选择。Scala 的语法简洁，跟 Java 的“陈词滥调”比起来让人耳目一新。它运行在 Java 虚拟机（Java virtual machine，JVM）上，提供对大量库和工具的访问。并且，Scala 不仅仅瞄准 JVM。ScalaJS 项目可以生成 JavaScript 代码，使你能够使用非 JavaScript 语言同时编写 Web 应用程序的服务器端和客户端部分。Scala 既拥抱了函数式编程风格，又没放弃面向对象编程，为你提供了一个通往新范式的渐进式学习路径。Scala REPL 可以让你快速地进行实验，使得学习 Scala 变得非常愉快。最后但同样重要的是，Scala 是静态类型语言，允许编译器发现错误，这样就不至于要等到程序运行起来之后才能发现这些错误，造成时间上的浪费。编译器还可以帮助你编写无错误的代码，尽可能地推断类型，这样就不必编写（或读取）类型。

在撰写本书第 1 版时，Java、C#和 C++陷入了一种复杂性日益增长而表达能力几乎没有增强的状态。在当时，Scala 是一股受人欢迎的新鲜空气。与此同时，Java 和其他 JVM 语言（例如 Kotlin）已经接受了 Scala 的部分特性集。然而，Scala 已经在类型级编程方面开辟了新的道路，使强大的库成为可能，这是你在 Java 或 Kotlin 等语言中无法预想的。

我写这本书是为那些迫不及待想马上开始用 Scala 编程的读者准备的。我假设你已经了解 Java、C#、JavaScript、Python 或 C++，不会解释变量、循环或类。我不会详尽地列出这门语言的所有特性，不会告诉你某种范式优于另一种范式的道理，也不会让你忍受冗长而复杂的示例。相反，你将以紧凑的块形式获得所需的信息，并根据需要进行阅读和复习。

Scala 语言因为难以阅读而出名，当库的提供者不太关注可用性或者假定程序员对范畴论很精通时，这当然是事实。我假定你熟悉面向对象编程，本书涵盖了基本的函数式编程所需的内容，在复杂性上与 Java 流类似，但事物总有两面性。我的目标是教你写出令人愉快的 Scala 代码，而不是难以理解的代码。

Scala 是一门庞大的语言，但你可以在不了解所有细节的情况下有效地使用它。Scala 之父马丁·奥德斯基（Martin Odersky）为应用程序员和库设计者划分了不同的专业水平，如下表所示：

应用程序员	库设计者	总体 Scala 级别
初级 A1		初级
中级 A2	初级 L1	中级
专家 A3	中级 L2	高级
	专家 L3	专家

对于每一章（偶尔个别章节），我都会指出所需的经验级别，大致的递进顺序为 A1、L1、A2、L2、A3、L3。即使你不想设计自己的库，了解 Scala 为库设计者提供的工具也可以让你成为更高效的库用户。

这是本书的第 3 版，我针对 Scala 3 进行了全面的更新。Scala 3 为这门语言带来了重大变化。通过移除尴尬的边界情况，经典特性变得更加规范，高级功能现在更容易学习，甚至还添加了以前只能通过宏才能使用的更强大的功能。一种"安静语法"（类似于 Python 语法）看起来很简单，现在已经成为编写 Scala 3 代码的首选方式。

我只介绍 Scala 3 的现状和未来，而不会详细介绍 Scala 3 的发展历史。如果你需要使用 Scala 2，请阅读本书第 2 版。

希望你喜欢利用本书来学习 Scala。如果你发现错误或有改进建议，请访问异步社区，并前往本书页面提交。在该页面上，你还可以找到本书的示例代码。

非常感谢德米特里·基尔萨诺夫（Dmitry Kirsanov）和阿林娜·基尔萨诺娃（Alina Kirsanova），是他们将我的手稿从 XHTML 变成了一本漂亮的图书，让我可以专注于内容而非纠结于格式。每个作者都值得拥有这么好的帮手！

本书和之前版本的审稿人包括米歇尔·沙彭蒂耶（Michel Charpentier）、阿德里安·库米斯基（Adrian Cumiskey）、迈克·戴维斯（Mike Davis）、罗布·迪肯斯（Rob Dickens）、本·埃文斯（Ben Evans）、史蒂夫·海恩斯（Steve Haines）、丹尼尔·伊诺霍萨（Daniel Hinojosa）、胡韦（Wei Hu）、苏珊·波特（Susan Potter）、柴田佳樹（Yoshiki Shibata）、丹尼尔·索布拉尔（Daniel Sobral）、克雷格·塔塔林（Craig Tataryn）、大卫·瓦伦德（David Walend）和威廉·惠勒（William Wheeler）。非常感谢他们的意见和建议！

最后，像往常一样，我要感谢我的编辑格雷格·多恩奇（Greg Doench），谢谢他鼓励我写这本书，以及他在本书编写过程中的深刻见解。

凯·S. 霍斯特曼（Cay S. Horstmann）

2022 年于德国柏林

资源与支持

资源获取

本书提供示例代码、思维导图等资源，要获得以上资源，您可以扫描下方二维码，根据指引领取。

提交勘误

作者和编辑尽最大努力来确保书中内容的准确性，但难免会存在疏漏。欢迎您将发现的问题反馈给我们，帮助我们提升图书的质量。

当您发现错误时，请登录异步社区（https://www.epubit.com），按书名搜索，进入本书页面，点击“发表勘误”，输入勘误信息，点击“提交勘误”按钮即可（见下图）。本书的作者和编辑会对您提交的勘误进行审核，确认并接受后，您将获赠异步社区的 100 积分。积分可用于在异步社区兑换优惠券、样书或奖品。

与我们联系

我们的联系邮箱是 contact@epubit.com.cn。

如果您对本书有任何疑问或建议，请您发邮件给我们，并请在邮件标题中注明本书书名，以便我们更高效地做出反馈。

如果您有兴趣出版图书、录制教学视频，或者参与图书翻译、技术审校等工作，可以发邮件给我们。

如果您所在的学校、培训机构或企业，想批量购买本书或异步社区出版的其他图书，也可以发邮件给我们。

如果您在网上发现有针对异步社区出品图书的各种形式的盗版行为，包括对图书全部或部分内容的非授权传播，请您将怀疑有侵权行为的链接发邮件给我们。您的这一举动是对作者权益的保护，也是我们持续为您提供有价值的内容的动力之源。

关于异步社区和异步图书

“异步社区”（www.epubit.com）是由人民邮电出版社创办的 IT 专业图书社区，于 2015 年 8 月上线运营，致力于优质内容的出版和分享，为读者提供高品质的学习内容，为作译者提供专业的出版服务，实现作者与读者在线交流互动，以及传统出版与数字出版的融合发展。

“异步图书”是异步社区策划出版的精品 IT 图书的品牌，依托于人民邮电出版社在计算机图书领域 30 余年的发展与积淀。异步图书面向 IT 行业以及各行业使用 IT 技术的用户。

目　录

第1章

基础 A1

在本章中，我们将学习如何将 Scala 用作工业级的袖珍计算器来进行数字处理和算术运算。在此过程中，我们将介绍很多重要的 Scala 概念和习惯用法。同时，你还将学习如何以初学者角度浏览 Scaladoc 文档。

本章重点内容如下：

- 使用 Scala 解释器；
- 利用 `var` 和 `val` 定义变量；
- 数字类型；
- 使用运算符和函数；
- 导航 Scaladoc。

1.1 Scala 解释器

根据安装 Scala 的不同方式，可以从命令行或集成开发环境来运行 Scala 解释器。

启动解释器并输入命令，然后按下回车键。每次按下回车键后，解释器都会显示结果，如图 1-1 所示。例如，如果输入 `8 * 5 + 2`（如下面的加粗内容所示），那么会得到 `42`。

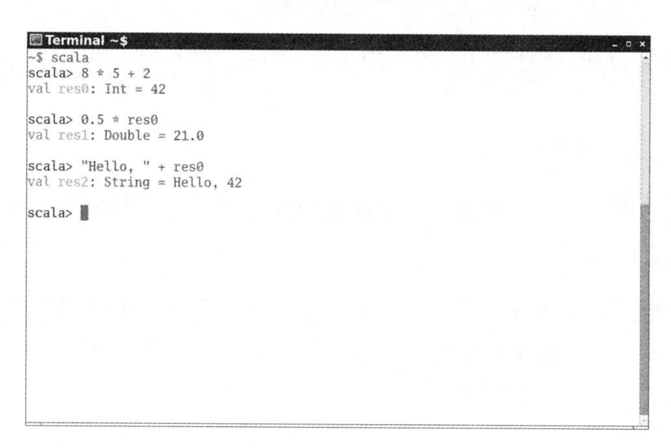

图 1-1 Scala 解释器

```
scala> 8 * 5 + 2
val res0: Int = 42
```

上面的结果中，我们将答案命名为 `res0`。在后续计算中，可以使用该名称：

```
scala> 0.5 * res0
val res1: Double = 21.0
scala> "Hello, " + res0
val res2: String = Hello, 42
```

如上可见，解释器同时还会显示结果的类型。在本例中，分别为 `Int`、`Double` 和 `String`。

提示： 不喜欢命令行界面？一些支持 Scala 的集成开发环境提供了一种“工作表”功能，可用于输入表达式并在保存工作表时显示结果。图 1-2 展示了 Visual Studio Code 中的一个工作表。

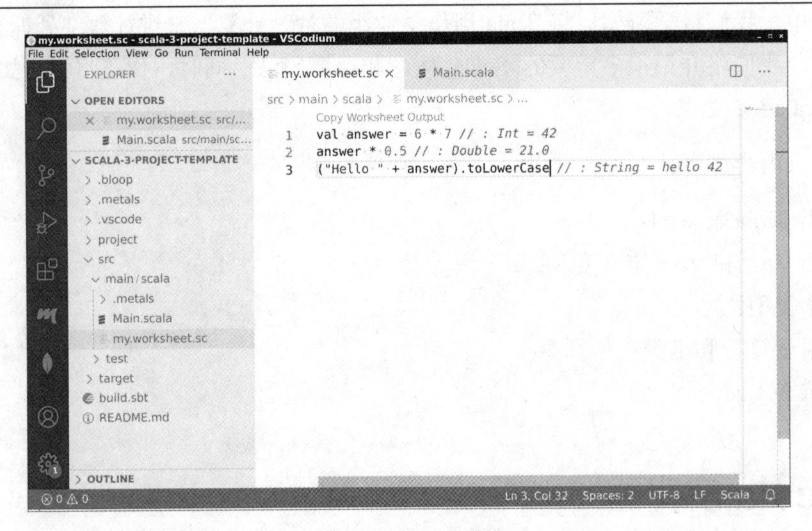

图 1-2　Scala 工作表

调用方法时，可以尝试使用制表符补全（tab completion）来输入方法名。可以输入 `res2.to` 然后按下 Tab 键。如果解释器给出了如下选项：

```
toCharArray  toLowerCase  toString  toUpperCase
```

说明在你的环境中制表符补全功能可以正常工作。然后，输入 `U` 并再次按下 Tab 键，现在会得到一行补全的代码：

```
res2.toUpperCase
```

按下回车键，结果就会显示出来（如果在你的环境中无法使用制表符补全，那么就只能自己输入完整的方法名）。

同样地，可以尝试按↑和↓方向键。在大多数实现中，可以看到之前提交过的命令，并可以对其进行编辑。使用←、→和 Del 键将上一条命令修改为：

```
res2.toLowerCase
```

可以看到，Scala 解释器读取一个表达式，对其求值，将其打印，然后读取下一个表达式。

该过程称作“读取 - 求值 - 打印”循环（read - eval - print loop）或 REPL。

从技术上讲，scala 程序并不是一个解释器。实际上，输入会快速地编译成字节码，然后由 Java 虚拟机执行字节码。正因如此，大多数 Scala 程序员更倾向于将其称作“REPL”。

提示： REPL 是你的朋友。即时的反馈鼓励我们去尝试，当成功时会很有成就感。
建议同时打开一个编辑器窗口，这样就可以将成功运行的代码片段复制、粘贴出来供后续使用。同样地，当尝试更复杂的示例时，你可能会想先在编辑器中组织好，然后将其粘贴到 REPL 中。

提示： 在 REPL 中输入:help 可以查看命令列表，所有的命令都以冒号开头。例如，:type 命令会给出表达式的类型。你只需输入每个命令的唯一前缀。例如，:t 与:type 是一样的（至少目前如此），因为目前还没有以 t 开头的其他命令。

1.2 声明值和变量

除了使用 res0、res1 等名称外，还可以定义自己的名称：

```
scala > val answer = 8 * 5 + 2
answer: Int = 42
```

可以在后续表达式中使用这些名称：

```
scala> 0.5 * answer
res3: Double = 21.0
```

用 val 声明的值实际上是一个常量——你无法改变它的内容：

```
scala > answer = 0
-- Error:
1 |answer = 0
  |^^^^^^^^^^
  |Reassignment to val answer
```

要声明内容可变的变量，可以使用 var：

```
var counter = 0
counter = 1// OK，可以改变 var 声明的变量值
```

在 Scala 中，鼓励使用 val，除非真的需要改变它的内容。对于 Java、Python 或 C++程序员来说，可能会惊讶地发现，大多数程序并不需要很多 var 变量。

需要注意的是，并不需要给出值或变量的类型，这个信息可以从初始化它的表达式类型推断出来（声明值或变量但不做初始化会报错）。

不过，在必要的时候也可以指定类型。例如：

```
val message : String = null
val greeting : Any = "Hello"
```

注意：在 Scala 中，变量或函数的类型总是写在其名称的后面，这使得读取具有复杂类型的声明更加容易。

当在 Scala 和 Java 间来回切换时，我发现自己经常无意识地敲出 Java 方式的声明，例如 `String greeting`，为此我必须手动将其改成 `greeting : String`。这有些烦人，但每当处理复杂的 Scala 程序时，我都会心存感激，因为不必再去解读 C 风格的类型声明。

注意：你可能已经注意到，变量声明或赋值语句之后没有分号。在 Scala 中，仅当同一行代码中存在多条语句时才需要使用分号分隔。

可以同时声明多个值或变量：

```
val xmax, ymax = 100 // 将xmax和ymax设为100
var prefix, suffix: String = null // prefix和suffix都是字符串，被初始化为null
```

注意：在 Scala 中，十六进制整数字面量以 `0x` 开头，例如 `0xCAFEBABE`。Scala 中没有八进制或二进制字面量。长整数字面量以 `L` 结尾。数字字面量可以包含下划线，以方便阅读，例如 `10_000_000_000L`。

1.3　常用类型

目前为止，我们已经看到了一些 Scala 数据类型，例如 `Int` 和 `Double`。Scala 有 7 种数值类型：`Byte`、`Char`、`Short`、`Int`、`Long`、`Float` 和 `Double`，以及一个布尔类型 `Boolean` 类型。在 Scala 中，这些类型都是类（class）。在 Scala 中，基本类型和类类型之间并没有明显差异。你也可以对数字调用方法，例如：

```
1.toString() // 产生字符串"1"
```

或者，更令人兴奋的是：

```
1.to(10) // 将产生Range(1,2,3,4,5,6,7,8,9,10)
```

（我们将在第 13 章介绍 `Range` 类，现在只需将其当作一组数字。）

在 Scala 中，不需要包装器类型。在基本类型和包装器之间进行转换是 Scala 编译器的工作。例如，如果要创建一个 `Int` 的数组，那么最终在虚拟机中得到的是一个 `int[]`数组。

在 1.1 节讲到，Scala 依赖底层的 `java.lang.String` 类来处理字符串。不过，它在 `StringOps` 类中增加了过百种操作来对其进行了增强。例如，`intersect` 方法会产生两个字符串中共有的字符：

```
"Hello".intersect("World") // 产生"lo"
```

在该表达式中，`java.lang.String` 对象`"Hello"`被隐式地转换成了一个 `StringOps` 对象，接着应用了 `StringOps` 类的 `intersect` 方法，就像自己写过：

```
scala.collection.StringOps("Hello").intersect("World")
```

因此，在使用 Scala 文档（见 1.7 节）时，记得研究一下 StringOps 类。

同样地，Scala 还提供了 RichInt、RichDouble、RichChar 等类，它们分别为其对应的基本类型（Int、Double 或 Char）提供了一小组便捷的方法。我们前面看到的 to 方法实际上就是 RichInt 类的方法。表达式 1.to(10)等价于 scala.runtime.RichInt(1).to(10)。

Int 值 1 首先被转换成 RichInt，然后应用 to 方法。

最后，还有 BigInt 和 BigDecimal 类，它们用于任意（但有限）位数的计算。这些类依赖于 java.math.BigInteger 和 java.math.BigDecimal 类，但正如你将在下一节看到的，它们用起来更加方便，因为你可以使用常见的数学运算符。

注意： 在 Scala 中，我们使用方法而非强制类型转换来进行数值类型之间的转换。例如，99.44.toInt 就是 99，99.toChar 就是'c'。toString 方法将任何对象转换为字符串。
要将包含数字的字符串转换为数字，请使用 toInt 或 toDouble。例如，"99.44".toDouble 就是 99.44。

1.4 算术和运算符重载

Scala 中的算术运算符正如你预期的那样工作：

```
val answer = 8 * 5 + 2
```

+、-、*、/和%运算符执行它们常见的功能，位运算符&、|、^、<<、>>和>>>也是如此。只有一个令人惊讶的方面：这些运算符实际上是方法。例如：

```
a + b
```

是如下方法调用的简写：

```
a.+(b)
```

此处，+是方法名。Scala 对方法名中的非字母数字字符没有任何偏见。你可以用几乎任何符号来定义方法名称。例如，BigInt 类定义了一个名为/%的方法，该方法返回一个包含除法的商和余数的数值对。

通常，你可以编写

```
a method b
```

作为以下代码的简写：

```
a.method(b)
```

其中，*method* 是一个方法，带有两个参数：“接收者” a 和显式参数 b。例如：

```
1.to(10)
```

可以写成：

```
1 to 10
```

请使用你认为更容易阅读的方式。初级 Scala 程序员往往坚持使用点表示法，这没什么问题。当然，几乎每个人都更喜欢 `a + b` 而不是 `a.+(b)`。

与 Java、JavaScript 或 C++不同，Scala 中没有++和--运算符。相反，只需要使用+=1 或-=1：

```
counter+=1  // 将 counter 值增加 1，因为 Scala 中没有++
```

有些人想知道 Scala 不提供++运算符是否存在深层次的原因。（注意，不能简单地实现一个名为++的方法，因为 `Int` 类是不可变的，这种方法不能改变整数值。）Scala 的设计者们认为不值得为节省一次按键而额外增加一个特殊规则。

对于 `BigInt` 和 `BigDecimal` 对象，可以使用常见的数学运算符：

```
val x: BigInt = 1234567890
x * x * x  // 产生 1881676371789154860897069000
```

这比 Java 好太多了，在 Java 中必须调用 `x.multiply(x).multiply(x)`。

注意： 在 Java 中，不能对运算符进行重载，Java 设计者们声称这是一件好事，因为这样做可防止大家创造出类似于!@$&*这样的运算符，从而使程序变得无法阅读。当然，这是一个糟糕的决定，因为你仍旧可以使用类似于 qxywz 这样的方法名使程序变得同样无法阅读。Scala 允许定义运算符，让你有节制、有品位地使用该特性。

1.5 关于调用方法的更多内容

我们已经学习了如何调用对象的方法，比如：

```
"Hello".intersect ("World")
```

不带参数的方法调用时通常不带括号。例如，`scala.collection.StringOps` 类的 API 显示了一个不带()的 `sorted` 方法，该方法会产生一个按字母顺序排列的新字符串。其调用方式如下：

```
"Bonjour".sorted // 产生字符串"Bjnooru"
```

经验法则是，不修改对象的无参数方法没有括号。我们将在第 5 章进一步讨论这一点。

在 Java 中，像 `sqrt` 这样的数学函数均定义为 `Math` 类的静态方法。在 Scala 中，可以在单例对象中定义这种方法，我们将在第 6 章详细讨论。一个包可以有一个包对象（package object）。在这种情况下，你可以导入包并在不带任何前缀的情况下使用包对象的方法：

```
import scala.math.*
sqrt(2)  // 产生 1.4142135623730951
pow(2, 4) // 产生 16.0
min(3, Pi) // 产生 3.0
```

如果不导入 `scala.math` 包，那么使用时就需要添加包名：

```
scala.math.sqrt(2)
```

注意： 如果包名以 scala.开头，那么可以省略 scala 前缀。例如，import math.*等同于 import scala.math.*，math.sqrt(2)等同于 scala.math.sqrt(2)。不过，在本书中，为了清晰，我们会一直使用 scala 前缀。

可以在第 7 章中找到关于 import 语句的更多信息。目前，只需要在导入特定包时使用 import *packageName*.*。

通常，类都有一个伴生对象（companion object），提供不应用于实例的方法。例如，scala.math.BigInt 类的伴生对象 BigInt 声明了 probablePrime，后者不作用于 BigInt 实例。相反，它会生成一个具有给定位数的随机素数 BigInt：

```
BigInt.probablePrime(100, scala.util.Random)
```

此处的 Random 是一个定义在 scala.util 包中的单例随机数生成器对象。试着在 REPL 中运行上述代码，会得到一个类似于 1039447980491200275486540240713 的数字。

1.6 apply 方法

在 Scala 中，通常会使用一种类似于函数调用的语法。例如，如果 s 是一个字符串，那么 s(i)就是该字符串中的第 i 个字符。（在 C++、JavaScript 和 Python 中会写成 s[i]，在 Java 中会写成 s.charAt(i)。）在 REPL 中运行以下代码：

```
val s = "Hello"
s(4) // 产生'o'
```

可以将这种用法当作()运算符的一种重载形式，它实现为一个名为 apply 的方法。例如，在 StringOps 类的文档中，你会发现这样一个方法：

```
def apply(i: Int): Char
```

也就是说，s(4)是以下语句的简写：

```
s.apply(4)
```

为什么不使用[]运算符呢？你可以将元素类型为 T 的序列 *s* 想象成一个从 {0, 1, … , *n*-1} 到 T 的函数，该函数将 *i* 映射到 *s*(*i*)，即序列中的第 *i* 个元素。

这个论点对于映射（map）而言更具说服力。正如将在第 4 章中看到的，可以用 map(key)来查找给定键对应的映射值。从概念上讲，映射是一个从键到值的函数，因此使用函数表示法是合理的。

警告： ()表示法有时会与另一个 Scala 特性“上下文参数”冲突。例如，表达式"Bonjour".sorted(3)将产生一个错误，因为 sorted 方法可以选择性地调用排序参数，但 3 并不是一个有效的排序参数。你可以使用另一个变量：

```
val result = "Bonjour".sorted
result(3)
```

或显式地调用 apply：

```
"Bonjour".sorted.apply(3)
```

当你查看 BigInt 伴生对象的文档时，就会看到允许你将字符串或数字转换为 BigInt 对象的 apply 方法。例如，调用 BigInt("1234567890")是 BigInt.apply("1234567890")的简写形式。

它会产生一个新的 BigInt 对象，而无需使用 new。例如：

```
BigInt("1234567890") * BigInt("112358111321")
```

在 Scala 中，使用伴生对象的 apply 方法是构造对象的一种惯用方法。例如，Array(1,4,9,16）返回一个数组，这归功于伴生对象 Array 的 apply 方法。

注意： 在本章中，我们假设 Scala 代码在 Java 虚拟机上执行。对于标准的 Scala 发行版而言的确如此。然而，Scala.js 项目提供了将 Scala 转换为 JavaScript 的工具。如果你用到了该项目，那么就可以用 Scala 编写 web 应用程序的客户端和服务端代码。

1.7 Scaladoc

使用 Scaladoc 浏览 Scala API（见图 1-3）。

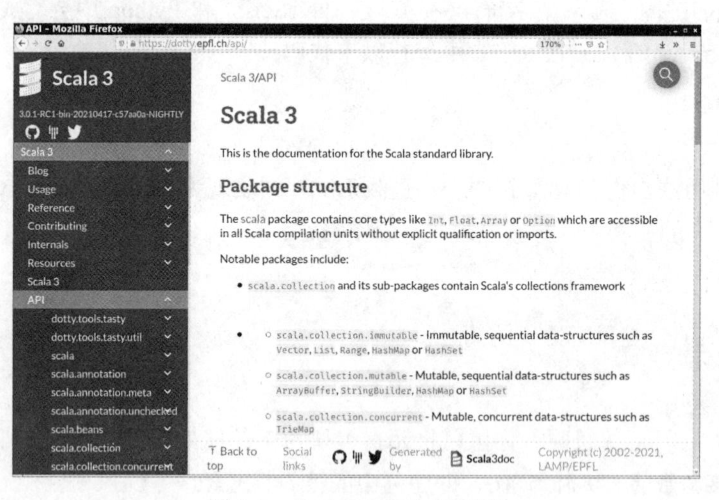

图 1-3　Scaladoc 的入口页面

使用 Scaladoc 可能会让人有点不知所措。Scala 类往往有很多方便的方法，有些方法使用了一些高级特性，这些特性对库实现者更有意义，而对库使用者则不太重要。

这里有一些新手在浏览 Scaladoc 时的提示。

可以在 Scala 官网在线浏览 Scaladoc，但最好是下载一份副本并安装到本地。

Scaladoc 是按包组织的。不过，如果知道类或方法的名称，就不用费心导航到包了。只需使用入口页面顶部的搜索栏进行搜索（见图 1-4）。

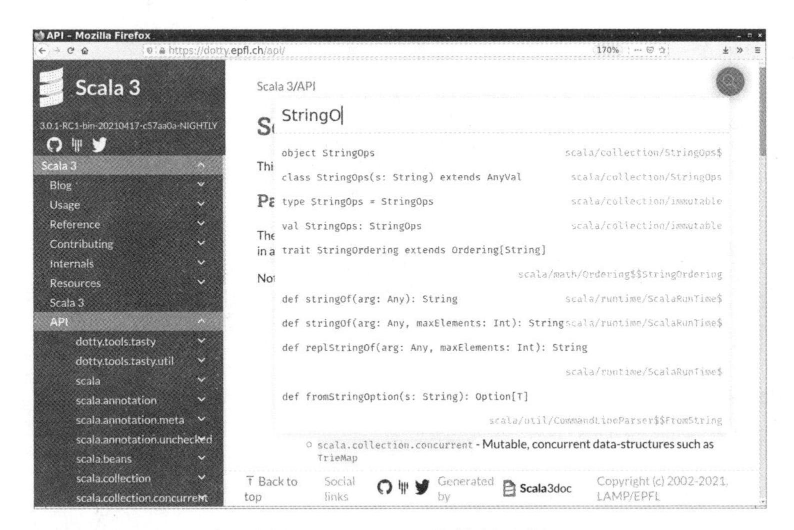

图 1-4 Scaladoc 上的搜索栏

然后点击匹配的类或方法（见图 1-5）。

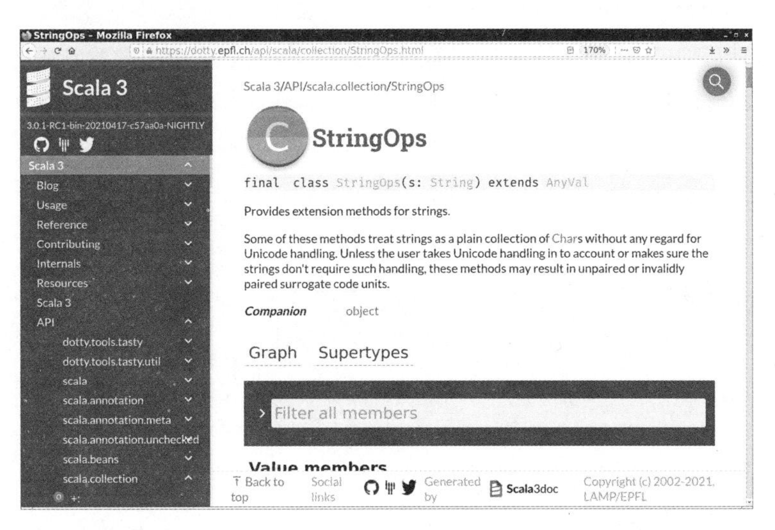

图 1-5 Scaladoc 上的类文档

注意类名旁边的 C 和 O 符号，它们分别导航到对应的类（C）或伴生对象（O）。对于特质（trait，类似于 Java 接口，第 10 章中会讨论），你将看到 t 和 O 符号。

记住下面这些提示。

- 如果想了解如何处理数值类型，请查看 `RichInt`、`RichDouble` 等内容。同理，如果要处理字符串，请查看 `StringOps`。
- 数学函数位于 `scala.math` 包中，而不在任何类中。
- 有时你会看到名称比较奇怪的方法。例如，`BigInt` 有一个名为 `unary_-`的方法。在第 11 章中将会看到，这就是定义前置的负运算符`-x` 的方式。
- 方法可以将函数作为其参数。例如，`StringOps` 中的 `count` 方法需要接收一个函数，后者接受单个 Char 并返回 true 或 false，用于指定哪些字符应当计算在内：

```
def count(p: (Char) => Boolean) : Int
```

当调用此类方法时，通常会以一种非常紧凑的表示法来提供函数。例如，调用 s.count (_.isUpper)统计大写字符的数量。我们将在第 12 章更详细地讨论这种编程风格。

- 偶尔你会遇到类似于 Range 或 Seq[Char]这样的类。它们的含义正如你的直觉告诉你的那样：一个是数字范围，一个是字符序列。随着对 Scala 的深入研究，你将了解所有这些类。
- 在 Scala 中，使用方括号来表示类型参数。Seq[Char]是元素类型为 Char 的序列，而 Seq[A]是元素类型为某个类型 A 的序列。
- 序列数据结构存在几种稍有差异的类型，比如 Iterable、IterableOnce、IndexedSeq 以及 LinearSeq 等。它们之间的区别对初学者来说不是很重要。当看到这样的构造时，只要将其当作“序列”就好。例如，StringOps 类定义了一个方法：

```
def concat(suffix: IterableOnce[Char]): String
```

suffix 可以是几乎任何字符序列，因为生成一次元素的能力是非常基础的。例如，字符可以来自文件或套接字。我们暂时不会看到如何做到这一点，但此处有另一个例子，其中字符来自一个范围：

```
"bob".concat('c'.to('z')) // 产生"bobcdefghijklmnopqrstuvwxyz"
```

- 不要因为有这么多方法而感到气馁，Scala 的方式就是为每个可能的用例提供大量的方法。当需要解决某个特定问题时，只需要去查找一个有用的方法。通常情况下，都会存在某个方法能够解决你的任务，这意味着无须亲自编写那么多代码。
- 有些方法带有一个“implicit”或“using”参数。例如，StringOps 的 sorted 方法声明为：

```
def sorted[B >: Char](implicit ord: scala.math.Ordering[B]): String
```

这意味着排序是“隐式”提供的，我们将在第 19 章详细讨论该机制。当前你可以忽略 implicit 和 using 参数。

- 最后，如果偶尔遇到类似于 sorted 声明中[B >: Char]这样难以理解的方法签名时，不要紧张。表达式 B >: Char 表示“Char 的任何超类型”，不过现阶段可以忽略这些概念。
- 每当你对某个方法的功能感到困惑时，只需在 REPL 中尝试一下：

```
"Scala".sorted // 产生"Saacl"
```

现在可以清楚地看到，该方法返回了一个由按照顺序排列的字符组成的新字符串。

- Scaladoc 有一种查询语言，它可以根据方法的参数和返回类型（以=>分隔）来查找方法。例如，搜索 List[String] => List[String]会得到将一个字符串列表转换为另一个字符串列表的方法，例如 distinct、reversed、sorted 和 tail。

练习

1. 在 Scala 的 REPL 中输入 3，然后按 Tab 键。可以应用哪些方法？
2. 在 Scala 的 REPL 中，计算 3 的平方根，然后再对该值求平方。结果与 3 相差多少？（提示：`res` 变量是你的朋友。）
3. 如果在 REPL 中定义一个变量 `res99` 会发生什么？
4. Scala 允许你将字符串与数字相乘——在 REPL 中试试`"crazy" * 3`。该操作做了什么？在 Scaladoc 中的什么位置可以找到它？
5. `10 max 2` 的含义是什么？`max` 方法定义在哪个类中？
6. 使用 `BigInt` 计算 2 的 1024 次方。
7. 为了在使用 `probablePrime(100, Random)`获取一个随机素数，而无须在 `probablePrime` 和 `Random` 之前使用任何限定符，你需要导入什么？
8. 创建随机文件或目录名的一种方法是生成一个随机的 `BigInt` 并将其转换为基数 36，生成一个如`"qsnvbevtomcj38o06kul"`的字符串。翻阅 Scaladoc 以查找 Scala 中实现此功能的一种方式。
9. 如何在 Scala 中获得字符串的第一个字符？最后一个字符呢？
10. `take`、`drop`、`takeRight` 和 `dropRight` 这些字符串方法的功能分别是什么？和使用 `substring` 相比，它们的优点和缺点都有哪些？

第2章

控制结构和函数 A1

在本章中，我们将学习如何在 Scala 中实现条件表达式、循环和函数，同时也会了解 Scala 与其他编程语言之间存在的一种根本性差异。在 Java 或 C++中，我们会区分表达式（expression）（例如 3+4）和语句（statement）（例如 if 语句），即表达式有值，而语句则执行动作。而在 Scala 中，几乎所有构造都有值，该特性可以使程序更简洁易读。

本章重点内容如下：

- if 表达式拥有值；
- 代码块拥有值——最后一个表达式的值；
- Scala 的 for 循环就像是“增强”Java for 循环；
- 分号（大多数情况下）是可选的；
- 在 Scala 3 中，首选缩进而不是大括号；
- void 类型是 Unit；
- 避免在函数中使用 return；
- Scala 函数可以有默认参数、命名参数和可变参数；
- 程序入口点是带@main 注解的函数；
- 异常的工作方式与 Java 或 C++类似，但对 catch 使用“模式匹配”语法；
- Scala 没有受检异常。

2.1 条件表达式

像大多数编程语言一样，Scala 中也存在 if/else 结构。在诸如 Java 和 C++这类语言中，if/else 是一条语句，它会执行某种或另一种动作。然而，在 Scala 中，if/else 则为一个表达式，它拥有某个值，即跟在 if 或 else 之后的表达式的值。例如：

```
if x > 0 then 1 else -1
```

其值为 1 或 - 1，具体取决于 x 的值。可以将上述的结果值赋值给一个变量：

```
val s = if x > 0 then 1 else -1
```

与以下形式相比：

```
var t = 0
if x > 0 then t = 1 else t = -1
```

第一种形式更好，因为它可以用来初始化 `val`。而在第二种形式中，`t` 需要是一个 `var`。

如前所述，大多数情况下分号在 Scala 中是可选的（见 2.2 节）。

注意： Scala 也支持 C 风格的语法 `if` (*condition*) `...`，但本书使用 Scala 3 中引入的 `if` *condition* `then...` 语法。

Java 和 C++中存在一个`?:`运算符，用于在两个表达式之间进行有条件的选择：

```
x > 0 ? 1 : -1 // Java或C++
```

Python 中会写成以下形式：

```
1 if x > 0 else -1 # Python
```

两者都等价于 Scala 表达式 `if x > 0 then 1 else -1`。在 Scala 中，不需要为条件表达式和语句分别提供不同的形式。

在 Scala 中，每个表达式都有一种类型。例如，表达式 `if x > 0 then 1 else -1` 的类型是 `Int`，因为两个分支都是 `Int` 类型。混合类型表达式的类型，例如：

```
if x > 0 then "positive" else -1
```

则是两个分支的共同超类型。在本例中，一个分支是 `java.lang.String`，另一个是 `Int`。恰巧，这两个类型具有一个共同的超类型 `Matchable`。在极端情况下，表达式的类型是所有类型中最通用的类型，称为 `Any`。

如果省略 `else` 部分，例如：

```
if x > 0 then "positive"
```

那么 `if` 表达式有可能不产生任何值。然而，在 Scala 中，每个表达式都应该有某个值，这一点通过引入一个只有单个值的类 `Unit`（写作`()`）实现。因此，会将没有 `else` 的 `if` 当作一条语句，并且总是具有值`()`。

可以将`()`看作“无有用值”的占位符，而将 `Unit` 看作 Java 或 C++中的 `void` 的类比。

（从技术上讲，`void` 没有值而 `Unit` 拥有一个表示“无值”的值。如果你愿意，那么可以思考一下空钱包和里面有一张写着“没钱”的钞票的钱包之间的区别。）

Scala REPL 不会显示`()`的值。要在 REPL 中查看它的值，需要打印出来：

```
println(if x > 0 then "positive")
```

当使用不带 `else` 的 `if` 表达式时，会得到一个警告，通常是一个错误信息。

但是，如果 `if` 语句体的类型是 `Unit`，那么没有问题：

```
if x < 0 then println("negative")
```

println 方法仅会因其副作用而调用——在控制台上显示字符串。它具有返回类型 Unit 且总是返回()。因此，if 表达式的值总是()。这种用法是正确的，不会显示任何警告。

注意： Scala 没有 switch 语句，但是它拥有一种更强大的模式匹配机制，我们将在第 14 章对其进行讨论。现在，只需使用一系列 if 语句。

警告： REPL 比编译器更加“近视”——它每次只能看到一行代码。例如，考虑在 REPL 中逐个字符输入以下代码：

```
if x > 0 then 1
else if x == 0 then 0 else -1
```

当在第一行末尾按 Enter 键时，REPL 执行 if x > 0 then 1 并显示答案。（答案是()，紧跟着一个“不带 else 的 if 是一条语句”的警告。令人困惑的是，这个答案并未显示出来。）然后，在第二行之后按 Enter 键时将报告一个错误，因为不带 if 的 else 是非法的。为了避免这个问题，将 else 放在同一行，以便 REPL 知道紧接着还有更多代码：

```
if x > 0 then 1 else
if x == 0 then 0 else -1
```

这只是在 REPL 中才需要担心的问题。在编译后的程序中，解析器会在下一行找到 else。

注意： 如果你从文本编辑器或网页复制一段代码并将其粘贴到 REPL 中，则不会出现该问题，因为 REPL 会完整地分析粘贴的代码片段。

2.2 语句终止

在 Java 和 C++中，每个语句都以分号结束。而在 Scala 中——就像在 JavaScript 及其他脚本语言中一样——如果分号正好在行尾，则不需要分号。另外，在}、else 及类似位置的前面，分号也是可选的，因为在这些位置上时从上下文中可以清楚地看出已经到达语句的末尾。

然而，如果你想在单行中编写多条语句，那么需要使用分号将它们分隔开。例如：

```
if n > 0 then { r = r * n; n -= 1 }
```

此处，需要使用分号将 r = r * n 和 n -= 1 分隔开。由于}的存在，第二条语句之后不需要分号。

如果要通过两行来编写一条长语句，那么请确保第一行以一个不可能是语句结尾的符号结束。运算符通常是一个不错的选择：

```
s = s + v * t + // +告诉解析器尚未结束
  0.5 * a * t * t
```

实际上，长表达式通常涉及函数或方法调用，因此无须过分担心，因为在左括号（之后，编译器只有在遇到匹配的右括号）时才会推断语句结束。

不过，来自 Java 或 C++的很多程序员最初对省略分号的做法感到不适应。如果你喜欢使用分号，请随意——它们并不会带来任何坏处。

2.3 块表达式和赋值

在 Java、JavaScript 或 C++中，块语句是一个包含于{ }中的语句序列。每当需要在一个分支或循环语句的主体中放置多个动作时，都可以使用块语句。

在 Scala 中，{ }块中包含一系列表达式，其结果也是一个表达式。块中最后一个表达式的值就是整个代码块的值。

如果 `val` 的初始化需要多个步骤，那么这个特性就非常有用。例如：

```
var distance =
  { val dx = x - x0; val dy = y - y0; scala.math.sqrt(dx * dx + dy * dy) }
```

{ }块的值就是最后一个表达式的值，此处以粗体显示。变量 `dx` 和 `dy` 只在计算中作为中间值使用，对其余程序并不可见。

如果代码块分布于多行，那么可以使用缩进来代替大括号：

```
distance =
  val dx = x - x0
  val dy = y - y0
  scala.math.sqrt(dx * dx + dy * dy)
```

块缩进在分支和循环中比较常见：

```
if n % 2 == 0 then
  a = a * a
  n = n / 2
else
  r = r * a
  n -= 1
```

可以使用大括号，但在 Scala 3 中，“安静”的缩进风格是首选。对此，Python 程序员将会感到很高兴。

在 Scala 中，赋值并没有值——或者严格地说，它具有 `Unit` 类型的值。回想一下，`Unit` 类型相当于 Java 和 C++中的 `void` 类型，只有一个写成`()`的值。

以赋值结束的块，例如：

```
{ r = r * a; n -= 1 }
```

拥有一个 `Unit` 值。这并不是什么问题，只是在定义函数时需要注意——参见 2.7 节。

由于赋值具有 `Unit` 值，所以不要将它们串联在一起。

```
i = j = 1 // 不会将 i 的值设置为 1
```

`j = 1` 的值是`()`，但你不太可能想将一个 `Unit` 赋值给 `x`。（事实上，这并不容易实现，因为变量 i 需要具有 Unit 或 Any 类型。）相反，在 Java、C++和 Python 中，赋值语句的值就是被赋予的值。在这些语言中，链式赋值比较有用。但在 Scala 中，需要写两个赋值语句：

```
j = 1
i = j
```

2.4 输入和输出

如果要打印一个值，则需要使用 print 或 println 函数，后者在打印完内容后会追加一个换行符。例如：

```
print("Answer: ")
println(42)
```

与以下代码输出相同的内容：

```
println("Answer: " + 42)
```

使用字符串插值（string interpolation）进行格式化输出：

```
println(f"Hello, $name! In six months, you'll be ${age + 0.5}%7.2f years old.")
```

格式化字符串以字母 f 为前缀，它包含以$为前缀的表达式，并可选地后跟 C 风格的格式字符串。表达式$name 被替换为变量 name 的值。表达式${age + 0.5}%7.2f 被替换为 age + 0.5 的值，格式化为一个宽度为 7、精度为 2 的浮点数。此外，需要使用{...}将非变量名的表达式围起来。

由于 f 插值器是类型安全的，因此使用它比使用 printf 方法更好。如果不小心将%f 用于非数字的表达式，那么编译器会报告一个错误。

注意： 格式化字符串是 Scala 库中 3 个预定义字符串插值器中的一个。使用前缀 s，字符串可以包含带$前缀的分隔表达式，但不能包含格式指令。如果前缀为 raw，则不会对字符串中的序列求值。例如，raw"\n is a newline"以反斜杠和字母 n 开头，而非换行符。若要在格式化字符串中包含$和%字符，请将它们连续写两遍。例如，f"$$$price: a 50%% discount"会产生一个美元符号，接着是 price 的值和“a 50% discount”。还可以定义自己的插值器（见本章练习 12）。然而，产生编译时错误的插值器（例如 f 插值器）需要作为“宏”来实现，这是一种高级技术，我们将在第 20 章中对其进行简要介绍。

可以使用 scala.io.StdIn 类的 readLine 方法从控制台读取一行输入。要读取数值、布尔值或字符值，请使用 readInt、readDouble、readByte、readShort、readLong、readFloat、readBoolean 或 readChar。readLine 方法接受一个提示字符串，而其他方法则不需要提示字符串：

```
import scala.io.*
val name = StdIn.readLine("Your name: ")
print("Your age: ")
val age = StdIn.readInt()
```

```
println(s"Hello, ${name}! Next year, you will be ${age + 1}.")
```

警告：一些工作表实现不会处理控制台输入。要使用控制台输入，需要编译并运行程序，如2.10节所示。

2.5 循环

Scala 拥有与 Java、JavaScript、C++和 Python 相同的 `while` 循环。例如：

```
while n > 0 do
  r = r * n
  n -= 1
```

这是 Scala 3 中推荐的“安静”无括号语法。不过，如果愿意，也可以使用大括号：

```
while (n > 0) {
  r = r * n
  n -= 1
}
```

提示：如果 `while` 循环体很长且使用无括号语法，那么可以在循环末尾添加 `end while`，以更清楚地显示循环的结束：

```
while n > 0 do
  r = r * n
  // 更多行
  n -= 1
end while
```

Scala 3 中没有 `do/while` 循环。在 Java、JavaScript 或 C++中，可以使用以下循环来近似求平方根：

```
estimate = 1; // 初始估计
do { // 这是 Java
  previous = estimate; // 保持之前的估计
  estimate = (estimate + a / estimate) / 2; // 更优估计
} while (scala.math.abs(estimate - previous) > EPSILON)
    // 当连续估计相差太大时继续进行
```

使用 `do/while` 循环是因为必须至少进入循环一次。

在 Scala 中，可以使用一个条件为代码块的 `while` 循环：

```
while
  val previous = estimate // 代码块中完成工作
  estimate = (estimate + a / estimate) / 2 // 完成更多工作
  scala.math.abs(estimate - previous) > EPSILON
    // 这是代码块和循环条件的值
do () // 所有工作都在条件代码块中完成
```

这种方法可能并不是很美观，但 `do/while` 循环并不常见。

此外，Scala 中也没有与 for (initialize;test;update)循环类似的用法。如果需要这样一个循环，那么你有两个选择。可以使用 while 循环，或者可以使用如下的 for 语句：

```
for i <- 1 to n do
  r = r * i
```

我们已经在第 1 章中见到过 RichInt 类的 to 方法。调用 1 to n 会返回一个包含从 1 到 n 的数字的 Range。

构造 for i <- *expr* do 使变量 i 遍历<-右侧表达式的所有值。具体的遍历方式取决于表达式的类型。对于 Scala 集合，例如 Range，循环将 i 依次设定为每个值。

注意： 在 for 循环中，变量前没有 val 或 var。变量的类型是集合中的元素类型。循环变量的作用域一直延伸到循环结束。

当遍历字符串时，可以遍历索引值：

```
val s = "Hello"
var sum = 0
for i <- 0 to s.length - 1 do
  sum += s(i)
```

在本例中，实际上不需要使用索引，可以直接遍历这些字符：

```
sum = 0
for ch <- "Hello" do sum += ch
```

在 Scala 中，循环的使用不像在其他语言中那么频繁。正如将在第 12 章看到的，通常可以通过对序列中的所有值应用函数来处理它们，而这可以通过一个方法调用来完成。

注意： Scala 没有 break 或 continue 语句来跳出循环。如果需要跳出循环该怎么办？可以利用额外的布尔型控制变量替换 break 语句。此外，还可以使用 Breaks 对象的 break 方法：

```
import scala.util.control.Breaks.*
breakable {
   for c <- "Hello, World!" do
      if c == ',' then break // 退出breakable块
      else println(c)
}
```

此处，控制转移是通过抛出和捕获异常来完成的，所以在时间紧迫的情况下，应该避免使用这种机制。

注意： 在 Java 中，不能存在两个具有相同名称和重叠作用域的局部变量。而在 Scala 中，则没有这样的禁止事项，并且应用正常的阴影规则。例如，以下语句是完全合法的：

```
val k = 42
for k <- 1 to 10 do
  println(k) // 此处的k指的是循环变量
```

2.6 关于 for 循环的更多内容

在上一节中，我们学习了 for 循环的基本形式。不过，Scala 中的 for 循环比 Java、JavaScript 或 C++中的要丰富得多，本节将介绍其高级特性。

Scala 中存在多个 variable <- expression 形式的生成器（generator）。例如：

```
for
  i <- 1 to 3
  j <- 1 to 3
do
  print(f"${10 * i + j}%3d")
  // 打印 11 12 13 21 22 23 31 32 33
```

生成器中的守卫（guard）是一个前面存在 if 的布尔条件表达式：

```
for
  i <- 1 to 3
  j <- 1 to 3
  if i != j
do
  print(f"${10 * i + j}%3d")
  // 打印 12 13 21 23 31 32
```

可以有任意数量的定义来引入可以在循环内部使用的变量：

```
for
  i <- 1 to 3
  from = 4 - i
  j <- from to 3
do
  print(f"${10 * i + j}%3d")
  // 打印 13 22 23 31 32 33
```

注意： 如果愿意，可以使用分号而不是换行来分隔 for 循环的生成器和定义。if 守卫前面的分号是可选的。

```
for i <- 1 to 3; from = 4 - i; j <- from to 3 if i != j
  do println(i * 10 + j)
```

经典语法使用圆括号而非 do 关键字：

```
for (i <- 1 to 3; from = 4 - i; j <- from to 3 if i != j)
  println(i * 10 + j)
```

大括号也可以：

```
for { i <- 1 to 3; from = 4 - i; j <- from to 3 if i != j }
  println(i * 10 + j)
```

当 for 循环体以 yield 开头时，循环就构造了一个值的集合，每次迭代对应一个值：

```
val result = for i <- 1 to 10 yield i % 3
  // 产生 Vector(1, 2, 0, 1, 2, 0, 1, 2, 0, 1)
```

这种类型的循环称为 for 推导式（comprehension）。

生成的集合与生成器兼容。

```
for c <- "Hello" yield (c + 1).toChar
  // 产生字符串"Ifmmp"
```

2.7　函数

除方法之外，Scala 还支持函数。方法作用于对象，而函数则不然。C++也有函数，但在 Java 中只能使用静态方法来进行模仿。

要定义一个函数，需要给出函数的名称、参数和函数体。然后，在类外部或代码块内部声明它，如下所示：

```
def abs(x: Double) = if x >= 0 then x else -x
```

必须给出所有参数的类型。不过，只要函数不是递归的，就不需要指定返回类型。Scala 编译器可以通过=符号右侧的表达式类型推断出返回类型。

警告： Scala 中关于方法和函数的术语存在一些分歧。我遵循经典术语，与函数不同，方法有一个特殊的“接收者”或 this 参数。

例如，scala.math 包中的 pow 是一个函数，但 substring 却是 String 类的一个方法。

当调用 pow 函数时，需要在圆括号中提供所有参数：pow(2,4)。当调用 substring 方法时，则使用点符号提供一个 String 参数，并在圆括号中提供其他参数："Hello".substring(2,4)。其中，"Hello"参数是方法调用的“接收者”。

在类、特质（trait）或对象中使用 def 来声明方法。但也可以使用 def 在类外部声明“顶级”函数，以及在块内部声明“嵌套”函数。在 Java 虚拟机中，它们也将被编译成方法。也许出于该原因，有些人将通过 def 声明的任何东西都称为方法。但在本书中，方法仅指类、特质或对象的成员。

大家都同意第 12 章中的“lambda 表达式”是函数这一观点。

如果函数体需要包含多个表达式，那么可以使用代码块。其中，代码块中最后一个表达式的值就是函数的返回值。例如，下面的函数将返回位于 for 循环之后的 r 的值。

```
def fac(n: Int) =
  var r = 1
  for i <- 1 to n do r = r * i
  r
```

也可以选择添加一个 end 语句来表示函数定义的结束：

```
def fac(n: Int) =
  var r = 1
  for i <- 1 to n do r = r * i
  r
```

```
end fac
```

当函数体跨越多行时，这是有意义的。此外，也可以使用大括号：

```
def fac(n: Int) = {
  var r = 1
  for i <- 1 to n do r = r * i
  r
}
```

注意，此处没有 `return` 关键字。在 Scala 中，不能从函数的中间返回值。相反，应该通过组织代码来使函数体的最后一个表达式产生要返回的值。

注意： 如果真的需要在深度嵌套的代码中返回一个值，而无需到达函数的末尾，那么可以使用 `NonLocalReturns` 机制，详见第 12 章。

对于递归函数，必须指定返回类型。例如：

```
def fac(n: Int): Int = if n <= 0 then 1 else n * fac(n - 1)
```

如果没有返回类型，那么 Scala 编译器就无法验证 `n * face(n - 1)` 的类型为 `Int`。

注意： 一些编程语言（例如 ML 和 Haskell）可以使用 Hindley-Milner 算法推断递归函数的类型。然而，这在面向对象语言中并不适用。扩展 Hindley-Milner 算法使其能够处理子类型仍然是一个研究课题。

函数不一定需要返回值。考虑以下示例：

```
def log(sb: StringBuilder, message: String) =
  sb.append(java.time.Instant.now())
  sb.append(": ")
  sb.append(message)
  sb.append("\n")
```

该函数附加了一个带有时间戳的消息。

从技术上讲，该函数返回一个值，即最后一次调用 `append` 返回的值。无论该值是什么，我们都对其不感兴趣。为了明确函数的调用仅仅是为了其副作用，将返回类型声明为 `Unit`：

```
def log(sb: StringBuilder, message: String) : Unit = ...
```

2.8 默认参数和命名参数 L1

函数可以提供默认参数，在函数调用时如果没有显示提供值，那么会使用默认参数。例如：

```
def decorate(str: String, left: String = "[", right: String = "]") =
  left + str + right
```

该函数有两个参数 `left` 和 `right`，默认参数分别为`"["`和`"]"`。

如果调用 `decorate("Hello")`，就会得到`"[Hello]"`。如果不喜欢默认值，则可以给出自己的值：decorate("Hello", "<<<", ">>>")。

如果提供的参数个数少于所需的参数个数，则会从末尾开始使用默认值。例如，decorate("Hello", ">>>[")使用参数 right 的默认值，从而产生了">>>[Hello]"。

也可以在提供参数值时指定参数名。例如：

```
decorate(left = "<<<", str = "Hello", right = ">>>")
```

其结果为"<<<Hello>>>"。需要注意的是，命名参数并不需要跟参数列表的顺序完全一致。

命名参数可以使函数调用更具可读性。另外，当函数具有很多带默认值的参数时，命名参数也非常有用。

可以混用未命名参数和命名参数，前提是未命名参数要排在前面：

```
decorate("Hello", right = "]<<<") // 调用 decorate("Hello", "[", "]<<<")
```

2.9 可变参数 L1

有时，实现一个能够接受可变数量参数的函数会比较方便。以下示例展示了这种语法：

```
def sum(args: Int*) =
  var result = 0
  for arg <- args do result += arg
  result
```

可以使用任意数量的参数来调用该函数。

```
sum(1, 4, 9, 16, 25)
```

该函数接收一个 Seq 类型的参数，我们将在第 13 章对 Seq 类型进行讨论。现在，你只需要知道可以使用 for 循环访问每个元素。

如果已经有了一个值序列，则不能直接将其传递给这类函数。例如，以下用法就是错误的：

```
sum(1 to 5) //错误
```

如果调用 sum 函数时提供了单个参数，则该参数必须是一个整数，而不能是一个整数范围。解决该问题的方法是告诉编译器你希望将该参数视为一个序列。可以使用后缀*，如下所示：

```
sum((1 to 5)*) // 将 1 to 5 当作一个参数序列
```

这种调用语法在递归定义中很有用：

```
def recursiveSum(args: Int*) : Int =
  if args.length == 0 then 0
  else args.head + recursiveSum(args.tail*)
```

其中，序列的 head 表示它的初始元素，tail 表示所有其他元素的序列，而它又是一个 Seq 对象，我们必须使用后缀*将其转换为一个参数序列。

2.10 主函数

每个程序都必须从某处开始执行。当运行编译后的可执行文件时，其入口点是@main注解定义的函数：

```
@main def hello() =
  println("Hello, World!")
```

主函数叫什么并不重要。

要处理命令行参数，可以提供一个String*类型的参数：

```
@main def hello2(args: String*) =
  println(s"Hello, ${args(1)}!")
```

也可以为命令行参数指定类型：

```
@main def hello3(repetition: Int, name: String) =
  println("Hello " * repetition + name)
```

那么，第一个命令行参数必须是一个整数（或者更准确地说，是一个包含整数的字符串）。

Scala中提供了Boolean、Byte、Short、Int、Long、Float和Double类型的解析器，也可以解析其他类型——参见本章练习13。

注意： 当编译一个带有@main注解函数的程序时，编译器会生成一个类文件，其名称为该函数的名称，而非源文件的名称。例如，如果函数hello存在于文件Main.scala中，那么编译该文件将会生成hello.class。

2.11 无参函数

可以声明一个不带任何参数的函数：

```
def words = scala.io.Source.fromFile("/usr/share/dict/words").mkString
```

可以通过以下方式调用该函数，而不使用圆括号：

```
words
```

相反，如果定义一个带有空参数列表的函数：

```
def words() = scala.io.Source.fromFile("/usr/share/dict/words").mkString
```

那么，需要使用圆括号来调用函数：

```
words()
```

为什么要省略圆括号呢？在Scala中，如果函数是“幂等的”，也就是说，如果函数总是返回相同的值，那么约定去掉圆括号。

例如，如果假设文件/usr/share/dict/words 的内容不会改变，那么不带圆括号的函数就是正确的选择。

为什么不直接使用变量呢？

```
val words = scala.io.Source.fromFile("/usr/share/dict/words").mkString
```

这种情况下，无论是否使用都会设置该值。使用函数时，会将计算延迟到函数调用时刻。

注意： Scala 3 对圆括号的使用比之前的版本更加严格。如果定义一个带圆括号函数，则必须使用圆括号调用它。相反，没有使用圆括号定义的函数在调用时则不能使用圆括号。考虑到兼容性，此规则不适用于遗留函数。scala.math.random 函数显然不是幂等的，因为期望每次调用 scala.math.random()都返回一个不同的值。然而，它也能够以不带圆括号的方式进行调用。

注意： 应该定义没有圆括号的主函数吗？如果你的程序不会读取命令行参数，并且总是做相同的事情，请尽管去做：

```
@main def hello4 =
  println("Hello, World!")
```

2.12　惰性求值 L1

当一个 val 声明为 lazy 时，其初始化将会延迟到对它的首次访问时。例如：

```
lazy val words = scala.io.Source.fromFile("/usr/share/dict/words").mkString
```

（我们将在第 9 章讨论文件操作。现在，只需理所当然地认为该调用会将文件中的所有字符读取到字符串中。）

如果程序从不访问 words，则文件将永远不会打开。要验证这一点，可以在 REPL 中进行尝试，但是要拼错文件名。可以看到，执行初始化语句时并不会出现错误。但是，如果访问 words，那么将得到一条表示未找到该文件的错误消息。

惰性求值在延迟代价高昂的初始化语句时比较有用。它们还可以处理其他初始化问题，例如循环依赖。此外，它们对于开发惰性数据结构至关重要——参见第 13 章。

可以将惰性求值看作 val 和 def 的中间值，比较以下代码：

```
val words1 =
  println("words1: Reading file")
  scala.io.Source.fromFile("/usr/share/dict/words").mkString
  // 在定义 words1 时立即求值
lazy val words2 =
  println("words2: Reading file")
  scala.io.Source.fromFile("/usr/share/dict/words").mkString
  // 首次使用 words2 时求值
def words3 =
```

```
  println("words3: Reading file")
  scala.io.Source.fromFile("/usr/share/dict/words").mkString
  // 每次使用 words3 时都会求值
```

注意： 惰性求值并非毫无代价。每次访问惰性值时都会调用一个方法，该方法会以线程安全的方式检查该值是否已经初始化。

2.13 异常

Scala 异常的工作方式与 Java、JavaScript、C++或 Python 中的相同。当抛出异常时，例如：

```
throw IllegalArgumentException("x should not be negative")
```

当前计算就会中止，运行时系统会寻找一个可以接受 `IllegalArgumentException` 的异常处理器，并利用最内层的此类处理器来恢复控制。如果不存在这类处理器，则程序终止。

与 Java 中一样，抛出的对象需要属于 `java.lang.Throwable` 的子类。然而，与 Java 不同的是，Scala 没有受检异常（checked exception）——你永远不必声明函数或方法可能会抛出异常。

注意： 在 Java 中，受检异常在编译时进行检查。如果方法可能抛出 `IOException`，那么必须对其进行声明。这迫使程序员思考应该在哪里处理这些异常，这是一个值得称道的目标。不幸的是，它也会导致可怕的方法签名，例如 `void doSomething() throws IOException`、`InterruptedException`、`ClassNotFoundException`。很多 Java 程序员讨厌这一特性，最终通过过早地捕获异常或使用过于通用的异常类来克服它。Scala 设计人员意识到，彻底的编译时检查并不总是一件好事，因此决定不支持受检异常。

`throw` 表达式具有特殊类型 `Nothing`，这在 `if/else` 表达式中比较有用。如果一个分支的类型为 `Nothing`，那么 `if/else` 表达式的类型就是另一个分支的类型。例如，考虑

```
if x >= 0 then scala.math.sqrt(x)
else throw IllegalArgumentException("x should not be negative")
```

第一个分支的类型是 `Double`，第二个分支的类型是 `Nothing`。因此，`if/else` 表达式的类型也是 `Double`。

捕获异常的语法仿照了模式匹配的语法（参见第 14 章）。

```
val url = URL("http://horstmann.com/fred.gif")
try
  process(url)
catch
  case _: MalformedURLException => println(s"Bad URL: $url")
  case ex: IOException => println(ex)
```

更通用的异常类型必须出现在更具体的异常类型之后。

注意，如果不需要变量名，那么可以使用_。

try/finally 语句能够让你在无论是否发生异常的情况下都能释放资源。例如：

```
val in = URL("http://horstmann.com/cay-tiny.gif").openStream()
try
  process(in)
finally
  println("Closing input stream")
  in.close()
```

在该代码中，无论函数 process 是否抛出异常，finally 子句都将会执行，这样输入流将总能关闭。

这段代码有点微妙，并且引发了几个问题。

- 如果 URL 构造函数或 openStream 方法抛出异常将会怎么样？那么将永远不会进入 try 代码块，也不会进入 finally 子句。这也没什么问题——in 从未初始化，因此对它调用 close 也没有意义。
- 为什么 val in = URL(...).openStream()不在 try 代码块内？如果这样，那么 in 的作用域将无法扩展到 finally 子句。
- 如果 in.close()抛出异常怎么办？那么该异常会从语句中抛出，从而取代之前的任何异常。（这与在 Java 中一样，并不太好。理想情况下，旧的异常要附加到新的异常上。）

注意，try/catch 和 try/finally 的目标是互补的。try/catch 语句处理异常，try/finally 语句在未处理异常时执行一些操作（通常是清理操作）。可以将它们组合成一个 try/catch/finally 语句：

```
try
  ...
catch
  ...
finally
  ...
```

它等同于：

```
try
  try
    ...
  catch
    ...
finally
  ...
```

在实际情况中，并不经常使用这种组合，因为异常通常会在距离抛出位置较远的地方被捕获，而清理操作需要靠近异常的发生位置。

注意： Try 类旨在处理可能因异常而失败的计算。我们将在第 16 章更详细地研究它。这里有一个简单的例子：

```
import scala.io.*
import scala.util.*
val result =
  for
    a <- Try { StdIn.readLine("a: ").toInt }
    b <- Try { StdIn.readLine("b: ").toInt }
  yield a / b
```

如果在调用 toInt 的过程中发生异常，或者由于除以零而发生异常，那么 result 将是一个 Failure 对象，其中包含导致计算失败的异常。否则，result 就是一个包含计算结果的 Success 对象。

注意： Scala 没有类似于 Java 的 try-处理资源的语句。在 Java 中，可以编写以下代码：

```
// Java
try (Reader in = openReader(inPath); Writer out = openWriter(outPath)) {
  // 从 in 读取，并写入到 out
  process(in, out)
} // 无论如何 in 和 out 都会正确关闭
```

该语句对 try(...) 中声明的所有变量调用 close 方法，处理所有复杂情况。例如，如果 in 成功初始化，但 newBufferedWriter 方法抛出了一个异常，那么 in 将被关闭，而 out 则不会。

在 Scala 中，可以利用 Using 来处理这种情况：

```
import scala.util.*
Using.Manager { use =>
  val in = use(openReader(inPath))
  val out = use(openWriter(outPath))
  // 从 in 读取，并写入到 out
  process(in, out)
} // reader 和 writer 都关闭
```

练习

1. println(println("Hello"))打印什么，为什么？
2. 空块表达式{}的值是什么？它是什么类型？
3. 想出一个赋值 x = y = 1 在 Scala 中有效的情况。（提示：为 x 选择一个合适的类型。）
4. 用 Java/JavaScript/C++语法将下面的循环转换为 Scala 等效的代码：

   ```
   for (int i = 10; i >= 0; i--) System.out.println(i);
   ```

5. 如果一个数是正数，那么它的 *signum* 是 1；如果是负数，那么它的 *signum* 则是-1；如果是 0，那么它的 *signum* 则是 0。编写一个函数来计算这个值。
6. 编写一个函数 countdown(n: Int)，要求它打印出从 n 到 0 的数字，但不返回任何值。

7. 编写一个 for 循环，用于计算字符串中所有字母的 Unicode 编码的乘积。例如，"Hello" 中所有字符的 Unicode 编码的乘积为 9415087488L。

8. 在不编写循环的情况下解决第 7 题。（提示：查看 Scaladoc 中的 StringOps。）

9. 编写一个计算乘积的函数 product(s: String)，如前面第 7 和第 8 个练习所述。

10. 将前面练习的函数实现为一个递归函数。

11. 编写一个计算 x^n 的函数，其中 n 是一个整数。使用下面的递归定义：

    - 如果 n 为正偶数，$x^n = y \cdot y$，其中 $y=x^{n/2}$；
    - 如果 n 为正奇数，$x^n = x \cdot x^{n-1}$；
    - $x^0 = 1$；
    - 如果 n 为负数，$x^n = 1/x^{-n}$。

12. 定义一个名为 date 的字符串插值器，它能够根据提供的年、月、日值生成一个 java.time.LocalDate 实例，其中年月日形式可以为整数表达式（例如 date"$year-$month-$day"）、字符串（例如 date"2099-12-31"）或混合形式（例如 date"$year-12-31"）。你需要定义一个“扩展方法”，就像下面这样：

```
extension (sc: StringContext)
  def date(args: Any*): LocalDate = ...
```

    args(i).asInstanceOf[Int]是第 i 个插值表达式的整型值。可以通过 sc.parts 获取插值表达式之间的字符串，然后通过连字符分割字符串，并通过调用 toInt 将字符串转换为整数，最后调用 LocalDate.of 方法。

13. 要将命令行参数解析为任意类型，需要提供一个“给定实例”。例如，要解析 LocalDate:

```
import java.time.*
import scala.util.*
given CommandLineParser.FromString[LocalDate] with
  def fromString(s: String) = LocalDate.parse(s)
```

    编写一个 Scala 程序，该程序在命令行上接收两个日期，并打印它们之间的天数。其中，主函数应该具有两个 LocalDate 类型的参数。

第3章

数组操作 A1

在本章中，我们将学习如何在Scala中操作数组。在需要收集一组元素时，Java、JavaScript、Python和C++程序员通常会选择数组或近似结构（例如列表或向量）。在Scala中，存在其他选择（参见第13章），不过现在假定你不关心其他选择，而是想马上使用数组。

本章重点内容如下：

- 若长度固定则使用Array，否则使用ArrayBuffer；
- 使用()访问元素；
- 使用for elem <- arr do ...遍历元素；
- 使用for elem <- arr yield ...转换成新数组；
- Scala和Java数组可以互操作；对于ArrayBuffer，使用scala.jdk.CollectionConverters。

3.1 定长数组

如果需要一个长度不变的数组，那么在Scala中可以使用Array。例如：

```
val strings = Array("Hello", "World")
  // 一个长度为2的Array[String]——类型是推断出来的
val moreStrings = Array.ofDim[String](5)
  // 一个包含5个元素的字符串数组，所有元素都初始化为null
val nums = Array.ofDim[Int](10)
  // 一个包含10个整数元素的数组，所有元素都初始化为0
```

注意： 在Java中，数组是用new创建的。然而，在Scala 3中不鼓励使用new，正如你将在第5章看到的那样。虽然可以调用new Array[Int](10)来创建一个包含10个整数的数组，但这同样有些令人困惑，因为Array[Int](10)（没有new）可以表示一个包含整数10、长度为1的数组。

可以使用()运算符访问或修改数组中的元素：

```
strings(0) = "Goodbye"
```

```
// 此时strings为Array("Goodbye", "World")
```

为什么不像 Java、JavaScript、C++或 Python 中的[]那样呢？Scala 秉持的观点是，数组就像一个将索引值映射到元素的函数。

在 JVM 内部，Scala `Array` 被实现为 Java 数组。前面示例中的数组在 JVM 中的类型为 `java.lang.String[]`。`Int`、`Double` 或其他与 Java 基本类型等价类型的数组都是基本类型的数组。例如，`Array(2,3,5,7,11)`在 JVM 中是一个 `int[]`。

3.2　变长数组：数组缓冲区

对于根据需要增长和缩减的数组，Java 有 `ArrayList`，Python 有 `list`，C++有 `vector`。在 Scala 中，与之等价的是 `ArrayBuffer`。

```
import scala.collection.mutable.ArrayBuffer
val b = ArrayBuffer[Int]()
  // 一个空的数组缓冲区，准备保存整数
b += 1
  // ArrayBuffer(1)
  // 使用+=在末尾添加一个元素
b ++= Array(1, 2, 3, 5, 8)
  // ArrayBuffer(1, 1, 2, 3, 5, 8)
  // 可以使用++=操作符追加任何集合
b.dropRightInPlace(3)
  // ArrayBuffer(1, 1, 2)
  // 删除最后 3 个元素
```

在数组缓冲区的末尾添加或删除元素是一种比较高效的（“摊还常量时间”①）操作。

还可以在任意位置插入和删除元素，但这些操作的效率不高，因为必须移动该位置之后的所有元素。例如：

```
b.insert(2, 6)
  // ArrayBuffer(1, 1, 6, 2)
  // 插入到索引 2 之前
b.insertAll(2, Array(7, 8, 9))
  // ArrayBuffer(1, 1, 7, 8, 9, 6, 2)
  // 插入另一个集合中的元素
b.remove(2)
  // ArrayBuffer(1, 1, 8, 9, 6, 2)
b.remove(2, 3)
  // ArrayBuffer(1, 1, 2)
  // 第二个参数表示要删除多少个元素
```

有时，你想要创建一个 `Array`，但还不知道需要多少元素。在这种情况下，可以先创建一个数组缓冲区，然后调用：

---

① 摊还常量时间（amortized constant time）指的是大部分插入操作都是在常量时间内完成的（$O(1)$）。——译者注

```
b.toArray
  // Array(1, 1, 2)
```

相反，可以调用 `a.toBuffer` 将数组 a 转换成一个数组缓冲区。

3.3 遍历数组和数组缓冲区

在 Java 和 C++中，数组和列表、向量在语法上存在一些差异。而 Scala 中则更加统一。大多数情况下，可以对两者使用相同的代码。

下面是使用 `for` 循环遍历数组或数组缓冲区的方法：

```
for i <- 0 until a.length do
  println(s"$i: ${a(i)}")
```

`until` 方法类似于 `to` 方法，只不过它排除了最后一个元素。因此，变量 `i` 的取值范围为从 `0` 到 `a.length-1`。

一般而言，结构 `for i <-` *range* `do` 会使变量 `i` 遍历范围内的所有值。在本例中，循环变量 `i` 依次取值 `0`、`1` 等，直到（但不包括）`a.length`。

如果每隔一个元素进行访问，则可以让 `i` 这样来遍历：

```
0 until a.length by 2
  // Range(0, 2, 4, ...)
```

如果要从数组末尾开始访问元素，可以遍历：

```
a.length -1 to 0 by -1
  // Range(..., 2, 1, 0)
```

提示： 相比于 `0 until a.length` 或 `a.length-1 to 0 by -1`，可以使用 `a.indices` 或 `a.indices.reverse`。

如果在循环体中不需要使用数组索引，那么可以直接访问数组元素：

```
for elem <- a do
  println(elem)
```

这类似于 Java 中的“增强” `for` 循环、JavaScript 或 Python 中的“for in”循环或 C++中的“基于范围”的 `for` 循环。变量 `elem` 依次被设置为 `a(0)`、`a(1)`等。

3.4 转换数组

在前面几节中，我们学习了如何像在其他编程语言中那样使用数组。但在 Scala 中，我们可以更进一步。在 Scala 中，获取数组（或数组缓冲区）并以某种方式对其进行转换比较容易。这种转换不会修改原始数组，而是会生成一个新数组。

使用如下的 `for` 推导式：

```
val a = Array(2, 3, 5, 7, 11)
val result = for elem <- a yield 2 * elem
  // result为Array(4, 6, 10, 14, 22)
```

for/yield 循环创建了一个与原始集合类型相同的新集合。如果从一个数组开始，那么得到的是另一个数组。如果从一个数组缓冲区开始，那么从 for/yield 得到的也是一个数组缓冲区。

结果包含 yield 之后的表达式的值，每次循环迭代对应一个值。

通常情况下，当遍历一个集合时，你只想处理那些满足特定条件的元素，这一目的可以通过守卫（for 中的 if）来实现。这里，我们将每个偶数元素的值减半，并去掉奇数元素：

```
for elem <- a if elem % 2 == 0 yield elem / 2
```

请记住，结果是一个新的集合，原始集合并不会受到影响。

注意：一些有函数式编程经验的程序员更喜欢 map 和 filter，而不是 for/yield 和守卫：

```
a.filter(_ % 2 == 0).map(_ / 2)
```

这只是风格问题，for/yield 循环功能完全相同。请根据个人喜好选择使用。

假设我们想从一个整数的数组缓冲区移除所有的负数元素。传统的顺序解决方案可能会遍历数组缓冲区，并在遇到不需要的元素时将它们移除。

```
var n = b.length
var i = 0
while i < n do
  if b(i) >= 0 then i += 1
  else
    b.remove(i)
    n -= 1
```

这有点过于繁琐了。必须记住，当删除元素时，不要增大 i，而是减小 n。从数组缓冲区的中间移除元素也是比较低效的。此循环对稍后将被删除的元素进行了不必要的移动。

在 Scala 中，显而易见的解决方案是使用 for/yield 循环并保留所有非负数的元素：

```
val nonNegative = for elem <- b if elem >= 0 yield elem
```

结果是一个新的数组缓冲区。假设我们想修改原始的数组缓冲器，移除不需要的元素。那么可以收集这些元素的位置：

```
val positionsToRemove = for i <- b.indices if b(i) < 0 yield i
```

然后从后往前删除这些位置的元素：

```
for i <- positionsToRemove.reverse do b.remove(i)
```

或者，记住要保留元素的位置，复制它们，然后缩短缓冲区：

```
val positionsToKeep = for i <- b.indices if b(i) >= 0 yield i
for j <- positionsToKeep.indices do b(j) = b(positionsToKeep(j))
b.dropRightInPlace(b.length - positionsToKeep.length)
```

关键点是，最好将所有索引值放一起，而非逐个查看它们。

3.5 常用算法

人们常说，大部分业务计算不过是求和与排序。幸运的是，Scala 为这些任务提供了内置函数。

```
Array(1, 7, 2, 9).sum
  // 19
  // 同样适用于 ArrayBuffer
```

要使用 sum 方法，元素类型必须是数值类型：整型、浮点型或者 BigInteger/BigDecimal。

类似地，min 和 max 方法返回的是数组或数组缓冲区中最小和最大的元素。

```
ArrayBuffer("Mary", "had", "a", "little", "lamb").max
  // "little"
```

sorted 方法将数组或数组缓冲区进行排序，并返回排序后的数组或数组缓冲区，该操作并不会修改原始数组：

```
val b = ArrayBuffer(1, 7, 2, 9)
val bSorted = b.sorted
  // b 不变，bSorted 为 ArrayBuffer(1, 2, 7, 9)
```

还可以提供一个比较函数，不过这时应该使用 sortWith 方法：

```
val bDescending = b.sortWith(_ > _) // ArrayBuffer(9, 7, 2, 1)
```

有关该函数的语法参见第 12 章。

可以就地对数组或数组缓冲区进行排序：

```
val a = Array(1, 7, 2, 9)
a.sortInPlace()
  // 此时 a 为 Array(1, 2, 7, 9)
```

对于 min、max 和 sortInPlace 方法，元素类型必须支持比较操作，数字、字符串以及带有特定 Ordering 对象的其他类型就是这种情况。

最后，如果你想显示数组或数组缓冲区的内容，那么可以使用 mkString 方法，它允许你指定元素之间的分隔符。该方法的另一个变体有参数用于指定前缀和后缀。例如：

```
a.mkString(" and ")
  // "1 and 2 and 7 and 9"
a.mkString("<", ",", ">")
  // "<1,2,7,9>"
```

和 toString 相比：

```
a.toString
  // "[I@b73e5"
  // 这是来自 Java 的无用的 toString 数组方法
b.toString
// "ArrayBuffer(1, 7, 2, 9)"
```

3.6　解读 Scaladoc

关于数组和数组缓冲区存在很多有用的方法，浏览 Scala 文档来了解其中的内容是个不错的主意。

由于 Array 类会直接编译成 Java 数组，因此大多数有用的数组方法都可以在 ArrayOps 和 ArraySeq 类中找到。

Scala 具有丰富的类型系统，因此在浏览 Scala 文档时可能会遇到一些看起来奇怪的语法。幸运的是，你不必了解类型系统的所有细微差别来完成有用的工作。可以将表 3-1 用作一个“解码指南”。

现在，我们必须跳过使用了尚未讨论的 Option 或 PartialFunction 等类型的方法。

表 3-1　Scaladoc 解码指南

Scaladoc	解释
def count(p: (A) => Boolean): Int	该方法接受一个谓词（predicate），一个从 A 到布尔值的函数。它会计算函数结果为 true 的元素个数。例如，a.count(_ > 0)会计算 a 中有多少个元素是正数
def insert(@deprecatedName("n", "2.13.0") index: Int, elem: A): Unit	忽略@deprecatedName 注解。在某些情况下，参数 index 称为 n，我们不必关心
def appendAll(xs: IterableOnce[A]): Unit	参数 xs 可以是任何带有 IterableOnce 特质的集合，IterableOnce 是 Scala 集合层级结构中的一种特质。在 Scaladoc 中可能遇到的其他常见特质有 Iterable 和 Seq。所有 Scala 集合都实现了这些特质，对于库用户来说，它们之间的区别学术性较强。当遇到它们时，将其看作“任何集合”即可
def combinations(n: Int): Iterator[ArrayBuffer[A]]	该方法会计算一个可能比较庞大的结果，因此将其作为迭代器而非集合返回，以便逐个访问元素，而非将其存放在集合中。当前，只需对结果调用 toArray 或 toBuffer
def copyToArray[B >: A] (xs: Array[B]): Unit	注意，该函数将 ArrayBuffer[A]复制到 Array[B]中。其中，B 可以是 A 的超类型。例如，可以从 ArrayBuffer[Int]复制到 Array[Any]。 初读时，可以忽略[B >: A]，认为是将 B 替换为 A
def sorted[B >: A] (implicit ord: Ordering[B]): ArrayBuffer[A]	元素类型 A 必须有一个超类型 B，其中存在一个“隐式”或“给定”的 Ordering[B]类型对象。这种排序既适用于数字和字符串，也适用于实现了 Java 中 Comparable 接口的类。我们将在第 19 章详细讨论这一机制。对于其他隐式类型，例如 sum[B >: A](implicit num: Numeric[B]): B 中的 Numeric，请遵循你的直觉。要进行求和，则必须存在某种方式将这些值相加
def ++[B >: A](xs: Array[_ <: B])(implicit evidence$23: ClassTag[B]): Array[B]	该方法连接两个数组。其中，第二个数组可以是第一个数组的子类型。类型 ClassTag 的“隐式”是在 JVM 中构造结果数组所必需的形式。你可以安全地忽略任何这类 ClassTag 参数

续表

Scaladoc	解释
def stepper[S <: Stepper[_]](implicit shape: StepperShape[A, S]): S with EfficientSplit	此处，你只需承认失败。这个方法出于某种技术原因而必须存在，只有 Scala 库实现者才会感兴趣

3.7 多维数组

与在 Java、JavaScript 或 Python 中类似，多维数组被实现为数组的数组。例如，Double 类型的二维数组类型为 Array[Array[Double]]。可以使用 ofDim 方法来构造这样一个数组：

```
val matrix = Array.ofDim[Double](3, 4) // 3行4列
```

要访问一个元素，需要使用两对圆括号：

```
matrix(row)(column) = 42
```

可以使用不同的行长度来创建不规则数组：

```
val triangle = Array.ofDim[Array[Int]](10)
for i <- triangle.indices do
  triangle(i) = Array.ofDim[Int](i + 1)
```

3.8 与 Java 的互操作

由于 Scala 数组是作为 Java 数组实现的，因此可以在 Java 和 Scala 之间来回传递它们。

这在几乎所有情况下都有效，除非数组元素类型不是精确匹配的。在 Java 中，给定类型的数组会自动转换为超类型的数组。例如，可以将 Java 的 String[]数组传递给需要 Java 的 Object[]数组的方法。然而，Scala 中不允许这种自动转换，因为它不安全。（详细解释见第 17 章。）

假设你想调用一个带有 Object[]参数的 Java 方法，例如 java.util.Arrays.binarySearch(Object[] a, Object key)：

```
val a = Array("Mary", "a", "had", "lamb", "little")
java.util.Arrays.binarySearch(a, "beef")  // 不起作用
```

这将不起作用，因为 Scala 不会将 Array[String]转换为 Array[Object]。可以通过以下方式进行强制转换：

```
java.util.Arrays.binarySearch(a.asInstanceOf[Array[Object]], "beef")
```

注意： 这只是一个展示如何克服元素类型差异的示例。如果想在 Scala 中进行二分查找，那么可以这样做：

```
import scala.collection.Searching.*
val result = a.search("beef")
```

如果元素在位置 n 处找到，那么结果是 Found(n)。如果没有找到元素，但应该插入到位置 n 之前，那么结果为 InsertionPoint(n)。

如果你调用一个接收或返回 java.util.List 的 Java 方法，当然，你可以在 Scala 代码中使用 Java 的 ArrayList，但这并没有太大收益。相反，可以导入 scala.jdk.CollectionConverters 中的转换方法。然后，可以调用 asJava 方法将任何序列（例如 Scala 缓冲区）转换为 Java 列表。

例如，java.lang.ProcessBuilder 类拥有一个带 List<String>参数的构造函数。下面展示了如何从 Scala 中调用它：

```
import scala.jdk.CollectionConverters.*
import scala.collection.mutable.ArrayBuffer
val command = ArrayBuffer("ls", "-al", "/usr/bin")
val pb = ProcessBuilder(command.asJava) // Scala 到 Java
```

Scala 缓冲区被包装到一个实现了 java.util.List 接口的 Java 类的对象中。

相反，当 Java 方法返回 java.util.List 时，可以将它转换成一个 Buffer：

```
import scala.jdk.CollectionConverters.*
import scala.collection.mutable.Buffer
 val cmd: Buffer[String] = pb.command().asScala // Java 到 Scala
  // 不能使用 ArrayBuffer，因为只能保证包装对象是一个 Buffer
```

如果 Java 方法返回一个包装的 Scala 缓冲区，那么隐式转换将解包原始对象。在该示例中，cmd == command。

练习

1. 编写一段代码，要求将 a 设置为一个包含 n 个随机整数的数组，要求随机数大小介于 0（包含）和 n（不包含）之间。
2. 编写一个循环，交换整数数组中相邻的元素。例如，Array(1, 2, 3, 4, 5)变成 Array(2, 1, 4, 3, 5)。
3. 重复前面的赋值操作，但是用交换后的值生成一个新的数组。要求使用 for/yield。
4. 给定一个整数数组，生成一个新数组，其中包含原始数组中所有的正值元素，并按其原始顺序排列，紧跟着是所有零值或负值元素，并按其原始顺序排列。
5. 如何计算一个 Array[Double]的平均值？
6. 如何重新排列 Array[Int]的元素，使它们以逆序排列？如何使用 ArrayBuffer[Int]实现相同的结果？
7. 编写一段代码，从删除重复项的数组中生成所有值。（提示：查阅 Scaladoc。）

8. 假设给定一个整数数组缓冲区，并希望删除除第一个负数外的所有数字。下面是一种解决方案，它在调用第一个负数时设置一个标志，然后删除后面的所有元素。

```
var first = true
var n = a.length
var i = 0
while i < n do
  if a(i) >= 0 then i += 1
  else
    if first then
      first = false
      i += 1
    else
      a.remove(i)
      n -= 1
```

这是一种复杂而低效的解决方案。可以通过下面方式用 Scala 重新实现，即收集负值元素的位置，删除第一个元素，反转序列，并对每个索引调用 `a.remove(i)`。

9. 通过收集需要移动元素的位置以及它们的目标位置，以此来改进上一题的解法。进行移动并截断缓冲区，不要复制第一个不需要元素之前的任何元素。

10. 创建一个由 `java.util.TimeZone.getAvailableIDs` 返回的所有处于美国的时区的集合。去掉"America/"前缀并对结果进行排序。

11. 导入 `java.awt.datatransfer.*`，并通过调用 `val flavors = SystemFlavorMap.getDefaultFlavorMap().asInstanceOf[SystemFlavorMap]` 来创建一个 `SystemFlavorMap` 类型的对象。然后利用参数 `DataFlavor.imageFlavor` 调用 `getNativesForFlavor` 方法，并获取返回值作为 Scala 缓冲器。(为什么是这个不起眼的类？因为很难在 Java 标准库中找到对 `java.util.List` 的使用。)

第4章

映射、Option和元组 A1

一个经典的程序员俗语是，如果只能用一种数据结构，那就用哈希表吧。哈希表，或更通俗地说，映射（map），是最通用的数据结构之一。在本章中我们将会看到，在 Scala 中使用映射非常简单。

在映射中查找键时，可能没有匹配的值。选项（option）非常适合描述这种情况。在 Scala 中，当一个值可能存在或缺失时，就会用到选项。

映射是键/值对的集合。关于元组（tuple），Scala 有一种通用的概念：n 个类型不必相同的对象的聚合。对偶（pair）就是一个 $n = 2$ 的元组。当需要将两个或更多值聚合在一起时，元组非常有用。

本章重点内容如下：

- Scala 拥有创建、查询和遍历映射的良好语法；
- 需要在可变映射与不可变映射之间进行选择；
- 默认情况下得到的是哈希映射，不过也可以指明要树形映射；
- 可以轻松地在 Scala 和 Java 映射之间进行转换；
- 对于可能存在也可能不存在的值，请使用 `Option` 类型，它比使用 `null` 更安全；
- 元组在聚合值时比较有用。

4.1 构造映射

可以这样构造一个映射：

```
val scores = Map("Alice" -> 10, "Bob" -> 3, "Cindy" -> 8)
```

上述代码构造了一个不可变的 `Map[String, Int]`，它的内容不能改变。关于可变映射，请参见下一节。

如果想从一个空映射开始，那么必须提供类型参数：

```
val scores = scala.collection.mutable.Map[String, Int]()
```

在 Scala 中，映射是对偶的集合。简单来说，对偶就是两个值的组合，它们不一定是相同类型，例如("Alice", 10)。

->运算符用来创建对偶。

表达式"Alice"->10 产生的值是：("Alice",10)。

也可以用以下方式定义映射：

```
Map(("Alice", 10), ("Bob", 3), ("Cindy", 8))
```

与圆括号相比，->运算符可读性更强一些，也更加符合大家对映射的直观感觉：映射数据结构是一种将键映射到值的函数。两者的区别在于函数会计算值，而映射只是查找值。

4.2 访问映射值

在 Scala 中，函数和映射之间的相似性尤为明显，因为我们会使用()来查找某个键对应的值。

```
scores("Bob")
  // 就像 Java 中的 scores.get("Bob")或 JavaScript、Python、C++中的 scores["Bob"]
```

如果映射并不包含请求的键对应的值，则会抛出异常。

要检查映射中是否存在给定值表示的键，可以调用 contains 方法：

```
if scores.contains("Donald") then scores("Donald") else 0
```

由于这种调用组合非常常见，所以有一个简便方法：

```
scores.getOrElse("Donald", 0)
  // 如果映射包含键"Donald"，则返回对应的值；否则返回 0。
```

最后，调用 *map*.get(*key*)返回一个 Option 对象，该对象要么是 Some（*key* 值），要么是 None。我们将在 4.7 节中讨论 Option 类。

注意： 对于一个不可变映射，可以将其转换为这样一个映射，即对于不存在的键，可以为其设置固定的默认值，或者将其转换为一个计算这些值的函数。

```
val scores2 = scores.withDefaultValue(0)
scores2("Zelda")
  // 结果为 0，因为"Zelda"不存在
val scores3 = scores.withDefault(_.length)
scores3("Zelda")
  // 结果为 5，将 length 函数应用于不存在的键
```

4.3 更新映射值

本节讨论可变映射。下面展示了如何构造一个可变映射：

```
val scores = scala.collection.mutable.Map("Alice" -> 10, "Bob" -> 3, "Cindy" -> 8)
```

在可变映射中，可以通过在=符号左侧利用()来更新映射值，或者添加新的映射值：

```
scores("Bob") = 10
  // 更新键"Bob"的现有值（假设 scores 是可变的）
scores("Fred") = 7
  // 向 scores 添加一个新的键/值对（假设它是可变的）
```

此外，可以使用++=运算符来添加多个键值对：

```
scores ++= Map("Bob" -> 10, "Fred" -> 7)
```

要删除一个键及其关联值，可以使用-=运算符：

```
scores -= "Alice"
```

不能更新不可变映射，但是可以做一些同样有用的事情——获取一个包含所需更新的新映射：

```
val someScores = Map("Alice" -> 10, "Bob" -> 3)
val moreScores = someScores + ("Cindy" -> 7) // 产生一个新的不可变映射
```

moreScores 映射包含与 someScores 相同的键/值对，同时还包含一个键为"Cindy"的新键/值对。

可以更新一个 var，而非将结果保存为一个新值：

```
var currentScores = moreScores
currentScores = currentScores + ("Fred" -> 0)
```

甚至可以使用+=运算符：

```
currentScores += "Donald" -> 5
```

类似地，要从不可变映射中删除一个键，可以使用-运算符获取一个不包含该键的新映射：

```
currentScores = currentScores - "Alice"
```

或

```
currentScores -= "Alice"
```

你可能会认为不断创建新映射效率低下，但事实并非如此。新旧映射共享它们的大多数结构。（这是有可能的，因为它们都是不可变的。）

4.4 遍历映射

下面这个简单的循环遍历了映射的所有键/值对：

```
for (k, v) <- map do process(k, v)
```

上述代码的神奇之处在于，你可以在 Scala 的 for 循环中使用模式匹配。（详细信息见第 14 章）这样，你就可以获得映射中的每个键/值对，而无需进行繁琐的方法调用。

如果出于某种原因你只想访问键或值，可以使用 keySet 和 values 方法。values 方法返回一个可在 for 循环中使用的 Iterable。

```
val scores = Map("Alice" -> 10, "Bob" -> 7, "Fred" -> 8, "Cindy" -> 7)
scores.keySet // 产生一个包含元素"Alice""Bob""Fred"和"Cindy"的集合
for v <- scores.values do println(v) // 打印 10 7 8 7
```

注意：对于可变映射，由 keySet 和 values 返回的集合是“实时的”——它们会随着映射内容的变化而更新。

要反转映射，即交换键和值，可以使用以下代码：

```
for (k, v) <- map yield (v, k)
```

4.5 链接和排序映射

映射有两种常见的实现策略：哈希表和二叉树。哈希表使用键的哈希码来打乱条目，而树形映射则使用键的排序顺序来构建一个平衡树。默认情况下，Scala 提供基于哈希表的映射，因为它通常效率更高。

不可变哈希映射按照插入顺序进行遍历，这是通过哈希表中的附加链接实现的。例如，当遍历 Map("Fred" -> 1, "Alice" -> 2, "Bob" -> 3)时，都会按"Fred""Alice""Bob"的顺序访问键，而不论这些字符串的哈希码是什么。

但是，在可变映射中并不维护插入顺序。遍历元素时，它们会根据键的哈希码以不可预测的顺序出现。

```
scala.collection.mutable.Map("Fred" -> 1, "Alice" -> 2, "Bob" -> 3)
  // 打印成 HashMap(Fred -> 1, Bob -> 3, Alice -> 2)
```

如果想按照插入顺序访问键，请使用 LinkedHashMap：

```
scala.collection.mutable.LinkedHashMap("Fred" -> 1, "Alice" -> 2, "Bob" -> 3)
  // 打印成 LinkedHashMap(Fred -> 1, Alice -> 2, Bob -> 3)
```

要按照排序顺序访问键，请使用 SortedMap。

```
scala.collection.SortedMap("Fred" -> 1, "Alice" -> 2, "Bob" -> 3)
scala.collection.mutable.SortedMap("Fred" -> 1, "Alice" -> 2, "Bob" -> 3)
  // 打印成 TreeMap(Alice -> 2, Bob -> 3, Fred -> 1)
```

4.6 与 Java 的互操作

如果通过调用 Java 方法得到了一个 Java 映射，那么你可能想将它转换成一个 Scala 映射，以便能够使用令人愉快的 Scala 映射 API。

只需要增加一条 import 语句：

```
import scala.jdk.CollectionConverters.*
```

然后使用 asScala 方法将 Java 映射转换为 Scala 映射：

```
val ids = java.time.ZoneId.SHORT_IDS.asScala
  // 产生一个 scala.collection.mutable.Map[String, String]
```

另外，你可以将 java.util.Properties 转换为 Map[String, String]：

```
val props = System.getProperties.asScala
  // 产生一个 Map[String, String]，而非一个 Map[Object, Object]
```

相反，要将 Scala 映射传递给一个期望 Java 映射的方法，则提供相反的转换。例如：

```
import java.awt.font.TextAttribute.* // 为下面的映射导入键
val attrs = Map(FAMILY -> "Serif", SIZE -> 12) // 一个 Scala 映射
val font = java.awt.Font(attrs.asJava) // 期望一个 Java 映射
```

4.7 Option 类型

标准库中的 Option 类表示可能存在也可能不存在的值。子类 Some 包装了一个值，而对象 None 表示没有值。

```
var friend: Option[String] = Some("Fred")
friend = None // 没有朋友
```

这比使用空字符串更不容易混淆，并且比使用 null 表示缺失值更安全。

Option 是一种泛型类型。例如，Some("Fred")是一个 Option[String]。

Map 类的 get 方法返回一个 Option。如果给定的键没有值，那么 get 会返回 None。否则，它会将值包装在 Some 中。

```
val scores = Map("Alice" -> 10, "Bob" -> 7, "Cindy" -> 8)
val alicesScore = scores.get("Alice") // Some(10)
val dansScore = scores.get("Dan") // None
```

要找出 Option 实例内部的内容，可以使用 isEmpty 和 get 方法：

```
if alicesScore.isEmpty
  then println("No score")
  else println(alicesScore.get)
```

不过，这很乏味。最好使用 getOrElse 方法：

```
println(alicesScore.getOrElse("No score"))
```

如果 alicesScore 为 None，那么 getOrElse 返回"No score"。

注意： getOrElse 方法的参数是延迟执行的。例如，在调用 alicesScore.getOrElse(System.getProperty("DEFAULT_SCORE"))时，对 System.getProperty 的调用只在 alicesScore 为空时才会发生。

这种延迟计算是通过一个“按名称”参数实现的，详情见第 12 章。

处理 Option 的一种更强大的方法是将它们视为具有零个或一个元素的集合。可以使用 for 循环来访问元素：

```
for score <- alicesScore do println(score)
```

如果 alicesScore 为 None，则不会发生任何事情。如果是 Some，则循环执行一次，并将 score 绑定到 Option 的内容。

还可以使用 map、filter 或 foreach 等方法。例如：

```
val biggerScore = alicesScore.map(_ + 1) // Some(score + 1)或None
val acceptableScore = alicesScore.filter(_ > 5)
// 若score大于5则返回Some(score)，否则返回None
alicesScore.foreach(println) // 分数如果存在，则打印
```

提示： 当从一个可能为 null 的值创建 Option 时，只需使用 Option(value)。如果 value 为 null，那么结果为 None，否则为 Some(value)。

4.8 元组

映射是键/值对的集合。对偶是元组的最简单形态——不同类型值的聚合。

元组值是通过将单个值括在括号中形成的。例如(1, 3.14, "Fred")是一个类型为(Int, Double, String)的元组。

如果你有一个元组，例如 val t = (1, 3.14, "Fred")，那么可以通过 t(0)、t(1)和 t(2)来访问其元素。

只要索引值是整型常量，这些表达式的类型就是元素类型：

```
val second = t(1) // second类型为Double
```

注意： 也可以通过方法_1、_2、_3 的方式访问元素，例如：

```
val third = t._3 // 将third设置为"Fred"
```

注意，这些元素访问器从_1 开始，不存在_0。

如果索引为变量，则 t(n)的类型为元素的公有超类型：

```
var n = 1
val component = t(n) // component类型为Any
```

警告： 如果元组索引是 val，那么你会得到一个复杂的“匹配类型”，它并不比 Any 更有用：

```
val m = 0
val first = t(m) /* first具有类型
  m.type match {
    case 0 => Int
    case scala.compiletime.ops.int.S[n1] =>
      scala.Tuple.Elem[(Double, String), n1]
  } */
```

通常，使用“解构”语法来获取元组的元素是最简单的：

```
val (first, second, third) = t // 设置first为1、second为3.14、third为"Fred"
```

如果不需要所有元素，则可以使用_：

```
val (first, second, _) = t
```

可以使用++运算符连接元组：

```
("x", 3) ++ ("y", 4) // 产生("x", 3, "y", 4)
```

元组对于返回多个值的函数很有用。例如，StringOps 类的 partition 方法返回一对字符串，分别包含满足条件的字符和不满足条件的字符：

```
"New York".partition(_.isUpper) // 产生("NY", "ew ork")对
```

警告： 有时，Scala 编译器想对在元组和函数参数列表之间的转换“提供帮助”，这可能会导致一些意外情况。下面是一个典型的例子：

```
val destination = "world"
val b = StringBuilder()
b.append("Hello") // b包含"Hello"
b.append(" ", destination) // b包含"Hello( ,world)"
```

不存在带多个参数的 append 方法。因此，Scala 将参数转换为一个元组，并将其作为 Any 类型的单个参数进行传递。

这种“自动元组化”的行为可能会让人感到惊讶，它可能会在 Scala 的未来版本中被限制或删除。

4.9　拉链操作

使用元组的原因之一是将多个值绑在一起，以便能够一起处理它们，这通常可以通过 zip 方法来实现。例如，以下代码：

```
val symbols = Array("<", "-", ">")
val counts = Array(2, 10, 2)
val pairs = symbols.zip(counts)
```

将产生一个对偶数组 Array(("<", 2), ("-", 10), (">", 2))。

然后就可以同时处理这些对偶：

```
for (s, n) <- pairs do print(s * n) // 打印<<---------->>
```

提示： toMap 方法会将对偶集合转换为映射。

如果你有一个键集合和同等数量的值集合，那么可以像这样将它们压缩成一个映射：

```
keys.zip(values).toMap
```

练习

1. 为一些你想要的物品创建一个价格映射，然后创建另一个具有相同键但价格打了九折的映射。

2. 编写一个从文件中读取单词的程序。使用可变映射来计算每个单词出现的次数。要读取单词，只需使用 `java.util.Scanner`：

```
val in = java.util.Scanner(new java.io.File("myfile.txt"))
while in.hasNext() do process in.next()
```

   或者查看第 9 章来了解 Scalaesque 方式。

   最后，打印出所有单词及其计数。

3. 使用不可变映射重复前面的练习。

4. 使用排序映射重复前面的练习，以便单词按排序顺序打印。

5. 使用适配 Scala API 的 `java.util.TreeMap` 重复前面的练习。

6. 定义一个将`"Monday"`映射到 `java.util.Calendar.MONDAY`（其他工作日类似）的链接哈希映射。演示按插入顺序访问这些元素。

7. 打印一张表来展示由 `java.lang.System` 类的 `getProperties` 方法报告的所有 Java 属性，如下所示：

```
java.runtime.name       | Java(TM) SE Runtime Environment
sun.boot.library.path   | /home/apps/jdk1.6.0_21/jre/lib/i386
java.vm.version         | 17.0-b16
java.vm.vendor          | Sun Microsystems Inc.
java.vendor.url         | http://java.sun.com/
path.separator          | :
java.vm.name            | Java HotSpot(TM) Server VM
```

   在打印该表之前，你需要找到最长键的长度。

8. 编写一个函数 `minmax(values: Array[Int])`，它返回（非空）数组中的最小和最大值组成的数值对。

9. 重新实现上一练习中的函数，在数组为空时返回一个值为 `None` 的 `Option`。

10. 编写一个程序，提示用户输入第一个和最后一个字母，然后从 `scala.io.Source.fromFile("/usr/share/dict/words").mkString.split("\n")`中打印一个匹配的单词，可以使用 `find`。你有哪些替代方式来处理返回的 `Option`？

11. 编写一个程序来演示 `Option` 类中的 `getOrElse` 方法的参数是延迟计算的。

12. 编写一个函数 `lteqgt(values: Array[Int], v: Int)`，使其返回分别小于 `v`、等于 `v` 和大于 `v` 的值的数量。

13. 当将两个字符串压缩在一起时会发生什么，例如`"Hello".zip("World")`？请想出一个合理的用例。

第5章 类 A1

本章中，我们将学习如何在 Scala 中实现类。如果你知道 Java、Python 或 C++中的类，那么就会发现这并不难，而且你会喜欢 Scala 中更简洁的表示法。

本章重点内容如下：

- 没有参数的访问器方法不需要圆括号。
- 类中的字段自动带获取器（getter）和设置器（setter）。
- 可以使用自定义的 getter/setter 来替换字段，而无需改变类的客户端——这就是“统一访问原则”。
- 每个类都有一个与类定义“交织在一起”的主构造函数，它的参数变成了类的字段。主构造函数执行类主体中的所有语句。
- 辅助构造函数是可选的，它们名为 `this`。
- 类可以嵌套，其中每个外部类对象都有自己版本的内部类。

5.1 简单类和无参方法

在最简单的形式中，Scala 类看起来非常像 Java 或 C++中的等价类：

```
class Counter :
  private var value = 0 // 必须初始化字段
  def increment() = // 方法默认是公开的
    value += 1
  def current = value
```

请注意类名后面的冒号。为了表示得更清晰，我总是在这样的冒号之前添加一个空格，但这不是必需的。

注意：如果类名由符号字符组成，则需要用反引号将其围起来，以避免编译器警告：

```
class `⏰` :
  def now() = java.time.LocalTime.now()
  ...
```

当使用该类时，则不需要使用反引号：`⏰().now()`。

也可以使用带有大括号的传统语法：

```
class Counter {
  private var value = 0
  def increment() = {
    value += 1
  }
  def current = value
}
```

注意： 可以使用 `scala.compiletime` 包中定义的特殊值 `uninitialized` 来初始化字段。这将导致在 Java 虚拟机中使用默认值（0、`false` 或 `null`）进行初始化。为了简洁清晰，我将始终提供显式的初始值。

在 Scala 中，不会将类声明为 `public`。Scala 源文件中可以包含多个顶级类，并且它们都具有公有可见性，除非显式地将它们声明为 `private`。

若要使用该类，可以通过常用方式创建对象及调用方法：

```
val myCounter = Counter() // 或者 new Counter()
myCounter.increment()
println(myCounter.current)
```

注意，`increment` 方法已经定义为一个空参数列表，而 `current` 已经定义为不带括号。必须按照声明这些方法的方式来对其进行调用。

那么，应该使用哪种方式和方法呢？使用 `()` 声明改变对象状态的无参方法是一种良好的风格，而不改变对象状态的无参方法的声明则应该不使用 `()`。一些程序员将前者称为*更改器*（mutator）方法，而将后者称为*访问器*（accessor）方法。

这就是我们在示例中所做的操作。

```
myCounter.increment() // 更改器方法
println(myCounter.current) // 访问器方法
```

5.2 带 getter 和 setter 的属性

在编写 Java 类时，我们不喜欢使用公有字段：

```
public class Person { // 这是 Java
  public int age; // 在 Java 中不受欢迎
}
```

对于公有字段，任何人都可以设置 `fred.age` 的值，从而使 Fred 变年轻或变老。这就是我们更喜欢使用 getter 和 setter 方法的原因：

```
public class Person { // 这是 Java
  private int age;
  public int getAge() { return age; }
  public void setAge(int age) { this.age = age; }
}
```

像这样的 getter/setter 对通常称为属性（property）。我们称 `Person` 类拥有一个 `age` 属性。

为什么这样做会更好呢？就其本身而言，并非如此，因为任何人都可以调用 `fred.setAge(21)`，使其永远保持 21 岁。

但如果这成为一个问题的话，那么我们可以这样防范它：

```
public void setAge(int newValue) { // 这是 Java
  if (newValue > age) age = newValue;
  // 无法变年轻
}
```

getter 和 setter 比公有字段更好，因为它们可以让你从简单的 get/set 语义开始，并根据需要改善它们。

注意： getter 和 setter 比公有字段更好并不意味着它们始终是好的。通常，如果每个客户端都能获取或设置对象的状态，这样显然是不好的。在本节中，我们将向读者展示如何在 Scala 中实现属性。当可获取或可设置的属性是一种合适的设计时，你可以做出明智的选择。

Scala 为每个公有字段提供了 getter 和 setter 方法。考虑以下示例：

```
class Person :
  var age = 0
```

Scala 为 JVM 生成了一个类，该类包含一个私有的 `age` 字段、getter 和公有的 setter 方法。

在 Scala 中，getter 和 setter 方法被称为 `age` 和 `age_=`。例如：

```
val fred = Person()
fred.age = 21 // 调用 fred.age_=(21)
println(fred.age) // 调用方法 fred.age()
```

在 Scala 中，虽然没有将 getter 和 setter 命名为 get*Xxx* 和 set*Xxx*，但它们实现了相同的目的。如果你需要 get*Xxx* 和 set*Xxx* 方法以实现与 Java 的互操作，请使用`@BeanProperty` 注解，详见第 15 章。

注意： 要亲自查看这些方法，请编译包含 `Person` 类的文件，然后使用 `javap` 查看字节码：

```
$ scala3-compiler Person.scala
$ javap -private Person
Compiled from "Person.scala"
public class Person {
  private int age;
  public Person();
  public int age();
  public void age_$eq(int);
}
```

如你所见，编译器创建了方法 age 和 age_$eq。（由于 JVM 不允许方法名中包含=，因此=被转换为$eq。）

可以重新定义 getter 和 setter 方法。例如：

```
class Person :
  private var privateAge = 0 // 私有化并重命名

  def age = privateAge
  def age_=(newValue: Int) =
    if newValue > privateAge then privateAge = newValue // 不能变年轻
```

该类的用户仍然会访问 fred.age，但现在 Fred 不能变年轻了：

```
val fred = Person()
fred.age = 30
fred.age = 21
println(fred.age) // 打印 30
```

注意： 贝特朗·梅耶尔（Bertrand Meyer），影响深远的 Eiffel 语言的发明者，制定了统一访问原则，该原则规定，模块提供的所有服务都应该通过统一的符号表示，这不会暴露它们是通过存储还是通过计算实现的。在 Scala 中，fred.age 的调用者不知道是通过字段还是方法来实现的 age。（当然，在 JVM 中，服务总是通过一种自动生成的或由程序员提供的方法来实现。）

5.3　仅带 getter 的属性

有时你需要一个仅带有 getter 而无 setter 的只读属性。如果属性的值在对象创建完成后就不再改变，请使用 val 字段：

```
class Message :
  val timeStamp = java.time.Instant.now
  ...
```

Scala 编译器会生成一个 Java 类，其中包含一个私有的 final 字段和一个公有的 getter 方法，但不包含 setter。

然而，有时你需要这样一个属性，客户端不能随意设置它的值，但它会以其他方式发生变化。5.1 节中的 Counter 类就是一个很好的例子。从概念上讲，Counter 有一个 current 属性，该属性的值在 increment 方法调用时会更新，但它并没有对应的 setter。

你不能使用 val 来实现这样的属性，因为 val 永远不会变化。相反，你需要提供一个私有字段和一个属性的 getter 方法。这就是你在 Counter 示例中所看到的：

```
class Counter :
  private var value = 0
  def increment() = value += 1
  def current = value // 声明中没有()
```

请注意，getter 方法的定义中没有()。因此，你必须以不带圆括号的方式来调用该方法：

```
val n = myCounter.current // 调用myCounter.current()存在语法错误
```

总之，你有 4 种选择来实现属性。

1. `var foo`：Scala 生成一个 getter 和一个 setter。
2. `val foo`：Scala 生成一个 getter。
3. 定义 `foo` 和 `foo_=`方法。
4. 定义一个 `foo` 方法。

注意： 在某些编程语言中，可以声明只写属性，这类属性拥有 setter 但却没有 getter。而这在 Scala 中是不可能的。

提示： 当你在 Scala 类中看到一个公有字段时，请记住，它与 Java 或 C++中的字段不同。它是一个私有字段，并带有一个公有的 getter（对于 `val` 字段）或一个 getter 和一个 setter（对于 `var` 字段）。

5.4　私有字段

如果定义了一个私有字段，那么 Scala 通常不会生成 getter 和 setter，但也存在两个例外。

方法可以访问其类中所有对象的私有字段。例如：

```
class Counter :
  private var value = 0
  def increment() = value += 1
  def isLess(other: Counter) = value < other.value
    // 可以访问other对象的私有字段
```

访问 `other.value` 是合法的，因为 `other` 也是一个 `Counter` 对象。

当通过 `this` 之外的对象访问私有字段时，将会生成私有的 getter 和 setter。

此外，还有一种（很少使用的）语法用于授予对特定类或包的访问权限。`private[`*name*`]` 限定符表示，只有给定封闭类或包的方法才能访问给定的字段。

编译器将生成允许封闭类或包访问字段的辅助 getter 和 setter 方法。这些方法是公有的，因为 JVM 没有一个细粒度的访问控制系统，而且它们将拥有依赖于实现的名称。

表 5-1 列出了我们讨论过的所有字段声明，并显示生成了哪些方法。

表 5-1　为字段生成的方法

Scala 字段	生成的方法	何时使用
`val/var name`	公有 `name` `name_=`（仅限于 `var`）	实现可公开访问并由字段支持的属性

续表

Scala 字段	生成的方法	何时使用
@BeanProperty val/var name	公有 name getName() name_=（仅限于 var） setName(...)（仅限于 var）	与 JavaBeans 互操作
private val/var name	如果需要，将生成私有的 getter 和 setter	将字段限制为此类的方法，就像在 Java 中一样。使用 private，除非你真的想要一个公有属性
private[*name*] val/var name	依赖于实现	授予对封闭类或包的访问权限。不常用

5.5 辅助构造函数

Scala 类可以有任意数量的构造函数。但是，其中一个构造函数比其他构造函数更重要，称为*主构造函数*（primary constructor）。此外，一个类可以有任意数量的辅助构造函数。

我们首先讨论辅助构造函数，因为它们类似于 Java、C++或 Python 中的构造函数。

辅助构造函数名为 this。（在 Java 或 C++中，构造函数与类具有相同的名称——当重命名类时就没那么方便。）

每个辅助构造函数必须以调用另一个辅助构造函数或主构造函数开始。

下面是一个带两个辅助构造函数的类：

```
class Person :
  private var name = ""
  private var age = 0

  def this(name: String) = // 一个辅助构造函数
    this() // 调用主构造函数
    this.name = name

def this(name: String, age: Int) = // 另一个辅助构造函数
  this(name) // 调用前一个辅助构造函数
  this.age = age
```

我们将在下一节中查看主构造函数。现在，只需知道没有为其定义主构造函数的类具有一个无参数的主构造函数。

可以通过 3 种方式来创建此类的对象：

```
val p1 = Person() // 主构造函数
val p2 = Person("Fred") // 第一个辅助构造函数
val p3 = Person("Fred", 42) // 第二个辅助构造函数
```

可以选择使用关键字 new 来调用构造函数，但并非必须使用。

5.6 主构造函数

在 Scala 中，每个类都有一个主构造函数。主构造函数的定义并不使用 this 方法。相反，它与类的定义交织在一起。

主构造函数的参数紧跟在类名之后。

```
class Person(val name: String, val age: Int) :
  // 主构造函数的参数存在于类名之后的圆括号中
  ...
```

如果一个主构造函数参数是用 val 或 var 声明的，那么它将变成一个用构造参数初始化的字段。在我们的示例中，name 和 age 将成为 Person 类的字段。诸如 Person("Fred", 42) 这样的构造函数调用将设置 name 和 age 字段的值。

半行 Scala 代码相当于 7 行 Java 代码：

```
public class Person { // 这是 Java
  private String name;
  private int age;
  public Person(String name, int age) {
    this.name = name;
    this.age = age;
  }
  public String name() { return this.name; }
  public int age() { return this.age; }
  ...
}
```

主构造函数执行类定义中的所有语句。例如，在以下类中：

```
class Person(val name: String, val age: Int) :
  println("Just constructed another person")
  def description = s"$name is $age years old"
```

println 语句是主构造函数的一部分。每当创建一个对象时，都会执行该语句。

当需要在创建期间配置一个字段时，这一点就非常有用。例如：

```
class MyProg :
  private val props = java.util.Properties()
  props.load(new FileReader("myprog.properties"))
    // 上面的语句是主构造函数的一部分
  ...
```

注意： 如果类名后面没有参数，则该类存在一个无参数的主构造函数，该构造函数只是简单执行类主体中的所有语句。

提示： 通常你可以通过在主构造函数中使用默认参数来消除辅助构造函数。例如：

```
class Person(val name: String = "", val age: Int = 0) :
  ...
```

主构造函数参数可以是表 5-1 中的任何形式。例如：

```
class Person(val name: String, private var age: Int)
```

声明和初始化了字段：

```
val name: String
private var age: Int
```

构造参数也可以是普通的方法参数，而不需要 val 或 var。它们不会产生 getter。另外，如何处理这些参数取决于它们在类中的使用情况。

```
class Person(firstName: String, lastName: String, age: Int) :
  val name = firstName + " " + lastName
  def description = s"$name is $age years old"
```

由于 age 参数在方法内部使用，因此它变成了一个对象私有字段。

然而，任何方法中都没使用 firstName 和 lastName。在主构造函数完成后，就不再需要它们。因此，没必要将它们转换为字段。

表 5-2 总结了不同类型的主构造函数参数生成的字段和方法。

表 5-2 主构造函数参数生成的字段和方法

主构造函数参数	生成的字段/方法
name: String	对象私有字段或无字段（没有方法使用 name 时）
private val/var name: String	私有字段、私有 getter/setter
val/var name: String	私有字段、公有 getter/setter
@BeanProperty val/var name: String	私有字段、公有的 Scala 和 JavaBeans getter/setter

如果发现主构造函数符号令人混淆，则不需要使用它。此时，只需以普通的方式提供一个或多个辅助构造函数，但如果没有链接到另一个辅助构造函数，请记得调用 this()。

然而，许多程序员喜欢简洁的语法。马丁·奥德斯基（Martin Odersky）建议这样考虑：在 Scala 中，类就像方法一样拥有参数。

注意： 当你将主构造函数的参数看作是类参数时，没有 val 或 var 的参数就会变得更容易理解。这类参数的作用域是整个类。因此，你可以在方法中使用该参数。如果这样做，那么编译器的工作就是将其保存在字段中。

提示： Scala 的设计者认为每一次按键都很宝贵，所以他们让你将类与它的主构造函数结合起来。在阅读 Scala 类时，需要将这两者分开。例如，当你看到以下代码时：

```
class Person(val name: String) :
  var age = 0
  def description = s"$name is $age years old"
```

请在脑中将其拆解成一个类定义：

```
class Person(val name: String) :
```

```
  var age = 0
  def description = s"$name is $age years old"
```

和一个构造函数定义：

```
class Person(val name: String) :
  var age = 0
  def description = s"$name is $age years old"
```

注意： 要使主构造函数变成私有，请像下面这样使用 private 关键字：

```
class Person private(val id: Int) :
  ...
```

然后，类用户必须使用一个辅助构造函数来创建一个 Person 对象。

5.7 嵌套类 L1

在 Scala 中，你几乎可以在任何东西中嵌套任何东西。你可以在其他函数中定义函数，也可以在其他类中定义类。下面是后者的一个简单的示例：

```
class Network :
  class Member(val name: String) :
    val contacts = ArrayBuffer[Member]()

  private val members = ArrayBuffer[Member]()

  def join(name: String) =
    val m = Member(name)
    members += m
    m
```

考虑两个网络：

```
val chatter = Network()
val myFace = Network()
```

在 Scala 中，每个实例都有自己的 Member 类，就像每个实例都有自己的 members 字段一样。也就是说，chatter.Member 和 myFace.Member 是不同的类。要创建一个新的内部对象，只需使用类型名称：chatter.Member("Fred")。

注意： 这与 Java 不同，在 Java 中，内部类属于外部类。

在 Java 中，对象 chatter.new Member("Fred")和 myFace.new Member("Wilma")都是类 Network$Member 的实例。

在我们的网络示例中，你可以在自己的网络中添加一个成员：

```
val fred = chatter.join("Fred")
val wilma = chatter.join("Wilma")
fred.contacts += wilma // OK
```

```
val barney = myFace.join("Barney") // 具有类型myFace.Member
```

然而，试图跨网络添加会导致编译时错误：

```
fred.contacts += barney
  // No——不能将myFace.Member添加到chatter.Member元素的缓冲区中
```

对于人际网络来说，这种行为可能是合理的；而且存在依赖于对象的类型是很有趣的。

如果你想表示“任何 Network 的 Member”类型，请使用类型投影（type projection）Network#Member。例如：

```
class Network :
  class Member(val name: String) :
    val contacts = ArrayBuffer[Network#Member]()
  ...
```

Network#Member 类型在 Java 中对应内部类。

不过话说回来，也许你只是想嵌套类来限制它们的作用域，就像 Java 中的静态内部类或 C++中的嵌套类那样。然后，你可以将 Member 类移动到 Network 的伴生对象（companion object）中。（伴生对象将在第 6 章介绍。）

```
object Network :
  class Member(val name: String) :
    val contacts = ArrayBuffer[Member]()

class Network :
  private val members = ArrayBuffer[Network.Member]()
  ...
```

注意： *在嵌套类的方法中，你可以以 EnclosingClass*.this”*的方式来访问封闭类的* this *引用：*

```
class Network(val name: String) :
  class Member(val name: String) :
    val contacts = ArrayBuffer[Member]()
    def description = s"$name inside ${Network.this.name}"
```

练习

1. 改进 5.1 节中的 Counter 类，使其不会在 Int.MaxValue 时变为负数。
2. 编写一个 BankAccount 类，使其具有方法 deposit 和 withdraw，以及一个只读属性 balance。
3. 编写一个 Time 类，使其具有只读属性 hours 和 minutes，以及一个 before(other: Time): Boolean 方法，该方法会检查该时间是否早于另一个时间。Time 对象应该按 Time(hrs, min)的形式创建，其中 hrs 采用 24 小时制（在 0 和 23 之间）。

4. 重新实现前面练习中的 `Time` 类，以便内部表示为自午夜以来的分钟数在 0 和 24×60−1 之间)。不要更改公有接口，即客户端代码不应该受到更改的影响。
5. 在 5.2 节的 `Person` 类中，提供一个将负数年龄转换为 0 的主构造函数。
6. 编写一个 `Person` 类，其主构造函数接收一个包含姓氏、空格和名字的字符串，例如 `Person("Fred Smith")`。另外，提供只读属性 `firstName` 和 `lastName`。那么，主构造函数的参数应该是 `var`、`val` 还是普通参数？为什么？
7. 创建一个 `Car` 类，使其具有制造商、车型名称和车型年份的只读属性，以及一个车牌号的读写属性。提供 4 个构造函数，它们都需要制造商和车型名称。或者，也可以在构造函数中指定车型年份和车牌号。否则，将车型年份设置为`-1`，车牌号设置为空字符串。你会选择哪个构造函数作为主构造函数？为什么？
8. 使用 Java、JavaScript、Python、C#或 C++（随你选择）重新实现前一练习的类。Scala 类会短多少？
9. 考虑类

```
class Employee(val name: String, var salary: Double) :
  def this() = this("John Q. Public", 0.0)
```

   重新编写它以使用显式字段和默认的主构造函数。你更喜欢哪种形式？为什么？
10. 为 5.7 节的 `Network` 类中嵌套的 `Member` 类实现 `equals` 方法。为了使两个成员相等，它们需要处于同一个网络中。

第6章 对象和枚举 A1

在简短的本章中，我们将学习何时使用 Scala 的 `object` 构造。当需要具有单个实例的类，或希望为各种值或函数找一个存放之处时，就会用到它。另外，本章还涵盖了枚举类型的相关内容。

本章重点内容如下：

- 为单例和工具方法使用对象；
- 类可以拥有一个同名的伴生对象（companion object）；
- 对象可以扩展类或特质；
- 对象的 `apply` 方法通常用于构造伴生类的新实例；
- 如果你没有在伴生对象中提供自己的 `apply` 方法，则会为类的所有构造函数提供一个 `apply` 方法；
- 相比于使用`@main` 注解的方法，你可以在对象中提供 `main(Array[String]):Unit` 方法作为程序的起始点；
- `enum` 构造定义了一个枚举，枚举对象可以拥有状态和方法。

6.1 单例

Scala 中没有静态方法或字段，而是使用 `object` 构造。对象定义了具有所需的特性的类的单个实例。例如：

```
object Accounts :
  private var lastNumber = 0
  def newUniqueNumber() =
    lastNumber += 1
    lastNumber
```

当你在应用程序中需要一个新的唯一帐户号码时，可以调用 `Accounts.newUniqueNumber()`。

对象的构造函数在第一次使用对象时执行。在我们的示例中，`Accounts` 构造函数是通过第一次调用 `Accounts.newUniqueNumber()`来执行的。如果对象从未使用过，则它的构造函数也不会执行。

基本上，对象可以拥有类的所有特性，甚至可以扩展其他类或特质（参考 6.3 节）。只有一种例外：无法提供构造函数参数。

当在其他编程语言中需要使用单例对象时，在 Scala 中则可以使用对象：

- 作为存放工具函数或常量的地方
- 当可以有效地共享单个不可变实例时
- 当需要单个实例来协调某些服务时（单例设计模式）

注意：很多人对单例设计模式不屑一顾。其实，Scala 为你提供的是工具，利用它可以做出好的设计和糟糕的设计，这取决于你如何明智地使用它们。

6.2　伴生对象

在 Java、JavaScript 或 C++中，你通常会有一个同时包含实例方法和静态方法的类。在 Scala 中，可以通过拥有类和同名的“伴生”对象来实现这一点。例如：

```
class Account :
  val id = Account.newUniqueNumber()
  private var balance = 0.0
  def deposit(amount: Double) =
    balance += amount
  ...

object Account : // 伴生对象
  private var lastNumber = 0
  private def newUniqueNumber() =
    lastNumber += 1
    lastNumber
```

类及其伴生对象可以相互访问彼此的私有特性，前提是它们必须位于同一个源文件中。

需要注意的是，伴生对象的特性不在类的作用域内。例如，Account 类必须使用 Account.newUniqueNumber()而非 newUniqueNumber()来调用伴生对象的方法。

提示：要在 REPL 中定义伴生对象，请在文本编辑器中编写类和对象，然后将它们一起粘贴到 REPL 中。如果分开定义它们，那么你将得到一条错误消息。

6.3　扩展类或特质的对象

一个 object 可以扩展类以及一个或多个特质，其结果是一个扩展了给定类及特质的类的对象，同时具有在对象定义中指定的所有特性。

一个有用的使用场景是指定可以共享的默认对象。例如，考虑在程序中引入一个可撤销操作的类。

```
abstract class UndoableAction(val description: String) :
  def undo(): Unit
  def redo(): Unit
```

一个有用的默认操作可以是“什么都不做”。当然，我们只需要其中一种。

```
object DoNothingAction extends UndoableAction("Do nothing") :
  override def undo() = ()
  override def redo() = ()
```

DoNothingAction 对象可以在所有需要该默认操作的地方共享。

```
val actions = Map("open" -> DoNothingAction, "save" -> DoNothingAction)
  // 打开和保存尚未实现
```

6.4 apply 方法

apply 方法常用于下面的表达式形式：

Object(*arg1*, ..., *argN*)

通常，这样的 apply 方法会返回伴生类的对象。

例如，Array 对象定义了允许通过以下表达式创建数组的 apply 方法，例如：

```
Array("Mary", "had", "a", "little", "lamb")
```

该调用实际上意味着：

```
Array.apply("Mary", "had", "a", "little", "lamb")
```

无论何时定义 Scala 类时，都会自动提供一个伴生对象，其中每个构造函数都有一个 apply 方法，这就是支持不使用 new 进行构造的原因。

例如，给定以下类：

```
class Person(val name: String, val age: Int)
```

则会自动生成一个伴生对象 Person 和一个方法 Person.apply，以便你可以调用：

```
val p = Person("Fred", 42)
val q = Person.apply("Wilma", 39)
```

这些方法被称为*构造函数代理方法*（constructor proxy methods）。

只有一个例外。如果类已经有了伴生对象，且其至少有一个 apply 方法，那么将不会提供构造函数代理方法。

如果不想调用固定的构造函数，那么你可能需要声明自己的 apply 方法。最常见的原因是生成一个子类型的实例。例如，Map.apply 会生成不同类的映射：

```
val seasons = Map("Spring" -> 1, "Summer" -> 2, "Fall" -> 3, "Winter" -> 4)
seasons.getClass // 生成 class scala.collection.immutable.Map$Map4
```

```
val directions =
  Map("Center" -> 0, "North" -> 1, "East" -> 2, "South" -> 3, "West" -> 4)
directions.getClass // 生成 class scala.collection.immutable.HashMap
```

6.5　应用程序对象

如果对象声明了一个名为 main 且类型为 Array[String] => Unit 的方法，则可以从命令行调用该方法。考虑一个经典的例子，文件 Hello.scala 内容如下：

```
object Hello :
  def main(args: Array[String]) =
    println(s"Hello, ${args.mkString(" ")}!")
```

现在，可以编译并运行该类。命令行参数放置在 args 参数中。

```
$ scalac Hello.scala
$ scala Hello cruel world
Hello, cruel world!
```

该机制与第 2 章中看到的机制略有不同，那里程序的入口点是一个带有@main 注解的函数。考虑一个包含以下内容的文件 Greeter.scala：

```
@main def hello(args: String*) =
  println(s"Hello, ${args.mkString(" ")}!")
```

该注解生成了一个名为 hello 且拥有一个 public static void main(Array[String]) 方法的对象，其中该方法会解析命令行参数并调用 hello 方法，而后者位于另一个类 Hello\$package\$中。

要调用该程序，请运行 hello 类：

```
$ scalac Greeter.scala
$ scala hello cruel world
Hello, cruel world!
```

6.6　枚举

一个对象只有一个单一的实例。枚举类型具有有限数量的实例：

```
enum TrafficLightColor :
  case Red, Yellow, Green
```

此处，我们定义了一个 TrafficLightColor 类型，它包含 3 个实例：TrafficLightColor.Red、TrafficLightColor.Yellow 和 TrafficLightColorGreen。

每个 enum 都自动拥有一个 ordinal 方法，该方法为每个实例生成一个整数，按照定义的顺序从 0 开始编号。

```
TrafficLightColor.Yellow.ordinal // 产生 1
```

反过来则是伴生对象的 fromOrdinal 方法：

```
TrafficLightColor.fromOrdinal(1) // 产生 TrafficLightColor.Yellow
```

伴生对象的 values 方法以相同的顺序生成所有枚举值的数组：

```
TrafficLightColor.values // 产生 Array(Red, Yellow, Green)
```

伴生对象有一个 valueOf 方法，该方法通过名称获取一个实例：

```
TrafficLightColor.valueOf("Yellow")
```

这是 toString 方法的反向操作，后者将实例映射到它们的名称：

```
TrafficLightColor.Yellow.toString // 产生"Yellow"
```

你可以定义自己的方法：

```
enum TrafficLightColor :
  case Red, Yellow, Green
  def next = TrafficLightColor.fromOrdinal((ordinal + 2) % 3)
```

还可以向伴生对象添加方法：

```
object TrafficLightColor :
  def random() = TrafficLightColor.fromOrdinal(scala.util.Random.nextInt(3))
```

实例可以具有状态。提供一个常有枚举类型的构造函数，然后按以下方式构造实例：

```
enum TrafficLightColor(val description: String) :
  case Red extends TrafficLightColor("Stop")
  case Yellow extends TrafficLightColor("Hurry up")
  case Green extends TrafficLightColor("Go")
```

extends 语法反映了枚举实例是扩展了枚举类型的对象的事实，参见 6.3 节。

你可以弃用一个实例：

```
enum TrafficLightColor :
  case Red, Yellow, Green
   @deprecated("""https://99percentinvisible.org/article/stop-at-red-go-on-grue-\
how-language-turned-traffic-lights-bleen-in-japan/""") case Blue
```

如果需要使枚举类型与 Java 枚举兼容，可以扩展 java.lang.Enum 类，如下所示：

```
enum TrafficLightColor extends Enum[TrafficLightColor] :
  case Red, Yellow, Green
```

注意：在第 14 章中，你将看到定义类层级结构的“参数化”enum，例如：

```
enum Amount :
  case Nothing
  case Dollar(value: Double)
  case Currency(value: Double, unit: String)
```

这等同于一个由对象 Nothing 和类 Dollar、Currency 扩展而来的抽象类 Amount。本章介绍的 enum 类型是一种仅包含对象的特殊情况。

练习

1. 编写一个具有 inchesToCentimeters、gallonsToLiters 和 milesToKilometers 方法的对象 Conversions。
2. 前面的问题不太符合面向对象思想。请提供一个通用的超类 UnitConversion，并定义 3 个扩展了该超类的 InchesToCentimeters、GallonsToLiters 和 MilesToKilometers 对象。
3. 定义一个扩展了 java.awt.Point 的 Origin 对象。为什么这其实不是一个好主意呢？（仔细分析 Point 类的方法。）
4. 定义一个带有伴生对象的 Point 类，以便可以像 Point(3,4)这样构造 Point 实例，而无需使用 new。
5. 使用 App 特质编写一个 Scala 应用程序，它可以逆序打印其命令行参数（用空格分隔）。例如，执行命令 scala Reverse Hello World 应该打印 World Hello。
6. 编写一个描述 4 种纸牌花色的枚举，以使 toString 方法返回♣、♦、♥或♠。
7. 实现一个函数，检查前面练习中的纸牌花色值是否为红色。
8. 编写一个描述 RGB 颜色立方体的 8 个角的枚举。使用颜色值作为 ID（例如，0xff0000 代表 Red）。

第 7 章

包、导入和导出 A1

包（package）包含具有共同目的的特性。大型程序和库通常被组织成多个包。

包名唯一但冗长。利用导入（import）语句，可以使用较短的名称来访问包的特性。

本章的最后讨论了 `export`（导出）语法，其在语法上类似于导入语句，但用于委托。

本章重点内容如下：

- 包可以像内部类一样进行嵌套；
- 包路径不是绝对路径；
- 包语句中的链 `x.y.z` 使中间包 `x` 和 `x.y` 不可见；
- 位于文件顶部且没有大括号的包语句将扩展到整个文件；
- 包可以包含函数和变量；
- 导入语句可以导入包、类和对象；
- 导入语句可以处于任何位置；
- 导入语句可以重命名和隐藏成员；
- 总是会导入 `java.lang`、`scala` 和 `Predef`；
- 导出语句提供了一种简洁的委托声明机制，它使用的语法与导入语句相同。

7.1 包

Scala 中的包与 Java 中的包、Python 中的模块或 C++中的命名空间目的相同：管理大型程序中的名称。例如，名称 `Map` 可以在 `scala.collection.immutable` 和 `scala.collection.mutable` 包中同时出现而不会冲突。要访问它们中的任何一个，可以使用完全限定名称 `scala.collection.immutable.Map` 或 `scala.collection.mutable.Map`，也可以使用 `import` 语句来提供一个较短的别名——参考 7.7 节。

要向包中添加条目，可以将其包含在嵌套的包语句中，例如：

```
package com :
  package horstmann :
```

```
    package people :
      class Employee(name: String, var salary: Double) :
        ...
```

然后可以在任何地方通过 `com.horstmann.people.Employee` 来访问类名 `Employee`。

与对象或类不同，包可以在多个文件中定义。前面的代码可能存在于文件 `Employee.scala` 中，而文件 `Manager.scala` 可能在 `com.horstmann.people` 包中定义了另一个类 `Manager`。

注意： 源文件目录和包之间没有强制关系。因此，不必将 `Employee.scala` 和 `Manager.scala` 放置于目录 `com/horstmann/people` 中。

相反，可以在一个文件中包含多个包。文件 `People.scala` 中可能包含：

```
package com :
  package horstmann :
    package people :
      class Person(val name: String) :
        ...

    package users :
      class User(val username: String, password: String) :
        ...
```

7.2　包作用域嵌套

Scala 包的嵌套方式与其他作用域一样。你可以从封闭作用域中访问名称。例如：

```
package com :
  package horstmann :
    package people :
      class Employee(name: String, var salary: Double) :
        ...
        def giveRaise(rate: Double) =
          salary += Math.percentOf(salary, rate)
    object Math :
      def percentOf(value: Double, rate: Double) = value * rate / 100
      ...
```

请注意 `Math.percentOf` 限定符。`Math` 类定义于其父包中，而父包中的所有内容都处于作用域内，因此没必要使用 `com.horstmann.Math.percentOf`。（不过，如果你愿意那么也可以这么做，毕竟 `com` 也在作用域内。）

这比 Java 更常见，因为 Java 中不能嵌套包。

然而，这里有一个美中不足的地方。一些程序员喜欢利用 `scala` 包总是被导入的事实（参见 7.10 节）。因此，可以使用 `collection` 而非 `scala.collection`：

```
package com :
  package horstmann :
```

```
package people :
  class Manager(name: String) :
    val subordinates = collection.mutable.ArrayBuffer[Employee]()
    ...
```

但是，假设有人在不同文件中引入了 com.horstmann.collection 包。

那么，Manager 类将不再编译。它会在 com.horstmann.collection 包中查找 mutable 成员，但找不到它。Manager 类打算使用顶层 scala 包中的 collection 包，而不是使用恰好位于某个可访问作用域内的任何 collection 子包。

Java 中不会出现这个问题，因为包名总是绝对的，从包层级结构的根目录开始。但是在 Scala 中，包名是相对的，就像内部类名一样。对于内部类，通常不会遇到问题，因为所有的代码都在一个文件中，由管理该文件的人员控制。但包是开放的，任何人都可以通过添加一个带有相同包声明的新文件来为一个包作出贡献。

最安全的解决方案是使用绝对包名。它们必须以特殊标识符_root_开始，例如：

```
val subordinates = _root_.scala.collection.mutable.ArrayBuffer[Employee]()
```

提示： 大多数 Scala 程序员使用完整路径作为包名，而没有_root_前缀。只要每个人都避免为嵌套包取名为 scala、java、javax 和顶级域（com、net 等），那么它就是安全的。

7.3 链式包子句

一个包子句可以包含一个“链”或路径段，例如：

```
package com :
  package horstmann.people :
    // com.horstmann 的成员在此处不可见
    class Executive :
      val subordinates = collection.mutable.ArrayBuffer[Manager]()
```

这样的子句限制了可见的成员。现在，无法再通过 collection 访问 com.horstmann.collection。

7.4 文件顶部表示法

你可以在文件顶部使用一个不带冒号或大括号的 package 子句，而非目前为止我们使用的嵌套表示法。例如：

```
package com.horstmann.collection // 没有冒号

class Group :
  ...
```

该文件中的所有内容都处于包 com.horstmann.collection 中，这与 Java 的 package

语句完全相同。

提示： 当文件中的所有代码都属于同一个包时，通常使用文件顶部表示法，因此我们不必再对包的内容进行缩进。

7.5 包级函数和变量

我们已经看到，一个包中可以包含很多类。另外，包中还可以包含其他类型声明，例如特质、枚举和对象。例如，以下内容皆有效：

```
package com.horstmann.people

val defaultName = "John Q. Public"
def employ(p: Person) = Employee(p.name, 0)
```

在底层实现上，包对象被编译成一个位于给定包中名为 *filename*`$package.class` 的 Java 虚拟机类，该类中包含静态方法和字段。如果示例代码存储在 `People.scala` 中，那么将产生类 `com.horstmann.people.People$package`。

通常，Scala 源文件的名称对编译器生成的类文件没有影响。每个类、枚举、对象或特质都被编译成一个具有给定包名和类名的 Java 类文件。可能会存在辅助类（例如伴生对象的类），但它们的名称来源于主要特性的名称。

但是对于包级函数和变量，Scala 编译器必须构造一个 Java 类来保存它们。对于同一个包，可以存在多个具有顶层定义的文件，将它们全部合并到一个类文件中会过于复杂。因此，每个源文件都会产生一个单独的类文件，而这些类文件包含了源文件名。

如果重命名源文件，那么包含包级定义的类文件的名称将会改变，必须重新编译所有依赖它们的文件。

因此，最好将一个包的所有顶层定义保存在一个具有固定名称的文件中。传统的选择是 `package.scala`，它位于与包名匹配的子目录中，例如 `com/horstmann/people/package.scala`。

7.6 包可见性

在 Java 中，未声明为 `public`、`private` 或 `protected` 的类成员在包含该类的包中都可见。在 Scala 中，可以通过在括号中添加限定符来实现相同的效果。以下方法在其所属包中是可见的：

```
package com.horstmann.users

class User(username: String, password: String) :
  private[users] def longDescription =
```

```
    s"A user with name $username and password $password"
  ...
```

可以将可见性扩展到一个封闭的包：

```
private[horstmann] def safeDescription =
  s"A user with name $username and password ${"*" * password.length}"
```

在包 com.horstmann.users 中，这两个方法都可以访问。然而，在包 com.horstmann 中，第一个方法是不可访问的。

7.7 导入

导入允许你使用短名称来代替长名称。通过语句 import java.awt.Color，我们可以在代码中使用 Color 来代替 java.awt.Color。

这是导入的唯一目的。如果你不介意使用长名称，那么可以永远不需要它。

可以通过以下方式导入包的所有成员：

```
import java.awt.*
```

警告： 在 Scala 中，*是一个有效的标识符。你可以将一个包定义为 com.horstmann.*.people，但请不要这样做。如果有人这么做了，那么需要使用*来导入它。

还可以导入一个类或对象的所有成员。

```
import java.awt.Color.*

val c1 = RED // Color.RED
val c2 = decode("#ff0000") // Color.decode
```

这就像 Java 中的 import static 一样。Java 程序员似乎比较害怕这种变体，但在 Scala 中它很常用。

导入一个包后，就可以使用更短的名称访问其子包。例如：

```
import java.awt.*

val transform = geom.AffineTransform.getScaleInstance(0.5, 0.5)
  // java.awt.geom.AffineTransform
```

包 geom 是 java.awt 的成员，而导入将其带入当前作用域。

7.8 导入无处不在

在 Scala 中，import 语句可以出现在任何位置，而不仅仅是文件顶部。import 语句的作用域一直延伸到封闭块的结束。例如：

```
class Group :
```

```
// 导入仅限于此类
import scala.collection.mutable.*
import com.horstmann.users.*
val members = ArrayBuffer[User]()
...
```

作用域受限的导入非常有用，特别是使用通配符导入时。从不同的来源导入大量的名称总是有点令人担忧。事实上，一些程序员非常不喜欢通配符导入，以至于从不使用它们，而是让 IDE 生成导入类的长列表。

通过将导入限制在需要它们的作用域内，可以大大降低发生冲突的可能性。

7.9　重命名和隐藏成员

如果要从包中导入多个成员，可以使用选择器语法，如下所示：

```
import java.awt.{Color, Font}
```

使用 as 关键字重命名成员：

```
import java.util.HashMap as JavaHashMap
import scala.collection.mutable.*
```

此时，JavaHashMap 就表示 java.util.HashMap，而 HashMap 则是 scala.collection.mutable.HashMap。

语法 HashMap as _会隐藏成员，而非重命名它。在导入同名的其他成员时，该语法非常有用：

```
import java.util.{HashMap as _, *}
import scala.collection.mutable.*
```

此时，由于隐藏了 java.util.HashMap，HashMap 确定地表示 scala.collection.mutable.HashMap。

7.10　隐式导入

每个 Scala 程序都隐式地以以下内容开始：

```
import java.lang.*
import scala.*
import Predef.*
```

java.lang 包总是被导入。接下来，以一种特殊的方式导入 scala 包。与所有其他导入不同，允许此导入覆盖之前的导入。例如，scala.StringBuilder 会覆盖 java.lang.StringBuilder，而非与它发生冲突。

最后，导入 Predef 对象。它包含常用类型、隐式转换和实用方法。（这些方法同样可以很好地放入 scala 包中，但 Predef 早在 Scala 具有包级函数之前就已经引入了。）

由于默认情况下会导入 scala 包，不需要编写以 scala 开头的包名。例如 collection.mutable.HashMap 与 scala.collection.mutable.HashMap 用法完全相同。

7.11 导出

在本章最后，我们学习一下 export 语句，该语句有点类似于 import，它为某些特性提供了别名。但是，import 可以与包、类或对象一起使用，而 export 仅用于对象。

此处有一个具体的例子。一个 ColoredPoint 有一个颜色和一个点，现在我们想获取颜色成分和点坐标。当然，我们可以委托给颜色方法和点字段：

```
import java.awt.*
class ColoredPoint(val color: Color, val point: Point) :
  def red = color.getRed()
  def green = color.getRed()
  def blue = color.getBlue()
  val x = point.x
  val y = point.y
```

这种委托可能变得乏味，有时会促使程序员进行继承。然后，你将自动继承所有内容，而不必实现委托。

然而，继承可能并不合适。ColoredPoint 是一种特殊类型的 Color 吗？是一种特殊类型的 Point 吗？从哲学和实际角度来看，答案也许是否定的。

通用的软件工程原则是组合优于继承。在这点上，export 特性可以提供帮助。与其手动委托特性，不如声明你想要的特性：

```
class ColoredPoint(val color: Color, val point: Point) :
  export color.{getRed as red, getGreen as green, getBlue as blue}
  export point.{x, y}
```

其语法与 import 语句类似。将选定的特性包含在大括号中，并使用箭头进行重命名。

与导入一样，你可以导出除部分特性之外的所有特性：

```
export point.{
  setLocation as _, translate as _, toString as _,
  hashCode as _, equals as _, clone as _, *}
```

练习

1. 编写一个示例程序来证明以下两者并不相同：

```
package com.horstmann.impatient
```

与

```
package com
package horstmann
package impatient
```

2. 编写一个让你的 Scala 朋友感到困惑的难题，使用一个非顶级的 com 包。

3. 编写一个包 random，其中包含函数 nextInt(): Int、nextDouble(): Double 和 setSeed(seed: Int): Unit。要生成随机数，请使用线性同余生成器：

$$next = (previous \times a + b) \bmod 2^n$$

其中，$a = 1664525$、$b = 1013904223$、$n = 32$，*previous* 的初始值为 seed。

4. 创建两个源文件，每个源文件为给定的包贡献两个类和一个顶级函数。最后生成了哪些类文件？都位于哪个目录中？将源文件移动到不同目录中会发生什么？重命名源文件又会发生什么？

5. private[com] def giveRaise(rate: Double)是什么意思？它有用吗？

6. 编写一个程序，将 Java 哈希映射中的所有元素复制到 Scala 哈希映射中。使用导入语句重命名这两个类。

7. 在前一个练习中，将所有导入移到尽可能内层的范围。

8. 以下内容的作用是什么？这是个好主意吗？

```
import java.*
import javax.*
```

9. 编写一个程序，导入 java.lang.System 类，从系统属性 user.name 读取用户名，从 StdIn 对象读取密码，如果密码不是"secret"则打印一条消息到标准错误流。否则，向标准输出流打印一条问候语。不要使用任何其他导入，也不要使用任何限定名称（带点）。

10. 除了 StringBuilder，scala 包还覆盖了 java.lang 包的哪些成员？

11. 一个常见的错误继承的示例是继承自 ArrayBuffer 的堆栈类。这一实现很糟糕，因为堆栈随后继承了许多在堆栈上不允许的方法。请使用组合和 export 语句来定义存储字符串的 Stack 类。

12. 选择一个组合优于继承的例子，并在 Scala 中实现它，请使用 export 语法来实现方法委托。

13. export 语句可以出现在类、对象或特质中，也可以出现在顶层。如果它出现在一个类中，那么它与 import 有什么不同呢？如果它出现在顶层呢？

第 8 章
继承 A1

在本章中，我们将学习 Scala 中的继承与其他编程语言的重要区别。（假设读者已经熟悉继承的基本概念。）

本章重点内容如下：

- extends 关键字表示继承；
- 在重写方法时必须使用 override；
- final 类不能被继承，final 方法不能被重写；
- open 类显式地设计用于被继承；
- 只有主构造函数可以调用主超类构造函数；
- 可以重写字段；
- 可以定义这种类，使其实例只能相互比较或与其他合适的类型进行比较；
- 值类（value class）包装单个值，而没有单独对象的开销。

在本章中，我们仅讨论一个类继承自另一个类的情况。关于继承特质（Scala 中泛化了 Java 接口的概念）的情况，请参考第 10 章内容。

8.1 继承类

在 Scala 中要创建一个子类，请使用 extends 关键字：

```
class Employee extends Person :
  var salary = 0.0
  ...
```

在子类的主体中，指定子类中新增的字段和方法，或重写的超类的方法。

可以声明一个 final 类，使其不能被继承。你还可以将单个方法或字段声明为 final，使其不能被重写。（关于重写字段请参考 8.8 节。）请注意，这一点与 Java 不同，Java 中的 final 字段是不可变的，类似于 Scala 中的 val。

8.2 重写方法

在 Scala 中，当重写一个非抽象方法时，必须使用 override 修饰符。（关于抽象方法请参考 8.6 节。）例如：

```
class Person :
  ...
  override def toString = s"${getClass.getName}[name=$name]"
```

override 修饰符在很多常见情况下都能提供有用的错误消息，例如：

- 当将重写的方法名写错时；
- 当在重写的方法中意外提供了一个错误的参数类型时；
- 当在超类中引入一个与子类方法发生冲突的新方法时。

注意： 最后一种情况是脆弱基类问题的一个实例，即在不查看所有子类的情况下无法验证超类中的更改。假设程序员 Alice 定义了一个 Person 类，并且在 Alice 不知道的情况下，程序员 Bob 定义了一个 Student 子类，其中包含一个产生学生 ID 的方法 id。之后，Alice 也定义了一个保存个人国家 ID 的方法 id。当 Bob 接受这个更改时，Bob 的程序可能就会出现问题（但在 Alice 的测试用例中不会），因为 Student 对象现在返回了意想不到的 ID。

在 Java 中，通常建议通过声明所有方法为 final 来“解决”该问题，除非它们被显式地设计为要被重写。理论上这听起来不错，但当程序员甚至无法对方法进行最微小的更改（比如添加日志调用）时，他们就会讨厌它。这就是为什么 Java 中最终引入了一个可选的@Overrides 注解。

要在 Scala 中调用超类方法，请使用关键字 super：

```
class Employee extends Person :
  ...
  override def toString = s"${super.toString}[salary=$salary]"
```

super.toString 调用了超类的 toString 方法，即 Person.toString 方法。

8.3 类型检查和强制转换

要检查一个对象是否属于给定的类，请使用 isInstanceOf 方法。如果检测成功，就可以使用 asInstanceOf 方法将引用转换为子类引用：

```
if p.isInstanceOf[Employee] then
  val s = p.asInstanceOf[Employee] // s 为类型 Employee
  ...
```

如果 p 引用了类 Employee 或其子类（例如 Manager）的一个对象，那么 p.isInstanceOf[Employee]检查成功。

如果 p 为 null，则 p.isInstanceOf[Employee]返回 false，而 p.asInstanceOf [Employee]返回 null。

如果 p 不是 Employee 类型，那么 p.asInstanceOf[Employee]会抛出异常。

如果你想检查 p 是否引用了 Employee 对象，而非引用一个子类，请使用：

```
if p.getClass == classOf[Employee] then ...
```

classOf 方法定义在 scala.Predef 对象中，而后者通常都会被导入。

表 8-1 中展示了 Scala 和 Java 类型检查和强制转换之间的对应关系。

表 8-1 Scala 和 Java 中的类型检查和强制转换

Scala	Java
obj.isInstanceOf[Cl]	obj instanceof Cl
obj.asInstanceOf[Cl]	(Cl) obj
classOf[Cl]	Cl.class

然而，模式匹配通常是使用类型检查和类型转换的更优选择。例如：

```
p match
  case s: Employee => ... // 将 s 作为一个 Employee 进行处理
  case _ => ... // p 不是一个 Employee
```

参考第 14 章以获取更多信息。

8.4 超类的构造

回想第 5 章的内容，类有一个主构造函数和任意数量的辅助构造函数，且所有辅助构造函数都必须以调用之前的辅助构造函数或主构造函数开始。

因此，辅助构造函数永远不能直接调用超类构造函数。

子类的辅助构造函数最终会调用该子类的主构造函数。只有子类的主构造函数可以调用超类构造函数。

回想一下，主构造函数与类定义是交织在一起的，调用超类构造函数的语句也是如此。下面是一个例子：

```
class Employee(name: String, age: Int, var salary : Double) extends
  Person(name, age) :
  ...
```

其定义了一个子类：

```
class Employee(name: String, age: Int, var salary : Double) extends
  Person(name, age)
```

以及一个调用超类构造函数的主构造函数：

```
class Employee(name: String, age: Int, var salary : Double) extends
  Person(name, age)
```

将类和构造函数交织在一起可以得到非常简洁的代码。你可能会发现，将主构造函数参数看作是类的参数是很有帮助的。此处，Employee类有3个参数：name、age和salary，其中两个参数被“传递”给超类。

在Java中，与此等价的代码相当冗长：

```
public class Employee extends Person { // Java
  private double salary;
  public Employee(String name, int age, double salary) {
    super(name, age);
    this.salary = salary;
  }
}
```

注意： 在Scala构造函数中，永远不能像在Java中那样通过调用super(params)来调用超类构造函数。

Scala类可以扩展Java类，为此其主构造函数必须调用Java超类的某个构造函数。例如：

```
class ModernPrintWriter(p: Path, cs: Charset = StandardCharsets.UTF_8) extends
  java.io.PrintWriter(Files.newBufferedWriter(p, cs))
```

8.5 匿名子类

可以通过提供构造参数和一个包含重写方法的代码块来构造匿名子类的实例。例如，假设我们有以下超类：

```
class Person(val name: String) :
  def greeting = s"Hello, my name is $name"
```

此处，我们创建一个属于Person的匿名子类的对象，并重写了greeting方法：

```
val alien = new Person("Tweel") :
  override def greeting = "Greetings, Earthling!"
```

警告： 在构造匿名类的实例时需要使用new关键字。

8.6 抽象类

声明为抽象的类不能实例化。这样做通常是因为它的一个或多个方法没有被定义。例如：

```
abstract class Person(val name: String) :
  def id: Int // 没有方法体，因此是一个抽象方法
```

这里，我们说每个人都有一个ID，但并不知道如何计算它。Person的每个具体子类都需要指定一个id方法。注意，此处并没有对抽象方法使用abstract关键字，只需要省略它的

方法体。具有至少一个抽象方法的类必须声明为 abstract。

在子类中，在定义超类中的抽象方法时，不需要使用 override 关键字。

```
class Employee(name: String) extends Person(name) :
  def id = name.hashCode // 不需要 override 关键字
```

8.7 抽象字段

除了抽象方法，类还可以拥有抽象字段。抽象字段只是那些没有初始值的字段。例如：

```
abstract class Person :
  val id: Int
    // 没有初始化器–这是一个带有抽象 getter 方法的抽象字段
  var name: String
    // 另一个抽象字段，具有抽象 getter 和 setter 方法
```

该类为 id 和 name 字段定义了抽象的 getter 方法，并为 name 字段定义了抽象的 setter 方法。生成的 Java 类中没有任何字段。

具体子类中必须提供具体字段，例如：

```
class Employee(val id: Int) extends Person : // 子类具有具体的 id 属性
  var name = "" // 和具体的 name 属性
```

与方法一样，当在子类中定义超类的抽象字段时，不需要 override 关键字。

始终可以通过使用匿名类型来自定义抽象字段：

```
val fred = new Person() {
  val id = 1729
  var name = "Fred"
}
```

8.8 重写字段

回想第 5 章内容可知，Scala 中的字段由一个私有字段和访问器/更改器方法组成。可以使用另一个同名的 val 字段重写一个 val（或无参数的 def）。子类拥有一个私有字段和一个公有 getter，且 getter 重写了超类的 getter（或方法）。

例如：

```
class Person(val name: String) :
  override def toString = s"${getClass.getName}[name=$name]"

class SecretAgent(codename: String) extends Person(codename) :
  override val name = "secret" // 不想透露名字. . .
  override val toString = "secret" // . . .或类名
```

该例子显示了其原理机制，但太像人为操作。更常见的情况是利用 val 重写抽象 def，如

下所示：

```
abstract class User :
  def id: Int // 每个用户都有一个以某种方式计算的 ID

class Student(override val id: Int) extends User
  // 学生 ID 直接在构造函数中提供
```

注意以下限制（参见表 8-2）：

表 8-2　重写 val、def 和 var

	用 val	用 def	用 var
重写 val	• 子类拥有私有字段（与超类字段同名——没问题） • getter 重写超类 getter	错误	错误
重写 def	• 子类有一个私有字段 • getter 重写超类方法	类似于 Java	var 可以重写 getter/setter 对。只重写 getter 是错误的
重写 var	错误	错误	只有当超类 var 是抽象时才行

- def 只能重写另一个 def。
- val 只能重写另一个 val 或无参 def。
- var 只能重写抽象 var。

警告：在第 5 章中，我说过使用 var 是没问题的，因为你总是可以改变你的想法，并将其实现为一个 getter/setter 对。然而，扩展你的类的程序员并没有这个选择。他们无法使用 getter/setter 来重写一个 var。换句话说，如果提供一个 var，那么所有子类都必须使用它。

8.9　开放类和密封类

继承是一种强大的特性，但也可能会被滥用。有时，程序员仅仅因为可以方便地获取一些方法而扩展类。第 7 章讨论了 exports 特性，它可以帮助 Scala 程序员通过方便地使用组合和委托而非继承来避免这个陷阱。

然而，很多类都是明确为继承而设计的。在 Scala 中，使用 open 关键字来标记这些类：

```
open class Person :
  ...
```

从 Scala 3.1 开始，如果你在非 open 类的声明源文件之外扩展它，那么将会收到一条警告信息。为了避免出现此警告，包含扩展类的文件必须包含以下导入语句：

```
import scala.language.adhocExtensions
```

这种机制对过度使用继承的影响很小。

在单个文件中，没有任何限制。想必文件的作者比较了解超类，因此可以扩展它。

如果从另一个文件扩展非 open 类并收到编译器警告，请考虑在该情况下继承是否合适。

如果你认为合适，请包含 adhocExtensions 导入。它会向其他人发出信号，表明你要么做出了一个有意识的选择，要么只是想关闭编译器。

> **注意：** 将一个 final 类声明为 open 是一种语法错误。相反，抽象类（参考 8.6 节）会自动变成 open。

一个相关的概念是密封类（sealed class）。密封类具有固定数量的直接子类，且它们必须在同一个文件中进行声明。

```
// PostalRates.scala
sealed abstract class PostalRate :
  ...

class DomesticRate extends PostalRate :
  ...

class InternationalRate extends PostalRate :
  ...
```

试图在另一个文件中扩展一个密封类会导致错误而非警告。

密封类可用于模式匹配。如果编译器知道一个类的所有子类，那么它可以验证与子类的匹配是否完整，详情见第 14 章。

8.10 受保护的字段和方法

与在 Java 或 C++中一样，可以将字段或方法声明为 protected。这样的成员可以从任何子类中进行访问。

```
class Employee(name: String, age: Int, protected var salary: Double) :
  ...

class Manager(name: String, age: Int, salary: Double)
    extends Employee(name, age, salary) :
  def setSalary(newSalary: Double) = // 经理的薪水永远不会减少
    if newSalary > salary then salary = newSalary

  def outranks(other: Manager) =
    salary > other.salary
```

注意，Manager 方法可以访问任何 Manager 对象中的 salary 字段。与 Java 中不同，受保护的成员在该类所属的整个包中都是不可见的。（如果需要此可见性，则可以使用包修改器——见第 7 章。）

8.11 构造顺序

当在子类中重写一个 val，并在超类构造函数中使用该值时，所产生的行为是非直观的。

这里有一个例子。假设一种生物可以感知其周围的一部分环境。为简单起见，假设该生物生活在一个一维世界中，并且感官数据表示为整数。默认生物可以看到前面的 10 个单位。

```
class Creature :
  val range: Int = 10
  val env: Array[Int] = Array.ofDim[Int](range)
```

然而，蚂蚁是近视眼：

```
class Ant extends Creature :
  override val range = 2
```

不幸的是，我们现在遇到一个问题。range 值使用于超类构造函数中，并且超类构造函数在子类构造函数之前运行。具体来说，情况如下：

1. Ant 构造函数在执行自己的构造之前调用 Creature 构造函数；
2. Creature 构造函数将其 range 字段设置为 10；
3. 为了初始化 env 数组，Creature 构造函数调用了 range() 获取器；
4. 该方法被重写以生成 Ant 类的（尚未初始化）range 字段；
5. range 方法返回 0；（这是分配对象时所有整数字段的初始值。）
6. env 设置为一个长度为 0 的数组；
7. Ant 构造函数继续操作，将其 range 字段设置为 2。

即使看起来好像 range 是 10 或 2，env 也被设置为长度为 0 的数组。这告诉我们一个道理，即不要依赖构造函数主体中的 val 值。

作为一种补救措施，你可以将 range 设为 lazy val（参考第 2 章）。

注意： 构造顺序问题的根源在于 Java 语言的设计决策，即允许在超类构造函数中调用子类方法。在 C++中，当超类构造函数执行时，对象的虚拟函数表指针被设置为超类的表。然后，将指针设置为子类表。因此，在 C++中，不可能通过重写来修改构造函数的行为。Java 设计者认为这种复杂性是不必要的，而且 Java 虚拟机在构建过程中不会调整虚拟函数表。

提示： 通过使用实验性的-Ysafe-init 标志进行编译，就可以让编译器检查初始化错误，例如本节中的错误。

8.12 Scala 继承层级结构

图 8-1 展示了 Scala 类的继承层级结构。与 Java 虚拟机中的基本类型以及 Unit 类型对应的类扩展了 AnyVal。你还可以定义自己的值类，参考 8.15 节。

所有其他类都是 AnyRef 类的子类。当编译到 Java 虚拟机时，这就是 java.lang.Object

类的同义词。

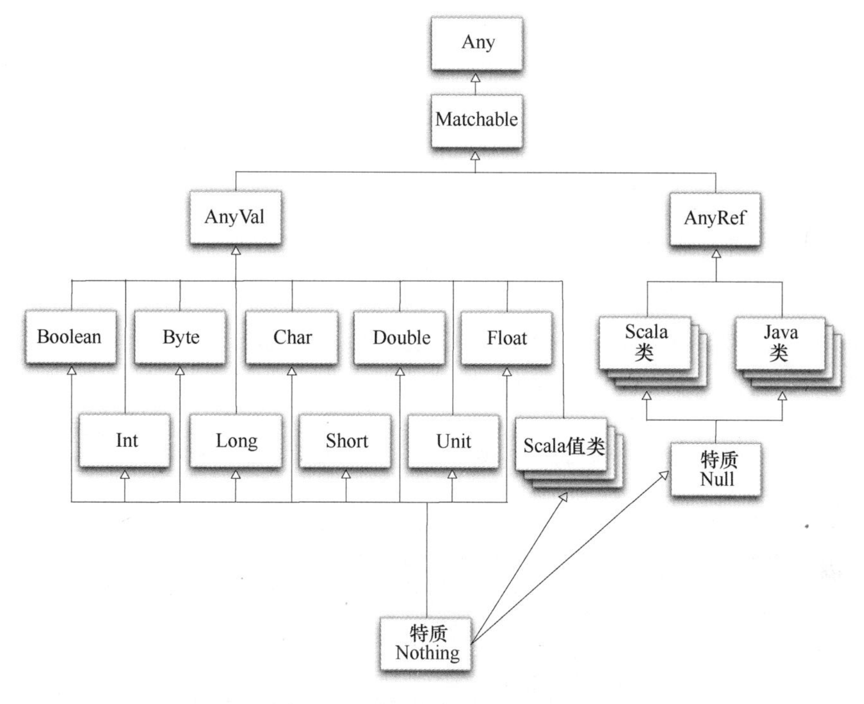

图 8-1 Scala 类的继承层级结构

AnyVal 和 AnyRef 都扩展自 Any 类，即层级结构的根。

Any 类定义了方法 isInstanceOf 和 asInstanceOf，以及相等性和哈希码方法，我们将在 8.13 节中对其进行讨论。

AnyVal 没有添加任何方法，它只是对值类型的一个标记。

AnyRef 类增加了 Object 类中的监视器方法 wait 和 notify/notifyAll。它还提供了一个带有函数参数的 synchronized 方法，该方法等价于 Java 中的 synchronized 块。例如：

```
account.synchronized { account.balance += amount }
```

注意： 就像在 Java 中一样，我建议你远离 wait、notify 和 synchronized，除非你有充分的理由使用它们，而不是更高级的并发构造。

在层级结构的另一端是 Nothing 和 Null 类型。

Null 是其唯一实例为 null 值的类型。你可以将 null 赋值给任何引用，但不能赋值给值类型之一。例如，不能将 Int 设置为 null。这比在 Java 中更好，在 Java 中可以将 Integer 包装器设置为 null。

注意： 利用实验性的"显式空值"功能，类型层级结构有所改变，并且 Null 不再是扩展 AnyRef 类型的子类型。对象引用不能为 Null。如果需要可为空的值，则需要声明联合类型 T | Null。要选择加入此功能，请使用-Yexplicit-nulls 标志进行编译。

Nothing 类型没有实例，它偶尔对泛型构造有用。例如，空列表 Nil 具有类型 List[Nothing]，它是任何 T 的 List[T]的子类型。

???方法声明返回类型为Nothing。当调用时，它从不返回，而是抛出 NotImplementedError。你可以用它来表示仍然需要实现的方法：

```
class Person(val name: String) :
  def description: String = ???
```

Person 类可以通过编译，因为 Nothing 是每种类型的子类型。只要不调用 description 方法，就可以开始使用该类。

Nothing 类型与 Java 或 C++中的 void 完全不同。在 Scala 中，void 由 Unit 类型表示，该类型的唯一值为()。

警告： Unit 不是任何其他类型的超类型。但是，任何类型的值都可以用()替换。考虑以下示例：

```
def showAny(o: Any) = println(s"${o.getClass.getName}: $o")
def showUnit(o: Unit) = println(s"${o.getClass.getName}: $o")
showAny("Hello") // 产生"java.lang.String: Hello"
showUnit("Hello") // 产生"void: ()"
  // "Hello"被()替换（带有警告）
```

警告： 当一个方法拥有一个类型为 Any 或 AnyRef 的参数，且调用它时向其传递多个参数时，那么这些参数将被放置在一个元组中：

```
showAny(3) // 打印 class java.lang.Integer: 3
showAny(3, 4, 5) // 打印 class scala.Tuple3: (3,4,5)
```

8.13　对象相等性 L1

你可以重写 equals 方法，从而为类的对象提供一种相等的自然概念。

考虑类

```
class Item(val description: String, val price: Double) :
  ...
```

如果两个物品具有相同的描述和价格，你可能会认为它们相等。以下是一个合适的 equals 方法：

```
final override def equals(other: Any) =
  other.isInstanceOf[Item] && {
    val that = other.asInstanceOf[Item]
    description == that.description && price == that.price
  }
```

或更好的方法是使用模式匹配：

```
final override def equals(other: Any) = other match
  case that: Item => description == that.description && price == that.price
  case _ => false
```

提示： 通常，在子类中正确地扩展相等性是非常困难的，主要问题是对称性。你想让 a.equals(b)与 b.equals(a)具有相同结果，即使 b 属于一个子类。因此，通常应该将 equals 方法声明为 final。

警告： 请确保将 equals 方法的参数类型定义为 Any。以下定义方式是错误的：

```
final def equals(other: Item) = ... // 不要这么做!
```

这是一种不同的方法，它不会重写 Any 的 equals 方法。

当你定义 equals 时，记住还要定义 hashCode。哈希码应该只从相等性检查中使用的字段计算出来，以便相等的对象具有相同的哈希码。在 Item 示例中，组合字段的哈希码。

```
final override def hashCode = (description, price).##
```

其中，##方法是 hashCode 方法的空值安全版本，它会为 null 生成 0，而不是抛出异常。

警告： 不要提供你自己的==方法来代替 equals。你不能重写 Any 中定义的==方法，但可以利用 Item 参数提供不同的实现。

```
final def ==(other: Item) = // 不要提供==来代替 equals!
  description == other.description && price == other.price
```

当利用==比较两个 Item 对象时，将会调用此方法。但是其他类，例如 scala.collection.mutable.HashSet，使用 equals 来比较元素，以便与 Java 对象兼容。你的==方法将不会被调用！

提示： 不必强制重写 equals 和 hashCode。对于很多类来说，将不同的对象视为不相等是合适的。例如，如果你有两个不同的输入流或单选按钮，你将永远不会认为它们是相等的。

与 Java 中不同，不要直接调用 equals 方法，只需使用==运算符。对于引用类型，它在对 null 操作进行适当的检查后调用 equals。

8.14 多元相等性 L2

在 Java 中，equals 方法是通用的，可以调用它来比较任何类的对象。

这听起来不错，但它限制了编译器查找错误的能力。在 Scala 中，当==运算符的参数无法比较时，可以在编译时失败。

有两种机制可以选择使用这种多元相等性。

如果要确保所有相等性检查都使用多元相等性，请添加导入：

```
import scala.language.strictEquality
```

或者，你可以有选择地激活多元相等性。一个类可以声明它不允许与其他类的实例进行比较：

```
class Item(val description: String, val price: Double) derives CanEqual :
  ...
```

derives 关键字是一种通用机制，详见第 20 章。

现在，不可能将 Item 实例与不相关的对象进行比较：

```
Item("Blackwell toaster", 29.95) == Product("Blackwell toaster")
  // 编译时错误
```

即使利用多元相等性，也可以在不同的类之间实现相等性检查。这通常不应该尝试，但它发生在 Scala 库中的许多类中。你可以检查任意两个序列或集合（scala.collection.Seq 和 scala.collection.Set 的子类型）之间的相等性，前提是元素类型也可以相等。

你可以测试任何基本数字类型之间，或任何基础类型与其包装器类型之间的相等性。最后，任何引用类型都可以利用 null 进行相等性比较。

为了向后兼容，当两个操作数都没有选择使用多元相等性检查时，仍然允许混合相等性检查。

8.15 值类 L2

有些类只有一个字段，例如基本类型的包装器类，以及 Scala 用于向现有类型添加方法的“rich”或“ops”包装器。分配一个只包含一个值的新对象是比较低效的。值类允许你定义“内联”的类，以便直接使用单个字段。

值类具有以下特性：

1. 类继承自 AnyVal；

2. 它的主构造函数仅有一个参数 val，且没有函数体；

3. 该类没有其他字段或构造函数；

4. 自动提供的 equals 和 hashCode 方法会对底层值进行比较和求取散列值。

例如，让我们定义一个包装了“军用时间”值的值类：

```
class MilTime(val time: Int) extends AnyVal :
  def minutes = time % 100
  def hours = time / 100
  override def toString = f"$time%04d"
```

当构建一个 MilTime(1230)时，编译器不会分配一个新对象。相反，它使用了底层值，即整数 1230。你可以在该值上调用 minutes 和 hours 方法：

```
val lunch = MilTime(1230)
println(lunch.hours) // OK
```

同样重要的是，不能调用 Int 方法：

```
println(lunch * 2) // 错误
```

为了保证正确的初始化，可以将主构造函数设为私有，并在伴生对象中提供一个工厂方法：

```
class MilTime private(val time: Int) extends AnyVal :
  ...
object MilTime :
  def apply(t: Int) =
    if 0 <= t && t < 2400 && t % 100 < 60 then MilTime(t)
    else throw IllegalArgumentException()
```

警告： 在一些编程语言中，值类型是在运行时栈上分配的任何类型，包括具有多个字段的结构类型。在 Scala 中，值类只能拥有一个字段。

注意： 如果想让值类来实现一个特质（见第 10 章），那么该特质必须显式地继承 Any，并且它可能没有字段。这些特质称为通用特质（universal trait）。

不透明类型是值类型的替代方案。不透明类型别名允许你为现有类型指定名称，从而无法使用原始类型。例如，MilTime 可以是 Int 的不透明类型别名。在第 18 章中，你将看到如何声明不透明类型，并使用“扩展方法”来定义它们的行为。

在不久的将来，Java 虚拟机将支持可以拥有多个字段的原生值类型。预计 Scala 值类将与 JVM 值类型对齐。

练习

1. 将下面的 BankAccount 类扩展为 CheckingAccount 类，对每次存款和取款收取 1 美元的费用：

```
class BankAccount(initialBalance: Double) :
  private var balance = initialBalance
  def currentBalance = balance
  def deposit(amount: Double) = { balance += amount; balance }
  def withdraw(amount: Double) = { balance -= amount; balance }
```

2. 将前一练习的 BankAccount 类扩展为 SavingsAccount 类，每月可以获得利息（调用 earnMonthlyInterest 方法时），且每月有 3 次免费存款或取款机会。重置 earnMonthlyInterest 方法中的交易计数。

3. 查阅你最喜欢的 Java、Python 或 C++图书，其中肯定有一个玩具继承层级结构的示例，可能涉及员工、宠物、图形形状或类似的内容。在 Scala 中实现这个示例。

4. 定义一个具有方法 price 和 description 的抽象类 Item。SimpleItem 是一个在构造

函数中指定价格和描述的项目。利用 val 可以重写 def 的事实。Bundle 是一个包含其他项目的项目，它的价格是包中价格的总和。此外，还提供一种将项目添加到包中的机制和一个合适的 description 方法。

5. 设计一个类 Point，其 x 和 y 坐标值可以在构造函数中提供。提供一个子类 LabeledPoint，其构造函数接收一个标签值和 x 及 y 坐标，例如：

```
LabeledPoint("Black Thursday", 1929, 230.07)
```

6. 定义一个具有抽象方法 centerPoint 的抽象类 Shape，以及子类 Rectangle 和 Circle。请为子类提供适当的构造函数，并在每个子类中重写 centerPoint 方法。

7. 提供一个扩展了 java.awt.Rectangle 且拥有 3 个构造函数的类 Square：一个构造一个具有给定角点和宽度的正方形，一个构造一个具有角点(0,0)和给定宽度的正方形，一个构造一个具有角点(0,0)和宽度为 0 的正方形。

8. 编译 8.8 节中的 Person 和 SecretAgent 类，并使用 javap 分析类文件。存在多少个 name 字段？存在多少个 name 获取器方法？它们得到了什么？（提示：使用-c 和-private 选项。）

9. 在 8.11 节的 Creature 类中，用 def 替换 val range。当在 Ant 子类中也使用 def 时会发生什么？当在子类中使用 val 时会发生什么？为什么？

10. 文件 scala/collection/immutable/Stack.scala 包含以下定义：

```
class Stack[A] protected (protected val elems: List[A])
```

解释 protected 关键字的含义。（提示：回顾第 5 章中对私有构造函数的讨论。）

11. 编写一个包含中心和半径的类 Circle，添加 equals 和 hashCode 方法，激活多元相等性。

12. 定义一个值类 Point，它将整数 x 和 y 坐标打包为一个 Long 类型（应该将其设为私有）。

第9章 文件和正则表达式 A1

本章将中断对 Scala 语言的讲解，而是介绍 Scala 库中的一些工具。你将学习如何执行常见的文件处理任务，例如从文件中读取所有行或单词，以及使用正则表达式。

这段小插曲可以帮助你利用现有的 Scala 知识着手开发项目。当然，如果你愿意，可以跳过本章，继续学习 Scala 语言的更多信息。

本章重点内容如下：

- `Source.fromFile(...).getLines.toArray` 获取文件的所有行；
- `Source.fromFile(...).mkString` 将文件内容生成一个字符串；
- 要将字符串转换为数字，请使用 `toInt` 或 `toDouble` 方法；
- 使用 Java 的 `PrintWriter` 编写文本文件；
- `"`*regex*`".r` 是一个 `Regex` 对象；
- 如果正则表达式包含反斜杠或引号，请使用`"""..."""`；
- 如果正则模式包含分组，则可以使用语法 `for regex(`var_1`, ..., `var_n`) <-` *string* 提取其内容。

9.1 读取行

要读取文件的所有行，请对 `scala.io.Source` 对象调用 `getLines` 方法：

```
import scala.io.Source
val filename = "/usr/share/dict/words"
var source = Source.fromFile(filename, "UTF-8")
  // 如果知道文件使用默认的平台编码，则可以省略编码
var lineIterator = source.getLines
```

其结果是一个迭代器（参考第 13 章）。你可以使用它来逐行处理：

```
for l <- lineIterator do
  process(l)
```

或者，可以通过对迭代器应用 `toArray` 或 `toBuffer` 方法将所有行保存到数组或数组缓

冲区中：

```
val lines = source.getLines.toArray
```

有时，你只想将整个文件读入到一个字符串中，这就更简单：

```
var contents = source.mkString
```

警告：使用 Source 对象结束后，记得调用 close。

当创建 Source 类时，Java 的文件处理 API 非常有限。Java 现在已经赶上来了，也许你想使用 java.nio.file.Files 类：

```
import java.nio.file.{Files,Path}
import java.nio.charset.StandardCharsets.UTF_8
contents = Files.readString(Path.of(filename), UTF_8)
```

要使用 Files.lines 方法读取所有行，请将 Java 流转换为 Scala：

```
import scala.jdk.StreamConverters.*
val lineBuffer = Files.lines(Path.of(filename), UTF_8).toScala(Buffer)
lineIterator = Files.lines(Path.of(filename), UTF_8).toScala(Iterator)
```

9.2 读取字符

要从文件中读取单个字符，可以直接使用 Source 对象作为迭代器，因为 Source 类扩展了 Iterator[Char]：

```
for c <- source do process(c)
```

如果希望能够在不消耗字符的情况下查看它（类似 C++中的 istream::peek 或 Java 中的 PushbackInputStreamReader），请调用 source 对象上的 buffered 方法。然后，可以使用 head 方法查看下一个输入字符，而不会消耗它。

```
source = Source.fromFile("myfile.txt", "UTF-8")
val iter = source.buffered
while iter.hasNext do
  if isNice(iter.head) then
    process(iter)
  else
    iter.next
source.close()
```

9.3 读取词法单元和数字

下面是一种快速而粗糙的方法来读取源代码中所有以空格分隔的词法单元：

```
val tokens = source.mkString.split("\\s+")
```

要将字符串转换为数字，请使用 toInt 或 toDouble 方法。例如，如果有一个包含浮点数的文件，那么可以通过以下方式将它们全部读入一个数组：

```
val numbers = for w <- tokens yield w.toDouble
```

提示： 请记住，你可以随时使用 `java.util.Scanner` 类处理包含文本和数字混合内容的文件。

最后，请注意，你可以从 `scala.io.StdIn` 中读取数字：

```
print("How old are you? ")
val age = StdIn.readInt()
  // 或使用 readDouble 或 readLong
```

警告： 这些方法假设下一个输入行包含单个数字，而没有前导或尾随空格。否则，将出现 `NumberFormatException`。

9.4 从 URL 和其他源读取

`Source` 对象具有从文件以外的源读取内容的方法：

```
val source1 = Source.fromURL(提供网址, "UTF-8")
val source2 = Source.fromString("Hello, World!")
  // 从给定字符串中读取——这对调试很有用
val source3 = Source.stdin
  // 从标准输入读取
```

警告： 当从 URL 读取时，需要提前从 HTTP 头或内容的前 1024 字节中获取字符集。

Scala 没有提供读取二进制文件的功能，为此需要使用 Java 库。下面展示了如何将文件读入字节数组：

```
val bytes = Files.readAllBytes(Path.of(filename)); // 一个 Array[Byte]
```

9.5 写入文件

Scala 没有内置的文件写入支持。要写入文本文件，请使用 `java.io.PrintWriter`。例如：

```
val out = PrintWriter(filename)
for i <- 1 to 100 do out.println(i)
```

还可以写入格式化输出：

```
val quantity = 10
val price = 29.95
out.printf("%6d %10.2f%n", quantity, price)
```

记得关闭写入器：

```
out.close()
```

配套资源验证码 230261

9.6　访问目录

不存在“官方”的 Scala 类来访问目录中的所有文件，或递归遍历目录。

最简单的方法是使用 `java.nio.file` 包中的 `Files.list` 和 `Files.walk` 方法。其中，`list` 方法只访问目录的子项，而 `walk` 方法则会访问所有后代。这些方法会生成 `Path` 对象的 Java 流，可以按以下方式访问它们：

```
import java.nio.file.*
import scala.jdk.StreamConverters.*
val dirname = "/home"
val entries = Files.list(Paths.get(dirname)) // 或 Files.walk
try
  for p <- entries.toScala(Iterator) do
    process(p)
finally
  entries.close()
```

9.7　序列化

在 Java 中，序列化用于将对象传输到其他虚拟机或进行短期存储。（对于长期存储来说，序列化可能会很尴尬，因为随着类的演变，处理不同的对象版本很乏味。）

以下是在 Java 和 Scala 中声明可序列化类的方法。

Java：

```
public class Person implements java.io.Serializable { // 这是 Java
  private static final long serialVersionUID = 42L;
  private String name;
  ...
}
```

Scala：

```
@SerialVersionUID(42L) class Person(val name: String) extends Serializable
```

`Serializable` 特质定义于 `scala` 包中，且不需要导入。

注意： 如果对默认 ID 满意，那么可以省略 `@SerialVersionUID` 注解。

序列化和反序列化对象的常规方式如下：

```
val fred = Person("Fred")
val out = ObjectOutputStream(FileOutputStream("/tmp/test.ser"))
out.writeObject(fred)
out.close()
val in = ObjectInputStream(FileInputStream("/tmp/test.ser"))
```

```
val savedFred = in.readObject().asInstanceOf[Person]
```

Scala 集合是可序列化的，因此可以将它们作为可序列化类的成员：

```
class Person extends Serializable :
  private val friends = ArrayBuffer[Person]() // OK—ArrayBuffer is serializable
  ...
```

9.8 进程控制 A2

传统上，程序员使用 shell 脚本来执行普通的处理任务，比如将文件从一个地方移动到另一个地方，或者组合一组文件。shell 语言便于指定文件的子集，并将一个程序的输出作为另一个程序的输入。然而，作为编程语言，大多数 shell 语言还有很多不足之处。

Scala 的设计目的是从简单的脚本任务扩展到大规模的程序。`scala.sys.process` 包提供了与 shell 程序交互的实用程序。你可以在 Scala 中编写 shell 脚本，利用 Scala 语言提供的所有功能。

以下是一个简单的示例：

```
import scala.sys.process.*
"ls -al ..".!
```

因此，执行 `ls -al ..`命令来显示父目录中的所有文件，且结果被打印到标准输出中。

`scala.sys.process` 包包含一个从字符串到 `ProcessBuilder` 对象的隐式转换。!方法执行了 `ProcessBuilder` 对象。

`!`方法的结果是已执行程序的退出代码：程序成功则为 0，否则为一个非零的失败指示符。

如果使用`!!`来代替`!`，则输出以字符串的形式返回：

```
val result = "ls -al /".!!
```

注意： `!`和`!!`操作符最初打算用作不需要方法调用语法的后缀操作符：

```
"ls -al /" !!
```

但是，正如将在第 11 章中看到的，后缀语法正被弃用，因为它可能导致解析错误。

可以使用`#|`方法将一个程序的输出通过管道作为另一个程序的输入：

```
("ls -al /" #| "grep u").!
```

注意： 如你所见，进程库使用了底层操作系统的命令。这里，我使用 bash 命令，因为 bash 在 Linux、Mac OS X 和 Windows 上都可用。

要将输出重定向到文件，请使用`#>`方法：

```
("ls -al /" #> File("/tmp/filelist.txt")).!
```

要附加到文件，请使用`#>>`：

```
("ls -al /etc" #>> File("/tmp/filelist.txt")).!
```

要从文件中重定向输入，请使用#<：

```
("grep u" #< File("/tmp/filelist.txt")).!
```

还可以从 URL 重定向输入：

```
("grep Scala" #< URL(提供网址)).!
```

可以利用 p #&& q（如果 p 成功则执行 q）和 p #|| q（如果 p 不成功则执行 q）组合进程。但是坦率地讲，Scala 在控制流方面比 shell 更好，所以为什么不在 Scala 中实现控制流呢？

注意： 进程库使用了熟悉的 shell 操作符|、>、>>、<、&&和||，但是以#作为前缀，这样它们都具有相同的优先级。

如果需要在不同的目录中运行进程，或者使用不同的环境变量，请使用 Process 对象的 apply 方法构造一个 ProcessBuilder。提供命令、启动目录和一系列用于环境设置的（*name*, *value*）对：

```
val p = Process(cmd, File(dirName), ("LC_ALL", myLocale))
```

然后使用!方法执行：

```
("echo 42" #| p).!
```

在执行生成大量输出的进程命令时，可以延迟地读取输出：

```
val result = "ls -al /".lazyLines // 产生一个 LazyList[String]
```

请参考第 13 章了解如何处理惰性列表。

注意： 如果你想在 UNIX/Linux/macOS 环境中将 Scala 用于 shell 脚本，请像这样启动脚本文件：

```
#!/bin/sh
exec scala "$0" "$@"
!#
Scala 命令
```

注意： 还可以通过 javax.script 包的脚本集成从 Java 程序中运行 Scala 脚本。要获取脚本引擎，可以调用：

```
ScriptEngine engine =
  new ScriptEngineManager().getEngineByName("scala") // 这是 Java
```

你需要类路径上的 Scala 编译器。如果使用 Coursier，可以得到类路径为

```
coursier fetch -p org.scala-lang:scala3-compiler_3:3.2.0
```

9.9 正则表达式

在处理输入时，常常需要使用正则表达式来对其进行分析。scala.util.matching.Regex

类使得该过程变得很简单。要创建 Regex 对象，可以使用 String 类的 r 方法：

```
val numPattern = "[0-9]+".r
```

如果正则表达式包含反斜杠或引号，那么最好使用“原始”字符串语法"""..."""。例如：

```
val wsnumwsPattern = """\s+[0-9]+\s+""".r
  // 比"\\s+[0-9]+\\s+".r 更容易读取
```

matches 方法检查正则表达式是否与字符串匹配：

```
if numPattern.matches(input) then
  val n = input.toInt
  ...
```

整个输入必须相匹配。要查找字符串是否包含匹配项，请将正则表达式转换为非锚定模式：

```
if numPattern.unanchored.matches(input) then
  println("There is a number here somewhere")
```

findAllIn 方法返回一个包含所有匹配项的 Iterator[String]。由于不太可能有很多匹配项，你可以简单地收集结果：

```
input = "99 bottles, 98 bottles"
numPattern.findAllIn(input).toArray // 产生 Array(99, 98)
```

注意，不需要调用 unanchored。

要获取更多关于匹配项的信息，需要调用 findAllMatchIn 获取 Iterator[Match]。每个 Match 对象描述了当前的匹配项。使用以下方法获取匹配项的详细信息：

- start、end：匹配子字符串的开始和结束索引
- matched：匹配的子字符串
- before、after：匹配项之前或之后的子字符串

例如：

```
for m <- numPattern.findAllMatchIn(input) do
  println(s"${m.start} ${m.end}")
```

要查找字符串中的第一个匹配项，请使用 findFirstIn 或 findFirstMatchIn。这样，你可以得到一个 Option[String]或 Option[Match]。

```
val firstMatch = wsnumwsPattern.findFirstIn("99 bottles, 98 bottles")
  // Some(" 98 ")
```

你可以替换第一个匹配项、所有匹配项或某些匹配项。在后一种情况下，提供一个函数 Match => Option[String]。如果函数返回 Some(str)，则匹配项将替换为 str。

```
numPattern.replaceFirstIn("99 bottles, 98 bottles", "XX")
  // "XX bottles, 98 bottles"
numPattern.replaceAllIn("99 bottles, 98 bottles", "XX")
  // "XX bottles, XX bottles"
numPattern.replaceSomeIn("99 bottles, 98 bottles",
  m => if m.matched.toInt % 2 == 0 then Some("XX") else None)
```

```
    // "99 bottles, XX bottles"
```

下面是 replaceSomeIn 方法的更有用的应用。我们希望用参数序列中的值替换消息字符串中的占位符$0、$1 等。为变量创建一个模式，并使用组作为索引，然后将组映射到序列元素。

```
val varPattern = """\$[0-9]+""".r
def format(message: String, vars: String*) =
  varPattern.replaceSomeIn(message, m => vars.lift(
    m.matched.tail.toInt))
format("At $1, there was $2 on $0.",
  "planet 7", "12:30 pm", "a disturbance of the force")
  // At 12:30 pm, there was a disturbance of the force on planet 7.
```

lift 方法将 Seq[String]转换为一个函数。如果 i 是有效索引，则表达式 vars.lift(i)为 Some(vars(i))，否则为 None。

9.10 正则表达式组

组对于获取正则表达式的子表达式很有用。在要提取的子表达式周围添加圆括号，例如：

```
val numitemPattern = "([0-9]+) ([a-z]+)".r
```

可以从 Match 对象中获取组内容。如果 m 是一个 Match 对象，那么 m.group(i)就是第 i 个组。这些子字符串在原始字符串中的起始和结束位置分别为 m.start(i)和 m.end(i)。

```
for m <- numitemPattern.findAllMatchIn("99 bottles, 98 bottles") do
  println(m.group(1)) // 打印 99 和 98
```

警告：Match 类具有按名称检索组的方法。但是，这并不适用于正则表达式中的组名，例如 "(?<num>[0-9]+) (?<item>[a-z]+)".r。相反，我们需要为 r 方法提供名称："([0-9]+) ([a-z]+)".r("num", "item")。

还有另一种便捷方法来提取组匹配项。使用正则表达式变量作为“提取器”（参考第 14 章），如下所示：

```
val numitemPattern(num, item) = "99 bottles"
  // 将 num 设置为"99"、将 item 设置为"bottles"
```

当将模式用作提取器时，它必须与提取匹配项的字符串匹配，并且每个变量必须有一个组。

如果不确定是否存在匹配项，可以使用以下代码：

```
str match
  case numitemPattern(num, item) => ...
```

要从多个匹配项中提取组，可以使用以下 for 语句：

```
for numitemPattern(num, item) <- numitemPattern.findAllIn("99 bottles, 98 bottles") do
  process(num, item)
```

练习

1. 编写一个 Scala 代码片段来反转文件中的行（使最后一行成为第一行，以此类推）。
2. 编写一个 Scala 程序读取一个包含制表符的文件，并将每个制表符替换为空格，使制表符的止点位于 n 列的边界，并将结果写入同一个文件。
3. 编写一个 Scala 代码片段读取一个文件，并将所有超过 12 个字符的单词打印到控制台。如果能在一行内完成，那就额外加分。
4. 编写一个 Scala 程序，它可以读取一个只包含浮点数的文本文件。打印文件中数字的总和、平均值、最大值和最小值。
5. 编写一个 Scala 程序将 2 的幂及其倒数写入文件，指数范围从 0 到 20。排列各列的值：

```
      1      1
      2      0.5
      4      0.25
    ...      ...
```

6. 使用正则表达式搜索源文件中引用的字符串`"like this, maybe with \" or \\"`。编写一个可以打印出所有这些字符串的 Scala 程序。
7. 编写一个 Scala 程序，该程序读取一个文本文件并打印文件中所有非浮点数的词法单元，要求使用正则表达式。
8. 编写一个 Scala 程序，该程序打印一个网页中所有 `img` 标签的 `src` 属性，要求使用正则表达式和组。
9. 编写一个 Scala 程序来计算给定目录及其子目录中扩展名为`.class` 的文件数量。
10. 展开 9.7 节中的示例。创建一些 `Person` 对象，使其中一些对象成为其他人的朋友，并将 `Array[Person]`保存到文件中。重新读取数组，并确认朋友关系是否完整。

第 10 章

特质 L1

在本章中，我们将学习如何使用特质（trait）。为了利用特质提供的服务，一个类可以扩展一个或多个特质。特质可能需要实现类来支持某些特性。然而，与 Java 接口不同的是，Scala 特质可以为这些特性提供状态和行为，这使它们变得更有用。

本章重点内容如下：

- 类可以实现任意数量的特质；
- 特质可以要求实现类具有特定的字段、方法或超类；
- 与 Java 接口不同，Scala 特质可以提供方法和字段的实现；
- 当分层处理多个特质时，顺序很重要——最先执行方法的特质会返回到后面；
- 特质会被编译成 Java 接口。实现特质的类被编译成一个 Java 类，其中包含其特质的所有方法和字段；
- 使用自类型（self type）声明来指示一个特质需要其他类型。

10.1 为何没有多重继承?

与 Java 一样，Scala 不允许类继承多个超类。起初，这似乎是一个不幸的限制。为什么一个类不能继承多个类呢？一些编程语言（特别是 C++）允许多重继承，但成本高得惊人。

当组合没有任何共同点的类时，多重继承是没问题的。但是，如果这些类有共同的方法或字段，那么会出现棘手的问题。下面是一个典型的例子，助教是学生同时也是员工：

```
class Student :
  def id: String = ...
  ...

class Employee :
  def id: String = ...
  ...
```

假设我们可以这样做：

```
class TeachingAssistant extends Student, Employee // 实际上不是Scala代码
```

不幸的是，这个 TeachingAssistant 类继承了两个 id 方法。myTA.id 应该返回什么呢？学生 ID？员工 ID？同时返回二者？（在 C++中，需要重新定义 id 方法以明确想要的是什么。）

接下来，假设 Student 和 Employee 都继承了一个共同的超类 Person：

```
class Person :
  var name: String = null

class Student extends Person :
  ...

class Employee extends Person :
  ...
```

这将导致菱形继承（diamond interitance）问题（见图 10-1）。我们只想要 TeachingAssistant 中的一个 name 字段，而非两个。这些字段如何合并？该字段是如何构造的？在 C++中，可以使用"虚拟基类"（一个复杂而脆弱的特性）来解决这个问题。

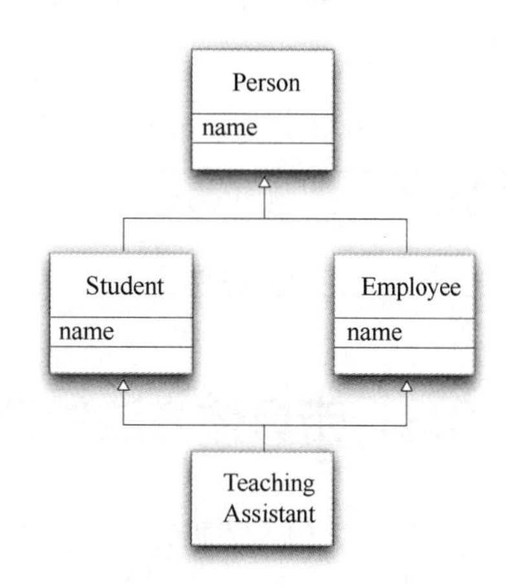

图 10-1 菱形继承必须合并公有字段

Java 设计人员非常关注这些复杂性，因此采取了非常严格的方法。一个类只能继承一个超类，但可以实现任意数量个接口（interface），但接口只能包含抽象、静态或默认方法，而没有字段。

Java 的默认方法非常有限。它们可以调用其他接口方法，但不能使用对象状态。因此，在 Java 中同时提供接口和抽象基类很常见，但这只是把问题推迟了。如果需要扩展其中的两个抽象基类呢？

Scala 中使用特质而不是接口。特质可以包含抽象方法和具体方法，也可以包含状态。事实上，特质可以做类所能做的一切。类和特质之间仅存在 3 个区别：

- 不能实例化特质；
- 在特质方法中，super.*someMethod* 形式的调用是动态解析的；
- 特质不能拥有辅助构造函数。

在接下来的内容中，你将看到 Scala 如何处理多个特质导致的冲突特性所带来的风险。

10.2 作为接口的特质

我们从最简单的情况开始。Scala 特质可以完全像 Java 接口一样工作，声明一个或多个抽象方法。例如：

```
trait Logger :
  def log(msg: String) : Unit // 抽象方法
```

注意，不需要将方法声明为 abstract，因为特质中未实现的方法会自动抽象化。

子类可以提供实现：

```
class ConsoleLogger extends Logger : // 使用 extends 而非 implements
  def log(msg: String) = println(msg) // 无需 override
```

在重写特质的抽象方法时，不需要提供 override 关键字。

注意： Scala 没有用于实现特质的特殊关键字，可以使用相同的关键字 extends 来创建类或特质的子类型。

如果需要多个特质，请使用逗号添加其他特质：

```
class FileLogger extends Logger, AutoCloseable, Appendable :
  ...
```

请注意 Java 库中的 AutoCloseable 和 Appendable 接口。所有的 Java 接口都可以用作 Scala 特质。

与 Java 中相同，Scala 类只能有一个超类，但可以有任意数量个特质。

注意： 可以使用 with 关键字代替逗号：

```
class FileLogger extends Logger with AutoCloseable with Appendable
```

10.3　带具体方法的特质

在 Scala 中，特质的方法不必是抽象的。例如，可以将 ConsoleLogger 变成一个特质：

```
trait ConsoleLogger extends Logger :
  def log(msg: String) = println(msg)
```

ConsoleLogger 特质提供了一个带实现的方法——在本例中，即为在控制台上打印日志消息的方法。

以下是该特质的一个使用示例：

```
class Account :
  protected var balance = 0.0

class ConsoleLoggedAccount extends Account, ConsoleLogger :
  def withdraw(amount: Double) =
    if amount > balance then log("Insufficient funds")
    else balance -= amount
  ...
```

注意 ConsoleLoggedAccount 如何从特质 ConsoleLogger 中获取具体的实现。在 Java 中，这也可以通过在接口中使用默认方法来实现。

在 Scala（以及允许该特性的其他编程语言）中，我们称 ConsoleLogger 功能“混入”（mixed in）了 ConsoleLoggedAccount 类中。

注意： 据说，“混入”一词来自于冰淇淋世界。在冰淇淋店的说法中，“混入”是指一种在分发给顾客之前被揉入一勺冰淇淋中的添加物，这种做法是否美味取决于你的观点。

10.4 富接口的特质

特质可以有许多依赖于一些抽象方法的实用方法。Scala 的 `Iterator` 特质就是一个例子，它根据抽象的 `next` 和 `hasNext` 方法定义了数十个方法。

让我们丰富一下相当贫乏的日志 API。通常，日志 API 允许你为每个日志消息指定一个级别，以此来区分信息性消息、警告或错误。我们可以很容易地添加此功能，而无需对日志消息的目标强制执行任何策略。

```
trait Logger :
  def log(msg: String) : Unit
  def info(msg: String) = log(s"INFO: $msg")
  def warn(msg: String) = log(s"WARN: $msg")
  def severe(msg: String) = log(s"SEVERE: $msg")
```

注意抽象方法和具体方法的组合。

使用 `Logger` 特质的类现在可以调用这些日志消息中的任何一个消息。例如，该类使用了 `severe` 方法：

```
class ConsoleLoggedAccount extends Account, ConsoleLogger :
  def withdraw(amount: Double) =
    if amount > balance then severe("Insufficient funds")
    else balance -= amount
  ...
```

这种在特质中使用具体方法和抽象方法的方式在 Scala 中非常常见。在 Java 中，可以使用默认方法来实现同样的功能。

10.5 具有特质的对象

在创建单个对象时，可以将特质添加到该对象中。我们首先定义该类：

```
abstract class LoggedAccount extends Account, Logger :
  def withdraw(amount: Double) =
    if amount > balance then log("Insufficient funds")
    else balance -= amount
```

该类是一个抽象类，因为它还不能做任何日志记录，这可能看起来毫无意义。但在创建一个对象时，可以“混入”一个具体的日志记录特质。

假设有以下具体的特质：

```
trait ConsoleLogger extends Logger :
  def log(msg: String) = println(msg)
```

下面展示了如何创建一个对象：

```
val acct = new LoggedAccount() with ConsoleLogger
```

警告：注意，你需要 new 关键字来创建一个混入特质的对象。（使用 new 时，不需要空的圆括号来调用类的无参数构造函数，但我添加了它们以保持一致性。）

还需要在每个特质之前使用 with 关键字，而非逗号。

当调用 acct 对象上的 log 时，特质 ConsoleLogger 的 log 方法将会执行。

当然，另一个对象可以添加不同的具体特质：

```
val acct2 = new LoggedAccount() with FileLogger
```

10.6　分层特质

可以向类或对象添加多个特质，这些特质从最后一个开始相互调用。当需要分阶段转换值时，这很有用。

下面是一个简单的示例。我们可能希望向所有日志消息添加时间戳。

```
trait TimestampLogger extends ConsoleLogger :
  override def log(msg: String) =
    super.log(s"${java.time.Instant.now()} $msg")
```

另外，假设我们想截断过于繁琐的日志消息，如下所示：

```
trait ShortLogger extends ConsoleLogger :
  override def log(msg: String) =
    super.log(
      if msg.length <= 15 then msg
      else s"${msg.substring(0, 14)}...")
```

注意，每个 log 方法都会向 super.log 传递一个修改后的消息。

利用特质，super.log 的含义与在类中不同。相反，super.log 调用另一个特质的 log 方法，该方法取决于添加特质的顺序。

为了了解顺序的重要性，请比较以下两个示例：

```
val acct1 = new LoggedAccount() with TimestampLogger with ShortLogger
val acct2 = new LoggedAccount() with ShortLogger with TimestampLogger
```

如果我们透支 acct1，就会得到以下消息：

```
2021-09-30T10:32:46.309584537Z Insufficient f...
```

正如你所见，ShortLogger 的 log 方法首先被调用，而它对 super.log 的调用则调用了 TimestampLogger。

然而，透支 acct2 会产生：

```
2021-09-30T10:...
```

此处，TimestampLogger 出现在特质列表中的最后一个。它的 log 消息首先被调用，结果随后被缩短。

对于简单的混入序列，“从后到前”的规则将给你正确的直觉。请参考 10.10 节以了解当特质形成更复杂图形时出现的详细情况。

注意： 对于特质，我们不能从源代码中判断出 super.*someMethod* 调用了哪个方法。确切的方法取决于使用这些特质的对象或类中的特质的顺序。这使得 super 比普通的旧继承要灵活得多。

注意： 如果你想控制要调用哪个特质的方法，可以在方括号中指定它：super[ConsoleLogger].log(...)。指定的类型必须是直接超类型，而不能访问继承层级结构中较远的特质或类。

10.7 重写特质中的抽象方法

在前一节中，TimestampLogger 和 ShortLogger 特质扩展了 ConsoleLogger。接下来，让它们扩展我们的 Logger 特质，其中我们未提供 log 方法的实现。

```
trait Logger :
  def log(msg: String) : Unit // 该方法为抽象方法
```

然后，TimestampLogger 类就不再编译。

```
trait TimestampLogger extends Logger :
  override def log(msg: String) = // 重写一个抽象方法
    super.log(s"${java.time.Instant.now()} $msg") // super.log 定义了吗?
```

编译器将对 super.log 的调用标记为一个错误。

在普通继承规则下，此调用永远不会正确，因为 Logger.log 方法没有实现。但实际上，正如你在前一节中所看到的，无法知道实际上调用了哪个 log 方法——它取决于特质混入的顺序。

Scala 的立场是 TimestampLogger.log 仍然是抽象的——它需要混入一个具体的 log 方法。因此，你需要使用 abstract 关键字和 override 关键字来标记该方法，如下所示：

```
abstract override def log(msg: String) =
  super.log(s"${java.time.Instant.now()} $msg")
```

10.8 特质中的具体字段

特质中的字段可以是具体的，也可以是抽象的。如果提供了初始值，则字段就是具体的。

```
trait ShortLogger extends Logger :
  val maxLength = 15 // 一个具体字段
  abstract override def log(msg: String) =
```

```
    super.log(
      if msg.length <= maxLength then msg
      else s"${msg.substring(0, maxLength - 1)}...")
```

混入了该特质的类就获得了一个 maxLength 字段。一般来说，类的特质中的每个具体字段都会对应类中的一个字段，这些字段不是继承的，它们只是被添加到子类中的。接下来，我们会更仔细地分析该过程，在 SavingsAccount 类中有一个用于存储利率的字段：

```
class SavingsAccount extends Account, ConsoleLogger, ShortLogger :
  var interest = 0.0
  ...
```

超类有一个字段：

```
class Account :
  protected var balance = 0.0
  ...
```

SavingsAccount 对象由其超类的字段以及子类中的字段组成。在图 10-2 中，可以看到 balance 字段由超类 Account 提供，而 interest 字段由子类提供。

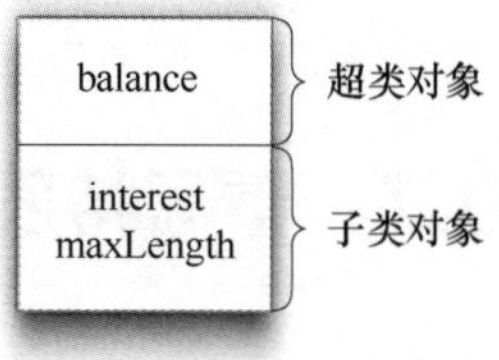

balance　超类对象
interest maxLength　子类对象

图 10-2　来自特质的字段被放置在子类中

在 JVM 中，一个类只能扩展一个超类，因此不能以同样的方式获取特质字段。相反，Scala 编译器将 maxLength 字段与 interest 字段一起添加到 SavingsAccount 类中。

警告：当扩展一个类然后更改超类时，不需要重新编译子类，因为虚拟机理解继承。但是，当特质发生变化时，所有混入了该特质的类都必须重新编译。

可以将具体的特质字段看作是使用该特质的类的“装配指令”，所有这种字段都会成为类的字段。

10.9　特质中的抽象字段

特质中未初始化字段都是抽象字段，必须在具体的子类中重写。

例如，以下的 maxLength 字段就是抽象的：

```
trait ShortLogger extends Logger :
  val maxLength: Int // 一个抽象字段
  abstract override def log(msg: String) =
    super.log(
      if msg.length <= maxLength then msg
      else s"${msg.substring(0, maxLength - 1)}...")
        // 在实现中使用了 maxLength 字段
```

当在具体类中使用此特质时，必须提供 maxLength 字段：

```
class ShortLoggedAccount extends LoggedAccount, ConsoleLogger, ShortLogger :
  val maxLength = 20 // 不需要 override
```

现在，所有的日志消息都会在 20 个字符后被截断。

这种为特质参数提供值的方法在动态创建对象时特别方便。你可以在实例中截断消息，如下所示：

```
val acct = new LoggedAccount() with ConsoleLogger with ShortLogger :
  val maxLength = 15
```

10.10 特质构造顺序

与类一样，特质也可以拥有主构造函数。我们将构造函数参数的学习推迟到下一节。在没有参数的情况下，主构造函数由字段初始化和特质主体中的其他语句组成。例如：

```
trait FileLogger extends Logger :
  println("Constructing FileLogger") // 构造函数代码
  private val out = PrintWriter("/tmp/log.txt") // 构造函数代码
  def log(msg: String) =
    out.println(msg)
    out.flush()
```

特质的主构造函数在构造任何包含特质的对象时被执行。

构造函数按以下顺序执行：

1. 首先调用超类构造函数；
2. 特质构造函数在超类构造函数之后、类构造函数之前执行；
3. 特质从左到右进行构造；
4. 在每个特质中，首先构造出其父类；
5. 如果多个特质共享一个共同的父类，且该父类已经被构造，那么就不会再次被构造；
6. 在构造完所有特质之后，就会构造子类。

例如，考虑以下类：

```
class FileLoggedAccount extends Account, FileLogger, TimestampLogger
```

构造函数按以下顺序执行：

1. `Account`（超类）；
2. `Logger`（第一个特质的父类）；
3. `FileLogger`（第一个特质）；
4. `TimestampLogger`（第二个特质）。请注意，它的 `Logger` 父类已经构造完毕；
5. `FileLoggedAccount`（类）。

注意：构造函数的顺序与类的线性化（linearization）相反。线性化是一个类型的所有超类型的技术规范。它由以下规则定义：

If C extends $C_1, C_2, \ldots, C_n$, then $lin(C) = C \gg lin(C_n) \gg \ldots \gg lin(C_2) \gg lin(C_1)$

其中，»的意思是“连接并删除重复项，且右侧的优先”。例如：

lin(FileLoggedAccount)

= FileLoggedAccount » *lin*(TimestampLogger) » *lin*(FileLogger) » *lin*(Account)

= FileLoggedAccount » (TimestampLogger » Logger) » (FileLogger » Logger) » *lin*(Account)

= FileLoggedAccount » TimestampLogger » FileLogger » Logger » Account.

（为简单起见，我省略了 AnyRef 类型，以及位于线性化末端的 Any 类型。）

线性化给出了在特质中分解 super 的顺序。例如，在 TimestampLogger 中调用 super 会调用 FileLogger 方法。

10.11　带参数的特质构造函数

在上一节中，我们学习了没有参数的特质构造函数，并了解到给定的特质是如何做到仅构造一次的。接下来，我们开始学习带参数的特质构造函数。对于文件日志记录器，需要指定日志文件：

```
trait FileLogger(filename: String) extends Logger :
  private val out = PrintWriter(filename)
  def log(msg: String) =
    out.println(msg)
    out.flush()
```

然后，在混入文件记录器时传递文件名：

```
val acct = new LoggedAccount() with FileLogger("/tmp/log.txt")
```

当然，必须保证特质恰好初始化一次。为了确保这一点，有 3 个简单的规则：

1. 类必须初始化它扩展的任何未初始化的特质；

2. 类不能初始化超类已初始化的特质；

3. 一个特质不能初始化另一个特质。

接下来，我们通过一些例子来看看这些规则。首先，考虑一个扩展了带参数特质的类。它必须提供一个参数。例如，以下内容非法：

```
class FileLoggedAccount extends LoggedAccount, FileLogger
  // 错误——FileLogger 构造函数没有参数
```

解决方法是提供一个参数：

```
class FileLoggedAccount(filename: String) extends LoggedAccount, FileLogger(filename)
```

不能初始化已经被超类初始化的特质。该问题并不常见，所以下面是一个人为设计的例子：

```
class TmpLoggedAccount extends Account, FileLogger("/tmp/log.txt")
class FileLoggedAccount(filename) extends TmpLoggedAccount, FileLogger(filename)
  // 错误——FileLogger 已经初始化过
```

最后，扩展了一个带参数特质的特质不能传递初始化参数。

```
trait TimestampFileLogger extends FileLogger("/tmp/log.txt") :
  // 错误——特质不能调用另一个特质的构造函数
```

相反，请删除构造函数的参数：

```
trait TimestampFileLogger extends FileLogger :
  override def log(msg: String) = super.log(s"${java.time.Instant.now()} $msg")
```

必须在每个类中使用 `TimestampFileLogger` 进行初始化：

```
val acct2 =
  new LoggedAccount() with TimestampFileLogger with FileLogger("/tmp/log.txt")
```

10.12 扩展类的特质

正如你所看到的，一个特质可以扩展另一个特质，而且具有层级结构的特质比较常见。不太常见的是，一个特质也可以扩展一个类，该类成为混入该特质的任何类的超类。

这里有一个例子。其中，`LoggedException` 特质扩展了 `Exception` 类：

```
trait LoggedException extends Exception, ConsoleLogger :
  override def log(msg: String) = super.log(s"${getMessage()} $msg")
```

`LoggedException` 有一个记录异常消息的 `log` 方法。注意，`log` 方法调用从 `Exception` 超类继承的 `getMessage` 方法。

现在，我们构造一个混入了该特质的类：

```
class UnhappyException extends LoggedException : // 该类扩展了一个特质
  override def getMessage() = "arggh!"
```

该特质的超类成为了我们类的超类（见图 10-3）。

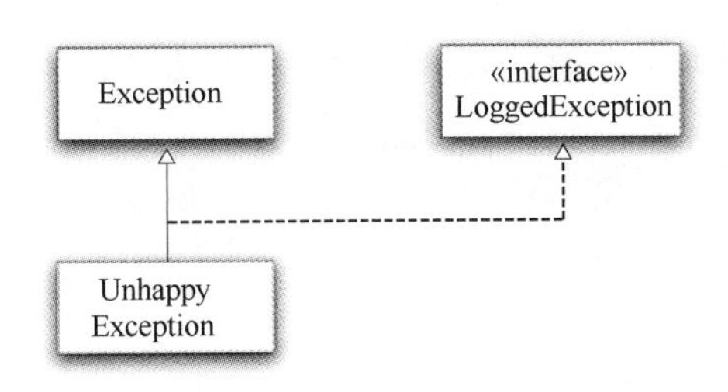

图 10-3 特质的超类成为任何混入了该特质的类的超类

如果我们的类已经扩展了另一个类会怎么样呢？没关系，只要它是特质的超类的一个子类就行。例如：

```
class UnhappyIOException extends IOException, LoggedException
```

此处，`UnhappyIOException` 扩展了 `IOException`，而后者已经扩展了 `Exception`。当混入该特质时，它的超类已经存在，因此没有必要添加它。

然而，如果我们的类扩展了一个不相关的类，那么就不可能混入该特质。例如，不能创建下面的类：

```
class UnhappyFrame extends javax.swing.JFrame, LoggedException
  // 错误：不相关的超类
```

不可能同时将 `JFrame` 和 `Exception` 添加为超类。

10.13　底层机制

Scala 将特质转化为 JVM 的接口。你不需要知道这是如何做到的，但会发现它有助于理解特质是如何工作的。

只有抽象方法的特质会被直接转换为一个 Java 接口。例如：

```
trait Logger :
  def log(msg: String) : Unit
```

转换为：

```
public interface Logger { // 生成的 Java 接口
  void log(String msg);
}
```

特质方法变成默认方法。例如：

```
trait ConsoleLogger :
  def log(msg: String) = println(msg)
```

变成：

```
public interface ConsoleLogger {
  default void log(String msg) { ... }
}
```

如果特质具有字段，则 Java 接口具有 getter 和 setter 方法。

```
trait ShortLogger extends ConsoleLogger :
  val maxLength = 15 // 一个具体字段
...
```

转换成：

```
public interface ShortLogger extends Logger {
  int maxLength();
  void some_prefix$maxLength_$eq(int);
  default void log(String msg) { ... } // 调用 maxLength()
  default void $init$() { some_prefix$maxLength_$eq(15); }
}
```

当然，接口不能有任何字段，且 getter 和 setter 方法都未实现。当需要字段值时，将调用 getter 方法。

setter 用于初始化字段，这发生在`$init$`方法中。

当特质混入到一个类中时，该类会得到一个 `maxLength` 字段，并定义 getter 和 setter 来获取和设置该字段。该类的构造函数会调用特质的`$init$`方法。例如：

```
class ShortLoggedAccount extends Account, ShortLogger
```

变成：

```
public class ShortLoggedAccount extends Account implements ShortLogger {
  private int maxLength;
  public int maxLength() { return maxLength; }
  public void some_prefix$maxLength_$eq(int arg) { maxLength = arg; }
  public ShortLoggedAccount() {
    super();
    ShortLogger.$init$();
  }
  ...
}
```

如果特质扩展了一个超类，那么该特质仍然会变成一个接口。当然，混入了该特质的类就扩展了这个超类。

例如，考虑以下特质：

```
trait LoggedException extends Exception, ConsoleLogger :
  override def log(msg: String) = super.log(s"${getMessage()} $msg")
```

它变成了一个 Java 接口，而超类则不见踪影。

```
public interface LoggedException extends ConsoleLogger {
  public void log();
}
```

当特质被混入一个类中时，该类就扩展了特质的超类。例如：

```
class UnhappyException extends LoggedException :
  override def getMessage() = "arggh!"
```

变成了：

```
public class UnhappyException extends Exception implements LoggedException
```

10.14 透明特质 L2

考虑下面的继承层级结构：

```
class Person
class Employee extends Person, Serializable, Cloneable
class Contractor extends Person, Serializable, Cloneable
```

当声明 `val p = if scala.math.random() < 0.5 then Employee() else Contractor()` 时，可能期望 `p` 的类型为 `Person`。实际上，其类型为 `Person & Cloneable`。这实际上是

有道理的：Employee 和 Contractor 都是 Cloneable 的子类型。

为什么不是推断类型 Person & Serializable & Cloneable 呢？Serializable 特质被标记为了透明（transparent）特质，因此不会用于类型推断。其他的透明特质包括 Product 和 Comparable。

在极少情况下，你想将另一个特质声明为透明的，以下是实现方法：

```
transparent trait Logged
```

10.15　自类型 L2

特质可以要求将其混入到一个扩展了另一类型的类中。可以通过自类型（self type）声明来实现这一点，它的语法如下所示：

```
this: Type =>
```

在下面的示例中，LoggedException 特质只能被混入到扩展了 Exception 的类中：

```
trait LoggedException extends Logger :
  this: Exception =>
    def log(): Unit = log(getMessage())
      // 调用 getMessage 没问题，因为 this 是 Exception
```

如果试图将该特质混入到一个不符合自类型的类中，就会发生错误：

```
val f = new Account() with LoggedException
  // 错误：Account 不是 Exception 的子类型，不是 LoggedException 的自类型
```

具有自类型的特质与具有超类型的特质相似。在两种情况下，都会确保混入了该特质的类中存在一个特定类型。然而，自类型可以处理特质之间的循环依赖问题。如果有两个相互需要的特质，就会发生这种情况。

警告： 自类型不会自动继承。如果你定义 trait MonitoredException extends LoggedException 就会得到一个错误消息，提示 MonitoredException 不提供 Exception。在这种情况下，需要重复自类型：

```
trait MonitoredException extends LoggedException :
  this: Exception =>
```

如果需要多种类型，请使用交叉类型：

```
this: T & U & ... =>
```

注意： 如果你在自类型声明中给该变量指定了一个除 this 之外的名称，那么它可以通过该名称在子类型中使用。例如：

```
trait Group :
  outer: Network =>
    class Member :
      ...
```

在 Member 内部，你可以将 Group 的 this 引用称为 outer。这本身并不是一个重要的益处，因为你可以如下引入名称：

```
trait Group :
  val self: this.type = this
  class Member :
    ...
```

练习

1. java.awt.Rectangle 类中存在有用的 translate 和 grow 方法，但 java.awt.geom.Ellipse2D 等类中却没有这些方法。在 Scala 中，你可以解决这个问题。定义一个具有具体方法 translate 和 grow 的特质 RectangleLike。提供实现这些方法所需的任何抽象方法，这样就可以像下面这样混入特质：

```
val egg = java.awt.geom.Ellipse2D.Double(5, 10, 20, 30) with RectangleLike
egg.translate(10, -10)
egg.grow(10, 20)
```

2. 通过将 scala.math.Ordered[Point]混入 java.awt.Point 来定义类 OrderedPoint。要求使用字典顺序，即 $(x, y) < (x', y')$ if $x < x'$ or $x = x'$ and $y < y'$。
3. 分析 BitSet 类，并绘制它所有超类和特质的关系图。请忽略类型参数（[...]中的一切内容），然后给出这些特质的线性化信息。
4. 提供一个使用凯撒密码加密日志消息的 CryptoLogger 特质。默认情况下，密钥应该是 3，但用户可以重写它。请提供使用默认密钥和密钥为-3 时的用法示例。
5. JavaBeans 规范有属性更改监听器（property change listener）的概念，这是 bean 之间通信属性更改的一种标准化方法。PropertyChangeSupport 类是为任何希望支持属性更改监听器的 bean 提供的便利超类。不幸的是，已经有另一个超类（如 JComponent）的类必须重新实现这些方法。将 PropertyChangeSupport 重新实现为一个特质，并将其混入到 java.awt.Point 类中。
6. Java 的 AWT 库中存在一个类 Container，它是 Component 的一个子类，后者用于收集多个组件。例如，Button 是一个 Component，但 Panel 则是一个 Container。这就是组合模式的应用。Swing 中存在 JComponent 和 JButton，但如果仔细观察，你会注意到一些奇怪的东西。JComponent 扩展了 Container，即使将其他组件添加到例如 JButton 这样的组件中没有意义。理想情况下，Swing 设计人员会更喜欢图 10-4 所示的设计。

   但这在 Java 中是不可能的。请解释为什么不可能。如何在 Scala 中使用特质来执行设计呢？
7. 创建一个示例，要求当其中一个混入特质发生变化时，需要重新编译一个类。从 class ConsoleLoggedAccount extends Account, ConsoleLogger 开始，将每个类和特质放在单独的源文件中，并为 Account 添加一个字段。在你的 main 方法中（也在一个单独的源文件中)，创建一个 ConsoleLoggedAccount 并访问这个新字段。重新编译除 ConsoleLoggedAccount 之外的所有文件，并验证程序是否正常工作。现在给 ConsoleLogger 添加一个字段，并在 main 方法中访问它。再次编译除了 ConsoleLoggedAccount 之外的所有文件。会发生什么？为什么？

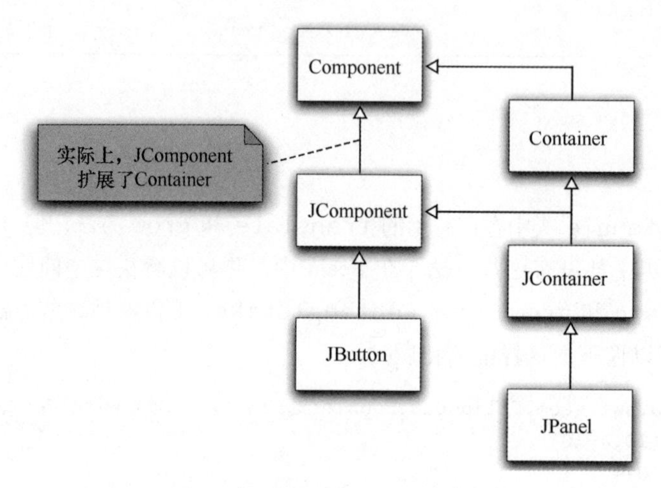

图 10-4 更好的 Swing 容器设计

8. 有很多 Scala 特质的教程，里面有一些愚蠢的例子，比如狗叫或者青蛙哲学。阅读人为设计的层级结构可能很烦人，且不是很有帮助，但设计自己的层级结构则非常具有启发性。请制作你自己的特质层级示例，展示分层的特质、具体和抽象的方法、具体和抽象的字段以及特质参数。

9. 在 java.io 库中，你可以利用 BufferedInputStream 装饰器向输入流添加缓冲器。将缓冲器重新实现为一个特质。为简单起见，请重写 read 方法。

10. 使用本章中的日志记录器特质，将日志记录添加到展示缓冲器的前一个问题的解决方案中。

11. 实现一个扩展了 java.io.InputStream 和 Iterable[Byte]特质的类 IterableInputStream。

12. 使用 javap -c -private 分析 super.log(msg)调用是如何转换为 Java 字节码的。根据混入顺序，同一调用如何调用两个不同的方法？

13. 考虑下面这个模拟物理维度的特质：

```
trait Dim[T](val value: Double, val name: String) :
  protected def create(v: Double): T
  def +(other: Dim[T]) = create(value + other.value)
  override def toString() = s"$value $name"
```

下面是一个具体的子类：

```
class Seconds(v: Double) extends Dim[Seconds](v, "s") :
  override def create(v: Double) = new Seconds(v)
```

但现在，有人定义了：

```
class Meters(v: Double) extends Dim[Seconds](v, "m") :
  override def create(v: Double) = new Seconds(v)
```

允许米和秒数相加。请使用自类型来防止这种情况发生。

14. 从网站上查找一个使用 Scala 自类型的示例。你可以通过从超类型扩展来消除自类型（类似 10.15 节中的 `LoggingException` 示例）吗？如果确实需要自类型，那么它是用来打破循环依赖的吗？

第 11 章

运算符 L1

本章会详细介绍如何实现自己的*运算符*（operator）——这些方法的语法与熟悉的数学运算符相同。运算符通常用于构建特定领域的语言，也就是嵌入在 Scala 中的迷你语言。隐式转换（自动应用的类型转换函数）是另一个有助于创建特定领域语言的工具。本章还讨论了 `apply`、`update` 和 `unapply` 等特殊方法，最后讨论了*动态调用*（dynamic invocation）——可以在运行时拦截的方法调用，这样就可以根据方法名和参数执行任意操作。

本章重点内容如下：

- 标识符（identifier）包含字母数字或运算符字符；
- 一元运算符和二元运算符都是方法调用；
- 运算符的优先级取决于第一个字符，结合性取决于最后一个字符；
- 在计算 *expr*(*args*)时，会调用 `apply` 和 `update` 方法；
- 提取器从输入中提取元组或值序列；
- 扩展 `Dynamic` 特质的类型可以在运行时检查方法和参数的名称。

11.1 标识符

变量、函数、类等的名称统称为标识符。在 Scala 中，与大多数其他编程语言相比，你有更多的选择来创建标识符。当然，你可以遵循传统的模式：以字母字符或下划线开始的字母数字字符序列，例如 `input1` 或 `next_token`。

允许使用 Unicode 字符。例如，`quantité` 或 `ποσό` 都是有效的标识符。

此外，还可以在标识符中使用运算符字符：

- ASCII 中非字母、数字、下划线的字符`!`、`#`、`%`、`&`、`*`、`+`、`-`、`/`、`:`、`<`、`=`、`>`、`?`、`@`、`\`、`^`、`|`、`~`，标点符号`.,;`，括号`()[]{}`，或者引号`'`"`。
- Unicode 数学符号或其他来自 Unicode 类别 Sm 和 So 的符号。

例如，`**`和`√`是有效的标识符。通过定义 `val √ = scala.math.sqrt`，你可以编写`√(2)`来计算平方根。只要编程环境可以轻松输入该符号，那么这就可能是个好主意。

> **注意：** 标识符@、#、:、=、_、=>、<-、<:、<%、>:、⇒、←在规范中保留，不能重新定义它们。

也可以使用字母数字字符后跟下划线，然后是运算符字符序列来创建标识符，例如：

```
val happy_birthday_!!! = "Bonne anniversaire!!!"
```

这可能不是一个好主意。

最后，可以在反引号中包含任何字符序列。例如：

```
val `val` = 42
```

这个例子很愚蠢，但反引号有时可以作为一个"逃生口"。例如，在 Scala 中，`yield` 是一个保留字，但你可能需要访问一个同名的 Java 方法。用反引号可以解决这个问题：`Thread.'yield'()`。

11.2 中缀运算符

你可以这样写：

a *identifier* b

其中，*identifier* 表示具有两个参数（一个隐式参数，一个显式参数）的方法。例如，表达式：

```
1 to 10
```

实际上是方法调用：

```
1.to(10)
```

这被称为中缀表达式（infix expression），因为运算符位于参数之间。运算符可以包含字母，例如 `to`，也可以包含运算符字符，例如：

```
1 -> 10
```

是方法调用：

```
1.->(10)
```

要在自己的类中定义一个运算符，只需定义一个方法，要求方法名为所需的运算符。例如，此处有一个 `Fraction` 类，它根据定律乘以两个分数：

$$(n_1 / d_1) \times (n_2 / d_2) = (n_1 n_2 / d_1 d_2)$$

```
class Fraction(n: Int, d: Int) :
  private val num = ...
  private val den = ...
  ...
  def *(other: Fraction) = Fraction(num * other.num, den * other.den)
```

如果想从 Java 调用一个符号运算符，请使用`@targetName` 注解以为它提供一个字母数字名称：

```
@targetName("multiply") def *(other: Fraction) =
```

```
Fraction(num * other.num, den * other.den)
```

在 Scala 代码中使用 `f * g`，但在 Java 中使用 `f.multiply(g)`。

要使用带有字母数字名称的方法作为中缀运算符，请使用 `infix` 修饰符：

```
infix def times(other: Fraction) = Fraction(num * other.num, den * other.den)
```

现在就可以在 Scala 中调用 `f times g` 了。

注意： 当方法后面跟大括号时，可以使用带有中缀语法的字母数字名称的方法。

```
f repeat { "Hello" }
```

该方法不需要声明为 `infix`。

警告： 可以声明一个具有多个参数的中缀运算符。可变集合的+=运算符具有以下形式：

```
val smallPrimes = ArrayBuffer[Int]()
smallPrimes += 2 // 二元中缀运算符，调用+=(Int)
smallPrimes += (3, 5) // 多个参数，调用+=(Int, Int, Int*)
```

这在当时听起来是个好主意，但它给元组带来了麻烦。考虑以下代码：

```
val twinPrimes = ArrayBuffer[(Int, Int)]()
twinPrimes += (11, 13) // 错误
```

当然，这应该将元组`(11,13)`添加到元组的缓冲区中，但它触发了多参数中缀语法并失败，因为 `11` 和 `13` 不是元组。
在某些时候，可以删除具有多个参数的中缀运算符。与此同时，必须调用：

```
twinPrimes += ((11, 13))
```

11.3　一元运算符

中缀运算符是二元运算符——它有两个参数。具有一个参数的运算符称为一元运算符。

4 个运算符+、-、!、~允许作为前缀运算符出现在它们的参数之前，它们被转换为对名称为 `unary_`*operator* 的方法调用。例如，`-a` 与 `a.unary_-`意思相同。

如果一个一元运算符跟在它的参数后面，则是一个后缀运算符。例如，表达式 `42 toString` 等同于 `42.toString`。

但是，后缀运算符可能会导致解析错误。例如，代码：

```
val result = 42 toString
println(result)
```

会产生错误消息“递归值结果需要类型”。由于解析在类型推断和重载解析之前，编译器还不知道 `toString` 是一元方法。相反，代码会被解析为 `val result = 42.toString(println(result))`。

出于这个原因，Scala 现在不鼓励使用后缀运算符。如果你真想使用它们，则必须使用编译器选项`-language:postfixOps`或添加子句`import scala.language.postfixOps`。

11.4 赋值运算符

赋值运算符形式为 *operator*=，表达式 a *operator*= b 等同于 a = a *operator* b。

例如，`a += b`等效于`a = a + b`。

下面列举了一些技术细节。

- <=、>=和!=不是赋值运算符。
- 以=开头的运算符不是赋值运算符（例如==、===、=/=等）。
- 如果 a 有一个名为 *operator*=的方法，那么将直接调用该方法。

11.5 优先级

当一行中有两个或多个运算符没有括号时，优先级高的运算符会先执行。例如，在表达式`1 + 2 * 3`中，会首先计算*运算符。

在大多数语言中，都存在一组固定的运算符，并且语言标准规定了运算符的优先级。Scala 可以使用任意的运算符，所以它使用了一种适用于所有运算符的方案，同时还为标准运算符指定了熟悉的优先顺序。

除了赋值运算符，优先级由运算符的第一个字符决定（见表 11-1）。

表 11-1 中缀运算符的优先级从第一个字符开始

最高优先级：除下列字符以外的运算符
* / %
+ -
:
< >
! =
&
^
|
非运算符字符的字符
最低优先级：赋值运算符

同一行中的字符产生的运算符具有相同的优先级。例如，+和->的优先级相同。

后缀运算符的优先级低于中缀运算符：

a *infixOp bpostfixOp*

等同于

(a *infixOp* b)*postfixOp*

11.6 关联性

当有一系列优先级相同的运算符时，结合性（Associativity）决定了它们是从左到右求值还是从右到左求值。例如，在表达式 17 - 2 - 9 中，计算结果是(17 - 2) - 9，因为-运算符是左结合的。

在 Scala 中，所有的运算符都是左结合的，除了：

- 以冒号（:）结尾的运算符
- 赋值运算符

特别地，用于构造列表的::运算符是右结合的。例如，`1 :: 2 :: Nil` 意味着 `1 :: (2 :: Nil)`。

这是应该的——我们首先需要构建一个包含 2 的列表，这个列表将成为表头为 1 的列表的尾部。

右结合二元运算符是其第二个参数的方法。例如，`2 :: Nil` 意味着 `Nil.::(2)`。

11.7 apply 和 update 方法

Scala 允许扩展函数调用语法 `f(arg1, arg2, ...)`到函数以外的值。如果 `f` 不是一个函数或方法，则这个表达式等价于调用 `f.apply(arg1, arg2, ...)`。

除非它发生在赋值的左边。表达式 `f(arg1, arg2, ...) = value` 对应于调用 `f.update(arg1, arg2, ..., value)`。

此机制用于数组和映射中。例如：

```
val scores = scala.collection.mutable.HashMap[String, Int]()
scores("Bob") = 100 // 调用 scores.update("Bob", 100)
val bobsScore = scores("Bob") // 调用 scores.apply("Bob")
```

注意： 正如在第 5 章中已经看到的，每个类的伴生对象都有一个调用主构造函数的 `apply` 方法。例如，`Fraction(3, 4)`调用方法 `Fraction.apply`，该方法返回 `new Fraction(3, 4)`。

11.8 unapply 方法 L2

`apply` 方法接受构造函数的参数，并将它们转换为对象。`unapply` 方法的作用正好相反，它接受一个对象并从中提取值，这些值通常是用于或可能用于构造对象的值。

考虑 11.2 节中的 Fraction 类。像 Fraction(3, 4)这样的调用会调用 Fraction.apply 方法，该方法利用分子和分母创建分数。而 unapply 方法则相反，它从分数中提取分子和分母。

调用提取器的一种方法是使用变量声明。下面是一个示例：

```
val Fraction(n, d) = Fraction(3, 4) * Fraction(2, 5)
  // n、d 用结果的分子和分母进行初始化
```

该语句声明了两个变量 n 和 d，它们的类型都是 Int，而非 Fraction。这些变量用从右边提取的值进行初始化。

更常见的是，提取器在模式匹配中调用，如下所示：

```
val value = f match
  case Fraction(a, b) => a.toDouble / b
    // a 和 b 分别绑定了分子和分母
  case _ => Double.NaN
```

实现 unapply 的细节有些繁琐。你可以跳过它们，直到读完第 14 章。

因为模式匹配可能会失败，所以 unapply 方法返回一个 Option。当成功时，该 Option 包含一个保存提取值的元组。在我们的例子中，返回了一个 Option[(Int, Int)]。

```
object Fraction :
  def unapply(input: Fraction) =
    if input.den == 0 then None else Some((input.num, input.den))
```

如果分数格式不正确（分母为 0），则该方法返回 None，表示没有匹配项。

语句 val Fraction(a, b) = f 会导致方法调用 Fraction.unapply(f)。

如果该方法返回 None，则抛出 MatchError。否则，变量 a 和 b 被设置为返回元组的元素。

注意，Fraction.apply 方法和 Fraction 构造函数都没有调用。然而，我们的目的是初始化 a 和 b，以便将它们传递给 Fraction.apply 时，它们会返回 f。这种操作有时被称为解构（destructuring）。从这个意义上说，unapply 是 apply 的逆操作。

apply 和 unapply 方法不必是彼此的逆操作。你可以使用提取器从任何类型的对象中提取信息。

例如，假设你想从一个字符串中提取姓氏和名字：

```
val author = "Cay Horstmann"
val Name(first, last) = author // 调用 Name.unapply(author)
```

为对象 Name 提供一个返回 Option[(String, String)]的 unapply 方法。如果匹配成功，返回一个包含姓氏和名字的对。否则，返回 None。

```
object Name :
  def unapply(input: String) =
    val pos = input.indexOf(" ")
    if pos >= 0 then Some((input.substring(0, pos), input.substring(pos + 1)))
    else None
```

注意：在本例中，没有 Name 类。Name 对象是 String 对象的提取器。

注意：本节中的 unapply 方法返回一个元组的 Option，也可以返回其他类型。详见第 14 章。

11.9 unapplySeq 方法 L2

unapply 方法提取固定数量的值。要提取任意数量的值，需要将该方法称为 unapplySeq。在最简单的情况下，该方法返回一个 Option[Seq[T]]，其中 T 是提取值的类型。例如，Name 提取器可以生成名字组成元素的序列：

```
object Name :
  def unapplySeq(input: String): Option[Seq[String]] =
    if input.strip == "" then None else Some(input.strip.split(",?\\s+").toSeq)
```

现在，你可以提取任意数量的名字组成元素：

```
val Name(first, middle, last, rest*) = "John D. Rockefeller IV, B.A."
```

变量 rest 被设置为一个 Seq[String]。

警告：不要同时提供具有相同参数类型的 unapply 和 unapplySeq 方法。

11.10 unapply 和 unapplySeq 方法的替代形式 L3

在 11.8 节中，我们学习了如何实现一个返回元组 Option 的 unapply 方法：

```
object Fraction :
  def unapply(input: Fraction) =
    if input.den == 0 then None else Some((input.num, input.den))
```

但 unapply 的返回类型更加灵活。

- 如果匹配从不失败，则不需要 Option。
- 除了 Option 之外，还可以使用任何带有 isEmpty 和 get 方法的类型。
- 除了元组，还可以使用任何包含方法_1、_2、…、_*n* 的 Product 子类型。
- 要提取单个值，不需要元组或 Product。
- 返回一个布尔值来表示匹配成功或失败，而不提取值。

在前面的示例中，Fraction.unapply 方法的返回类型为 Option[(Int, Int)]。分母为零的分数返回 None。要让匹配在所有情况下都成功，只需返回一个未将其包装进 Option 的元组：

```
object Fraction :
  def unapply(input: Fraction) = (input.num, input.den)
```

下面是一个生成单个值的提取器示例：

```
object Number :
  def unapply(input: String): Option[Int] =
    try
      Some(input.strip.toInt)
    catch
      case ex: NumberFormatException => None
```

利用该提取器，你可以从字符串中提取一个数字：

```
val Number(n) = "1729"
```

返回 `Boolean` 的提取器检查输入时不提取任何值。以下是这样的检查提取器：

```
object IsCompound :
  def unapply(input: String) = input.contains(" ")
```

可以使用此提取器向模式添加检查：

```
author match
  case Name(first, last @ IsCompound()) => ...
    // 如果是复合姓氏的情况则匹配，例如 van der Linden
  case Name(first, last) => ...
```

最后，`unapplySeq` 的返回类型可以比 `Option[Seq[T]]` 更通用：

- 如果匹配从不失败，则不需要 `Option`；
- 任何具有方法 `isEmpty` 和 `get` 的类型都可以代替 `Option`；
- 任何具有 `apply`、`drop`、`toSeq` 以及 `length` 或 `lengthCompare` 方法的类型都可以代替 `Seq`。

11.11 动态调用 L2

Scala 是一种强类型语言，它会在编译时而非运行时报告类型错误。如果有一个表达式 `x.f(args)`，并且程序能够通过编译，那么可以确信 `x` 有一个可以接受给定参数的方法 `f`。然而，有些情况下，我们希望在运行的程序中定义方法。这在动态语言（如 Ruby 或 JavaScript）中的对象-关系映射器中很常见。表示数据库表的对象具有方法 `findByName`、`findById` 等，这些方法的名称与表中的列匹配。对于数据库实体，列名可用于获取和设置字段，例如 `person.lastName = "Doe"`。

在 Scala 中，你也可以这样做。如果一个类型扩展了特质 `scala.Dynamic`，那么方法调用、getter 和 setter 被重写为对特殊方法的调用，后者可以检查原始调用的名称和参数，然后执行任意操作。

注意： 动态类型是一个“外来”特性，当实现这种类型时，编译器需要你明确同意。可以通过添加 `import` 语句来实现这一点：

```
import scala.language.dynamics
```

这种类型的用户不需要提供 `import` 语句。

以下是重写的细节。考虑 obj.name，其中 obj 属于 Dynamic 类的子类型。Scala 编译器对它做了如下处理。

1. 如果 name 是 obj 的已知方法或字段，则按常规方式处理。

2. 如果 obj.name 后面紧跟着(arg1, arg2, ...)，那么

a. 如果都不是命名参数（形式为 *name=arg*），则将参数传递给 applyDynamic：

```
obj.applyDynamic("name")(arg1, arg2, ...)
```

b. 如果至少有一个参数是命名参数，则将名称/值对传递给 applyDynamicNamed：

```
obj.applyDynamicNamed("name")((name1, arg1), (name2, arg2), ...)
```

其中，name1、name2 等是包含参数名的字符串，""表示未命名的参数。

3. 如果 obj.name 在=的左边，则调用 obj.updateDynamic("name")(rightHandSide)

4. 否则调用 obj.selectDynamic("sel")

注意： 对 updateDynamic、applyDynamic 和 applyDynamicNamed 的调用是"柯里化"的——它们有两对括号，一对表示选择器名称，另一对表示参数。这种结构将在第 12 章进行解释。

我们来看以下几个示例。假设 person 是扩展 Dynamic 的类型的一个实例。语句 person.lastName = "Doe"会被替换为调用 person.updateDynamic("lastName")("Doe")。

Person 类必须具有这样的方法：

```
class Person :
  ...
  def updateDynamic(field: String)(newValue: String) = ...
```

然后，由你来实现 updateDynamic 方法。例如，如果你正在实现一个对象-关系映射器，你可能会更新缓存的实体并将其标记为已更改，以便它可以持久化到数据库中。

相反，语句 val name = person.lastName 会变成 val name = name.selectDynamic("lastName")。

selectDynamic 方法将简单地查找字段值。

方法调用被转换为对 applyDynamic 或 applyDynamicNamed 方法的调用，后者用于具有命名参数的调用。例如：

```
val does = people.findByLastName("Doe")
```

变成：

```
val does = people.applyDynamic("findByLastName")("Doe")
```

以及：

```
val johnDoes = people.find(lastName = "Doe", firstName = "John")
```

变成：

```
val johnDoes =
  people.applyDynamicNamed("find")(("lastName", "Doe"), ("firstName", "John"))
```

然后由你将 applyDynamic 和 applyDynamicNamed 实现为检索匹配对象的调用。

这里是一个具体的示例。假设我们希望能够动态地查找和设置 java.util.Properties 实例的元素，使用点表示法：

```
val sysProps = DynamicProps(System.getProperties)
sysProps.username = "Fred" // 将"username"属性设置为"Fred"
val home = sysProps.java_home // 获取属性"java.home"的值
```

为简单起见，我们将属性名中的句点替换为下划线。（本章练习 13 展示了如何保留句点。）

DynamicProps 类扩展了 Dynamic 特质，并实现了 updateDynamic 和 selectDynamic 方法：

```
class DynamicProps(val props: java.util.Properties) extends Dynamic :
  def updateDynamic(name: String)(value: String) =
    props.setProperty(name.replaceAll("_", "."), value)
  def selectDynamic(name: String) =
    props.getProperty(name.replaceAll("_", "."))
```

作为一个额外的增强，我们使用 add 方法并利用命名参数批量添加键/值对：

```
sysProps.add(username="Fred", password="Secret")
```

然后我们需要在 DynamicProps 类中提供 applyDynamicNamed 方法。注意，方法的名称是固定的，我们只对任意的参数名感兴趣。

```
def applyDynamicNamed(name: String)(args: (String, String)*) =
  if name != "add" then throw IllegalArgumentException()
  for (k, v) <- args do
    props.setProperty(k.replaceAll("_", "."), v)
```

这些示例只是为了说明该机制。使用句点表示法访问映射真的很有用吗？和运算符重载一样，动态调用特性最好谨慎使用。

11.12 类型安全的选择和应用 L2

在上一节中，我们学习了如何解析 obj.selector 和动态地进行方法调用 obj.method (args)。然而，这种方法并不是类型安全的。如果 selector 或 method 不合适，则会发生运行时错误。在本节中，你将学习如何在编译时检测无效的选择和调用。

你可以使用 Selectable 而非 Dynamic 特质。它包含以下方法：

```
def selectDynamic(name: String): Any
def applyDynamic(name: String)(args: Any*): Any
```

关键的区别在于你可以指定可应用的选择器和方法。

我们先来看看选择。假设我们有一些对象，这些对象的属性来自数据库记录的缓存，或者JSON 值，或者（简单地说）来自一个映射。然后我们可以用以下类选择属性：

```
class Props(props: Map[String, Any]) extends Selectable :
  def selectDynamic(name: String) = props(name)
```

现在让我们进入类型安全部分。假设我们要处理发票项。定义一个具有有效属性的类型，如下所示：

```
type Item = Props {
  val description: String
  val price: Double
}
```

这是一个结构类型（structural type）的例子，详见第 18 章。

构造以下实例：

```
val toaster = Props(
  Map("description" -> "Blackwell Toaster", "price" -> 29.95)).asInstanceOf[Item]
```

当调用 `toaster.price` 时，就会调用 `selectDynamic` 方法。这与前一节没有什么不同。

然而，调用 `toaster.brand` 是编译时错误，因为 `brand` 不是 `Item` 类型中列出的选择器之一。

接下来，我们转而处理方法。我们想写一个用 Scala 语法进行 REST 调用的库。如下所示的调用：

```
val buyer = myShoppingService.customer(id)
shoppingCart += myShoppingService.item(id)
```

应该在后台调用 REST 请求 `http://myserver.com/customer/id` 和 `http://myserver.com/item/id`，生成 JSON 响应。

我们希望它是类型安全的。对不存在的 REST 服务的调用应该在编译时失败。

首先，创建一个泛型类：

```
class Request(baseURL: String) extends Selectable :
  def applyDynamic(name: String)(args: Any*): Any =
    val url = s"$baseURL/$name/${args(0)}"
    scala.io.Source.fromURL(url).mkString
```

然后限制你所知道的实际支持的服务。

我没有购物服务的访问权限，但有一个产生随机名词和形容词的服务：

```
type RandomService = Request {
  def nouns(qty: Int) : String
  def adjectives(qty: Int) : String
}
```

构造一个实例：

```
val myRandomService =
  new Request("https://horstmann.com/random").asInstanceOf[RandomService]
```

此时，调用 myRandomService.nouns(5)被转换为调用 myRandomService.applyDynamic("nouns")(5)

然而，如果方法名既不是 nouns 也不是 adjectives，则会出现编译器错误。

练习

1. 根据优先级规则，3 + 4 -> 5 和 3 -> 4 + 5 如何计算？
2. BigInt 类有一个 pow 方法，但没有运算符。为什么 Scala 库设计者不选择**（类似 Fortran）或^（类似 Pascal）作为幂运算符呢？
3. 使用+、-、*和/运算符实现 Fraction 类。将分数标准化，例如，将 15/-6 变为-5/2，即除以最大公约数，如下所示：

```
class Fraction(n: Int, d: Int) :
  private val num: Int = if d == 0 then 1 else n * sign(d) / gcd(n, d);
  private val den: Int = if d == 0 then 0 else d * sign(d) / gcd(n, d);
  override def toString = s"$num/$den"
  def sign(a: Int) = if a > 0 then 1 else if a < 0 then -1 else 0
  def gcd(a: Int, b: Int): Int = if b == 0 then abs(a) else gcd(b, a % b)
  ...
```

4. 实现一个类 Money，其中包含表示美元和美分的字段，并提供+和-运算符以及比较运算符==和<。例如，Money(1,75) + Money(0,50) == Money(2,25)的值应该为 true。还应该提供*和/运算符吗？为什么或为什么不？
5. 提供构造 HTML 表格的运算符。例如：

```
Table() | "Java" | "Scala" || "Gosling" | "Odersky" || "JVM" | "JVM, .NET"
```

应该产生：

```
<table><tr><td>Java</td><td>Scala</td></tr><tr><td>Gosling...
```

6. 提供一个类 ASCIIArt，其对象包含以下图形：

```
 /\_/\
( ' ' )
(  -  )
 | | |
(__|__)
```

提供用于水平或垂直组合两个 ASCIIArt 图形的运算符

```
 /\_/\     -----
( ' ' )  / Hello \
(  -  ) <  Scala |
 | | |   \ Coder /
(__|__)    -----
```

请选择具有合适优先级的运算符。

7. 实现一个 BitSequence 类，将 64 位的序列打包成一个 Long 值。提供 apply 和 update 运算符来获取和设置单个比特位。

8. 提供一个 Matrix 类。选择是否要实现 2 × 2 矩阵、任意大小的方阵或 $m \times n$ 的矩阵。提供+和*运算，其中后者也应该适用于标量，例如 mat * 2。应该可以通过 mat(row, col)访问单个元素。

9. 定义一个带有 unapply 操作类的对象 PathComponents，它能够从一个 java.nio.file.Path 中提取目录路径和文件名。例如，文件/home/cay/readme.txt 的目录路径为/home/cay，文件名为 readme.txt。

10. 修改前一练习中的 PathComponents 对象，改为定义一个提取所有路径段的 unapplySeq 操作。例如，对于文件/home/cay/readme.txt，应该生成一个由 3 个部分组成的序列：home、cay 和 readme.txt。

11. 证明 unapply 的返回类型可以是 Product 的任意子类型。创建你自己的具体类型 MyProduct，要求它扩展了 Product 并定义了方法_1 和_2。然后，定义一个返回 MyProduct 实例的 unapply 方法。如果不定义_1 会发生什么？

12. 为字符串提供一个提取器，其中第一个组件是合适的枚举中的标题，其余是名称组成元素的序列。例如，当用"Dr. Peter van der Linden"调用时，结果将是 Some(Title.DR, Seq("Peter", "van", "der", "Linden"))。请展示如何通过解构或在匹配表达式中获取值。

13. 改进 11.11 节中的动态属性选择器，使其不必使用下划线。例如，sysProps.java.home 应该选择键为"java.home"的属性。使用一个包含部分完整路径的辅助类（也扩展自 Dynamic）。

14. 定义一个类 XMLElement，它会对具有名称、属性和子元素的 XML 元素进行建模。使用动态选择和方法调用来实现选择诸如 rootElement.html.body.ul(id="42").li 这样的路径，它应该返回 html 中 body 内部的所有位于 ul 内部且 id 属性为 42 的 li 元素。

15. 提供一个用于动态构建 XML 元素的 XMLBuilder 类，使用方式为 builder.ul(id="42", style="list-style: lower-alpha;")，其中方法名成为元素名，命名参数成为属性。请想出一种方便的方法来构建嵌套元素。

16. 11.12 节介绍了一个向 https://$server/$name/$arg 发送请求的 Request 类。然而，真正的 REST API 的 URL 并不总是那么固定。请修改 Request 类，使其接收一个从方法名称到模板字符串的映射，其中$字符被替换为参数值。

第12章 高阶函数 L1

Scala 混合了面向对象和函数式特性。在函数式编程语言中，函数是“一等公民”，可以像任何其他数据类型一样传递和操作。当想要将一些操作细节传递给算法时，这非常有用。在函数式语言中，只需将这些细节封装到一个函数中，并将其作为参数传递。在本章中，你将学习如何高效地处理使用或返回函数的函数。

本章重点内容如下：

- 函数在 Scala 中是“一等公民”，就像数字一样；
- 可以创建匿名函数，通常是为了将它们传递给其他函数；
- 函数参数指定了稍后应该执行的行为；
- 很多集合方法都接受函数参数，并将函数应用于集合的值；
- 有一些语法快捷方式可以让你以一种简短易读的方式表达函数参数；
- 你可以创建操作代码块的函数，看起来很像内置的控制语句。

12.1 函数作为值

在 Scala 中，函数是“一等公民”，就像数字一样。可以将函数存储在变量中：

```
import scala.math.*
val num = 3.14
val fun = ceil
```

这段代码将 num 设置为 3.14，将 fun 设置为 ceil 函数。

当在 REPL 中尝试这段代码时，不难发现 num 的类型是 Double。fun 的类型为 Double => Double，即一个接收并返回 Double 值的函数。

你能用函数做什么呢？两件事：

- 调用它；
- 通过将它存储在变量中或将它作为参数传递给函数来传递它。

以下是调用存储在 fun 中的函数的方法：

```
fun(num) // 4.0
```

可以看到，这里使用了正常的函数调用语法。唯一的区别是 fun 是一个包含函数的变量，而不是一个固定的函数。

以下是将 fun 传递给另一个函数的方法：

```
Array(3.14, 1.42, 2.0).map(fun) // Array(4.0, 2.0, 2.0)
```

map 方法接受一个函数，将其应用于数组中的所有值，返回一个包含函数值的数组。在本章中，你会看到许多其他接受函数作为参数的方法。

12.2 匿名函数

在 Scala 中，不必为每个函数命名，正如不必为每个数字命名一样。下面是一个匿名函数（anonymous function）：

```
(x: Double) => 3 * x
```

这个函数将它的参数乘以 3。

当然，你可以将此函数存储在变量中：

```
val triple = (x: Double) => 3 * x
```

这就好像你用过 def 一样：

```
def triple(x: Double) = 3 * x
```

但是不必给这个函数命名。可以直接将它传递给另一个函数：

```
Array(3.14, 1.42, 2.0).map((x: Double) => 3 * x)
  // Array(9.42, 4.26, 6.0)
```

此处，我们告诉 map 方法："将每个元素乘以 3。"

注意： 如果你愿意，可以将函数参数封装在大括号而非小括号中，例如：

```
Array(3.14, 1.42, 2.0).map{ (x: Double) => 3 * x }
```

当方法用于中缀符号（没有点）时，这种情况更常见。

```
Array(3.14, 1.42, 2.0) map { (x: Double) => 3 * x }
```

注意： 如第 2 章所述，有些人认为用 def 声明的任何东西都是方法。然而，在本书中，我们使用了一个概念上更清晰的心理模型。方法在对象上进行调用，它们是类、特质或对象的成员。顶级和块级 def 语句用于声明函数。

在这种情况下，你无法判断 def 是否声明了函数以外的其他东西。表达式 triple 和函数 (x: Double) => 3 * x 是无法区分的（这种转换称为 eta 扩展，使用 lambda 演算的术语）。

警告：eta 扩展只有一个例外——没有参数时：

```
def heads() = scala.math.random() < 0.5
```

由于一些深奥的原因，heads 是一种语法错误。函数是 heads _，它被调用为 heads()。

12.3 函数参数

在本节中，你将看到如何实现一个参数是另一个函数的函数。以下是一个示例：

```
def valueAtOneQuarter(f: (Double) => Double) = f(0.25)
```

注意，参数可以是任何接收并返回 `Double` 值的函数。`valueAtOneQuarter` 函数计算该函数在 `0.25` 处的值。

例如：

```
valueAtOneQuarter(ceil) // 1.0
valueAtOneQuarter(sqrt) // 0.5 (因为0.5 × 0.5 = 0.25)
```

`valueAtOneQuarter` 的类型是什么？它是一个只有一个参数的函数，所以它的类型写作：

```
(parameterType) => resultType
```

resultType 明显是 `Double`，而 *parameterType* 已经在函数头中给出 `(Double) => Double`。因此，`valueAtOneQuarter` 的类型为：

```
((Double) => Double) => Double
```

因为 `valueAtOneQuarter` 是一个接收函数的函数，所以它被称为高阶函数（higher-order function）。

高阶函数也可以产生一个函数。以下是一个简单的示例：

```
def mulBy(factor : Double) = (x : Double) => factor * x
```

例如，`mulBy(3)` 返回你在前面部分中看到的函数 `(x : Double) => 3 * x`。`mulBy` 的能力在于，它可以提供乘以任何数量的函数：

```
val quintuple = mulBy(5)
quintuple(20) // 100
```

`mulBy` 函数拥有一个类型为 `Double` 的参数，它返回一个类型为 `(Double) => Double` 的函数。因此，它的类型是：

```
(Double) => ((Double) => Double)
```

不带括号编写时，类型为：

```
Double => Double => Double
```

12.4 参数推断

当你将匿名函数传递给另一个函数或方法时，Scala 会尽可能地帮助你推断类型。例如，你不必这样写：

```
valueAtOneQuarter((x: Double) => 3 * x) // 0.75
```

由于 valueAtOneQuarter 方法知道你将传入一个(Double) => Double 函数，因此只需写：

```
valueAtOneQuarter((x) => 3 * x)
```

对于只有一个参数的函数来说，还有一个特别的好处，即可以省略参数周围的()：

```
valueAtOneQuarter(x => 3 * x)
```

更好的是：如果参数在=>的右侧只出现一次，则可以用下划线替换它：

```
valueAtOneQuarter(3 * _)
```

这是最舒适的方式，而且也很容易阅读：一个将某个数乘以 3 的函数。

记住，这些快捷方式只有在参数类型已知的情况下才有效。

```
val fun = 3 * _ // 错误：无法推断类型
```

可以为匿名参数或变量指定一种类型：

```
3 * (_: Double) // OK
val fun: (Double) => Double = 3 * _ // OK，因为我们为 fun 指定了类型
```

当然，最后一个定义是人为的。但它展示了将函数传递给一个具有这种类型的参数时会发生什么。

提示： 指定_的类型对于将方法转换为函数很有用。例如，(_: String).length 是一个函数 String => Int，并且(_: String).substring(_:Int, _: Int)是一个函数(String, Int, Int) => String。

12.5 有用的高阶函数

要熟练使用高阶函数，一个好办法是练习 Scala 集合库中接受函数参数的一些常见（并且明显有用）的方法。

你已经见过 map，它对集合中的所有元素应用一个函数并返回结果。下面是生成包含 0.1、0.2、…、0.9 的集合的快速方法：

```
(1 to 9).map(0.1 * _)
```

注意： 有一个基本原则在起作用。如果你想要一个值的序列，看看能否将它从一个更简单的序列转换过来。

尝试这样打印一个三角形：

```
(1 to 9).map("*" * _).foreach(println _)
```

结果是：

```
*
**
***
****
*****
******
*******
********
*********
```

此处，我们也使用了 `foreach`，它与 `map` 类似，只是它的函数没有返回值。`foreach` 方法只是将函数应用于每个参数。

`filter` 方法生成匹配特定条件的所有元素。例如，以下是只获取序列中偶数的方法：

```
(1 to 9).filter(_ % 2 == 0) // 2, 4, 6, 8
```

当然，这并不是得到该结果的最有效的方法。

`reduceLeft` 方法接受一个二元函数，即一个有两个参数的函数，并从左到右将其应用于序列中的所有元素。例如，`(1 to 9).reduceLeft(_ * _)`是`1 * 2 * 3 * 4 * 5 * 6 * 7 * 8 * 9`。或者，严格地说`(...((1 * 2) * 3) * ... * 9)`。

注意乘法函数的紧凑形式：`_ * _`，其中每个下划线表示一个单独的参数。

还需要一个二元函数来进行排序。例如：

```
"Mary had a little lamb".split(" ").sortWith(_.length < _.length)
```

生成一个按长度增加排序的数组：`Array("a", "had", "Mary", "lamb", "little")`。

12.6 闭包

在 Scala 中，你可以在任何作用域中定义函数：在包中、在类中，甚至在另一个函数或方法中。在函数体中，可以访问外部作用域中的任何变量。这听起来可能不太引人注目，但请注意，当变量不再位于作用域中时，你的函数可能会被调用。

以下是一个示例：12.3 节中的 `mulBy` 函数。

```
def mulBy(factor : Double) = (x : Double) => factor * x
```

考虑以下调用：

```
val triple = mulBy(3)
val half = mulBy(0.5)
println(s"${triple(14)} ${half(14)}") // 打印 42.0 7.0
```

让我们慢慢来分析它们。

1. 第一次调用 mulBy 将参数变量 factor 设置为 3。该变量在函数体(x : Double) => factor * x 中被引用，存储在 triple 中。然后参数变量 factor 从运行时栈弹出。

2. 接下来，再次调用 mulBy，将 factor 设置为 0.5。该变量在函数体(x : Double) => factor * x 中被引用，并存储在 half 中。

每个返回的函数都有自己的 factor 设置。

这种函数称为闭包（closure）。闭包由代码和代码使用的任何非局部变量的定义组成。

这些函数实际上是以类对象的形式实现的，其中包含一个实例变量 factor 和一个包含函数体的 apply 方法。

闭包是如何实现的并不重要。Scala 编译器的工作是确保函数能够访问非局部变量。

注意： 如果闭包是语言的自然组成部分，那么它并不难以理解或令人惊讶。许多现代语言，例如 JavaScript、Ruby 和 Python，都支持闭包。Java 从第 8 版开始提供了 lambda 表达式形式的闭包。

12.7　与 Lambda 表达式的互操作性

在 Scala 中，只要你想告诉另一个函数要执行什么操作，就可以将函数作为参数传递。在 Java 中，你可以使用 lambda 表达式：

```
var button = new JButton("Increment"); // 这是 Java
button.addActionListener(event -> counter++);
```

为了传递一个 lambda 表达式，参数类型必须是“函数式接口”，即任何具有单个抽象方法的 Java 接口。

可以将 Scala 函数传递给 Java 函数式接口：

```
val button = JButton("Increment")
button.addActionListener(event => counter += 1)
```

请注意，从 Scala 函数到 Java 函数式接口的转换只适用于函数字面量（function literal），而不适用于保存函数的变量。以下代码不起作用：

```
val listener = (event: ActionEvent) => println(counter)
button.addActionListener(listener)
  // 不能将非字面量函数转换为 Java 函数式接口
```

最简单的解决办法是将保存函数的变量声明为 Java 函数式接口：

```
val listener: ActionListener = event => println(counter)
button.addActionListener(listener) // OK
```

或者，可以将函数变量转换为字面量表达式：

```
val exit = (event: ActionEvent) => if counter > 9 then System.exit(0)
button.addActionListener(exit(_))
```

12.8 柯里化

柯里化（Currying，以逻辑学家 Haskell Brooks Curry 命名）是将带有两个参数的函数转换为只有一个参数的函数的过程，转换后的函数返回一个消费第二个参数的函数。

哈？我们来看一个例子。以下函数有两个参数：

```
val mul = (x: Int, y: Int) => x * y
```

以下函数有一个参数，产生了一个带有一个参数的函数：

```
val mulOneAtATime = (x: Int) => ((y: Int) => x * y)
```

要将两个数字相乘，可以调用：

```
mulOneAtATime(6)(7)
```

严格来说，`mulOneAtATime(6)`的结果是函数`(y: Int) => 6 * y`。该函数应用于 7，得到 42。

当使用 `def` 时，Scala 中存在一种定义这种柯里化方法的快捷方式：

```
def divOneAtATime(x: Int)(y: Int) = x / y
```

如你所见，多个参数只是一种修饰，不是编程语言的重要特性。这是一个有趣的理论见解，但它在 Scala 中存在一种实际用途。有时，你可以对方法参数使用柯里化处理，以便类型推断器获得更多信息。

以下是一个典型的示例。`corresponds` 方法可以在某种比较标准下比较两个序列是否相同。例如：

```
val a = Array("Mary", "had", "a", "little", "lamb")
val b = Array(4, 3, 1, 6, 5)
a.corresponds(b)(_.length == _)
```

注意，函数`_.length == _`作为一个柯里化参数在一个单独的`(...)`集合中进行传递。当查看 Scaladoc 时，将会看到 `corresponds` 被声明为：

```
def corresponds[B](that: Seq[B])(p: (A, B) => Boolean): Boolean
```

`that` 序列和谓词函数 `p` 是单独的柯里化参数。类型推断器可以根据 `that` 的类型确定 `B` 是什么，然后可以在分析传递给 `p` 的函数时使用该信息。

在我们的示例中，`that` 是一个 `Int` 序列。因此，谓词应该具有类型`(String, Int) => Boolean`。有了这些信息，编译器可以接受`_.length == _`作为`(a: String, b: Int) => a.length == b` 的快捷方式。

12.9 组合、柯里化和元组化的方法

一元函数是具有一个参数的函数。所有的一元函数都是 `Function1` 特质的实例。该特质

定义了一种组合两个一元函数的方法，即执行一个函数，然后将结果传递给另一个函数。

假设我们想确保不会计算负值的平方根，那么可以组合平方根函数和绝对值函数：

```
val sqrt = scala.math.sqrt
val fabs: Double => Double = scala.math.abs
  // 需要类型，因为 abs 是重载的
val f = sqrt compose fabs // 中缀表示法，也可以写作 sqrt.compose(fabs)
f(-9) // 产生 sqrt(fabs(-9))或 3
```

注意，首先执行的是第二个函数，因为函数是从右向左执行的。如果你觉得不自然，可以使用 andThen 方法：

```
val g = fabs andThen sqrt // 等同于 sqrt compose fabs
```

具有多个参数的函数具有一个 curried 方法，从而产生函数的柯里化版本。

```
val fmax : (Double, Double) => Double = scala.math.max
  // 需要类型，因为 max 是重载的
fmax.curried // 具有类型 Double => Double => Double
val h = fmax.curried(0)
```

函数 h 具有一个参数，且 h(x) = fmax.curried(0)(x) = fmax(0, x)。将返回正参数，而负参数产生的结果为零。

tupled 方法将具有多个参数的函数转换为接收元组的一元函数。

```
val k = mul.tupled // 具有类型((Int, Int)) => Int
```

当调用 k 时，你提供了一个其元素传递给 mul 的对偶。例如，k((6, 7))为 42。

这听起来很抽象，但此处有一个实际用途。假设你有两个数组，分别包含第一个和第二个参数。

```
val xs = Array(1, 7, 2, 9)
val ys = Array(1000, 100, 10, 1)
```

现在我们想将相应的元素传递给一个二元函数，例如 mul。一种优雅的解决方案是压缩（zip）数组，然后对这些对应用 tupled 函数：

```
xs.zip(ys).map(mul.tupled) // 产生 Array(1000, 700, 20, 9)
```

注意： 如果传递一个函数字面量，那么不需要调用 tupled。压缩数组的元素是非元组化的，而元素会被传递给函数：

```
xs.zip(ys).map(_ * _) // 元组元素被传递给函数
```

12.10　控制抽象

在 Scala 中，可以将一系列语句建模为没有参数或返回值的函数。例如，以下是一个在线程中运行某个代码的函数：

```
def runInThread(block: () => Unit) =
```

```
  Thread(() => block()).start()
```

代码以类型为`() => Unit`的函数形式给出。然而，当调用这个函数时，需要提供一个不太好看的`() =>`：

```
runInThread { () => println("Hi"); Thread.sleep(10000); println("Bye") }
```

要在调用中避免`() =>`，请使用*按名调用*（call by name）表示法：在参数声明和对参数函数的调用中省略`()`，但不要省略`=>`：

```
def runInThread(block: => Unit) =
  Thread(() => block).start()
```

然后调用就变得简单了：

```
runInThread { println("Hi"); Thread.sleep(10000); println("Bye") }
```

这看起来很不错。Scala 程序员可以构建*控制抽象*（control abstraction）：像语言关键字一样的函数。例如，我们可以实现一个用起来完全像`while`语句的函数。或者，我们可以稍微创新一下，定义一个和`while`语句类似的`until`语句，但条件相反：

```
def until(condition: => Boolean)(block: => Unit): Unit =
  if !condition then
    block
    until(condition)(block)
```

以下是使用`until`的方式：

```
var x = 10
until (x == 0) {
  x -= 1
  println(x)
}
```

这种函数参数的技术术语是按名调用参数。与普通的（或按值调用）参数不同，函数被调用时并不会计算参数表达式。毕竟，我们不希望在调用`until`时`x == 0`的求值为`false`。相反，表达式变成了没有参数的函数体，该函数被传递给`until`。

请仔细观察`until`函数的定义。注意，它是柯里化的：它首先使用了`condition`，然后使用`block`作为另一个参数。如果未做柯里化，那么该调用看起来将是这样：

```
until(x == 0, { ... })
```

那就没那么美观了。

12.11 非本地返回

在 Scala 中，不能使用`return`语句来返回函数值，函数的返回值就是函数体的值。

对于控制抽象来说，`return`语句尤其成问题。例如，考虑以下函数：

```
def indexOf(str: String, ch: Char): Int =
```

```
var i = 0
until (i == str.length) {
  if str(i) == ch then return i // No longer valid in Scala
  i += 1
}
-1
```

return 从传递给 until 的匿名函数{ if str(i) == ch then return i; i += 1 }返回，还是从 indexOf 函数返回？此处，我们希望是后者。早期版本的 Scala 中存在一个 return 表达式，它会向封闭的命名函数抛出异常。然而，这种脆弱的机制已经被 return 控制抽象所替代：

```
import scala.util.control.NonLocalReturns.*

def indexOf(str: String, ch: Char): Int =
  returning {
    var i = 0
    until (i == str.length) {
      if str(i) == ch then throwReturn(i)
      i += 1
    }
    -1
  }
```

警告： 如果异常在被传递给 returning 函数之前在 try 块中被捕获，则抛出的值不会被返回。

练习

1. 编写一个函数 values(fun: (Int) => Int, low: Int, high: Int)，它会产生一个给定范围内函数输入和输出的集合。例如，values(x => x * x, -5, 5)应该产生一个(-5, 25)、(-4, 16)、(-3, 9)、…、(5, 25)对的集合。
2. 如何使用 reduceLeft 得到数组中的最大元素？
3. 使用 to 和 reduceLeft 实现阶乘函数，要求不使用循环或递归。
4. 当 $n < 1$ 时，前面的实现需要考虑一种特殊情况。请展示如何使用 foldLeft 避免这种情况。（查看 foldLeft 的 Scaladoc，它类似于 reduceLeft，除了调用中提供的是组合值链中的第一个值。）
5. 编写一个函数 largest(fun: (Int) => Int, inputs: Seq[Int])，它在给定的输入序列中生成一个函数的最大值。例如，largest(x => 10 * x - x * x, 1 to 10)应该返回 25。不要使用循环或递归。
6. 修改前面的函数，使其返回输出最大时的输入值。例如，largestAt(x => 10 * x - x * x, 1 to 10)应该返回 5。不要使用循环或递归。

7. 编写一个函数，它由两个 Double => Option[Double]类型的函数组成，产生另一个相同类型的函数。如果任何一个函数返回 None，那么组合函数都应该返回 None。例如：

```
def f(x: Double) = if x != 1 then Some(1 / (x - 1)) else None
def g(x: Double) = if x >= 0 then Some(sqrt(x)) else None
val h = compose(g, f) // h(x)应该为g(f(x))
```

   那么，h(2)为 Some(1)，而 h(1)和 h(0)都是 None。

8. 12.9 节涵盖了所有函数都具有的 composing、currying 和 tupling 方法。从头开始将这些方法实现为操作整数函数的函数。例如，tupling(mul)返回一个函数((Int, Int)) => Int，而 tupling(mul)((6,7))是 42。

9. curried 方法会对参数超过两个的方法做些什么？

10. 在 12.8 节中，我们看到了对两个字符串数组使用的 corresponds 方法。调用 corresponds 函数，检查字符串数组中的元素是否具有给定的整数数组中的长度相同。

11. 在不柯里化的情况下实现 corresponds。然后尝试前面练习中的调用。你遇到了什么问题？

12. 实现一个 unless 控制抽象，要求其工作原理与 if 类似但条件相反。第一个参数需要是按名调用参数吗？需要柯里化吗？

第13章 容器 A2

在本章中，你将从库用户的角度来了解Scala容器库。除了前面已经介绍过的数组和映射，你将看到其他有用的容器类型。有很多方法可以应用于容器，本章将按顺序对其进行介绍。

本章重点内容如下：

- 所有容器都扩展了`Iterable`特质；
- 容器的3种主要类别是序列（sequence）、集合（set）和映射（map）；
- Scala支持大多数容器的可变版本和不可变版本；
- Scala的列表（list）要么为空，要么是具有头部和尾部（也是一个列表）的列表；
- Set是无序的容器；
- 使用`LinkedHashSet`保留插入顺序，使用`SortedSet`按排序顺序进行迭代；
- `+`向无序容器中添加元素，`+:`和`:+`分别向序列的前面或后面添加元素，`++`连接两个容器，而`-`和`--`删除元素；
- `Iterable`和`Seq`特质为常见操作提供了大量有用的方法。在编写冗长的循环之前，请学习它们；
- 映射（mapping）、折叠（folding）和拉链操作（zipping）是对容器中的元素应用函数或操作的有用技术。
- 可以将`Option`看作是大小为0或1的容器。
- 惰性列表（lazy list）是按需计算的，可以容纳无限个元素。

13.1 主要的容器特质

图13-1展示了构成Scala容器层级结构的最重要的特质。

`Iterable`是可以生成`Iterator`的任何容器，利用`Iterator`可以访问容器中的所有元素：

```
val coll = ... // 某个Iterable
val iter = coll.iterator
while iter.hasNext do
  process(iter.next())
```

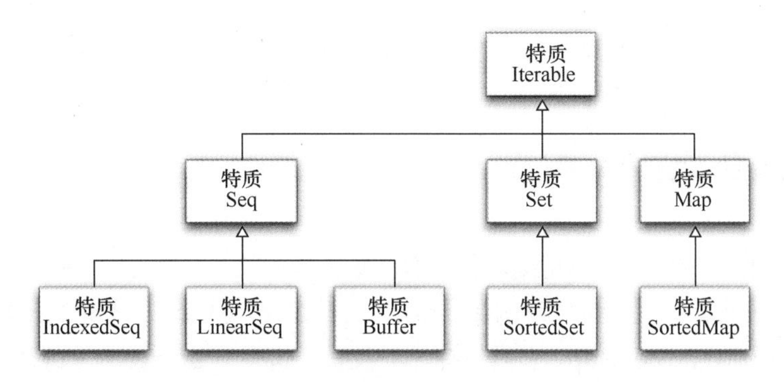

图 13-1 Scala 容器层级结构中的关键特质

在 Seq 中，元素是有序的，迭代器按顺序访问元素。IndexedSeq 允许通过整数索引快速随机访问。例如，ArrayBuffer 可以进行索引，但链表（linked list）则不能。LinearSeq 允许快速的头部和尾部操作。Buffer 允许在末尾快速插入和删除。如前所述，ArrayBuffer 既是一个 Buffer，也是一个 IndexedSeq。

Set 是一组值的无序容器。在 SortedSet 中，元素始终按排序顺序进行访问。

Map 是(*key*, *value*)对的集合。SortedMap 会按键（key）的排序来访问元素，详见第 4 章。

这种层级结构与 Java 中的类似，但有两点受欢迎的改进：

1. 映射是层级结构的一部分，而非单独的层级结构；
2. IndexedSeq 是数组的超类型，但不是列表的超类型，因此可以用来区分二者。

注意： 在 Java 中，ArrayList 和 LinkedList 都实现了一个通用的 List 接口，当优先选择随机访问时，例如在有序序列中搜索时，很难编写高效的代码。在最初的 Java 容器框架中，这是一个有缺陷的设计决策。在后来的版本中，添加了一个标记接口 RandomAccess 来处理这个问题。

每个 Scala 容器特质都有一个伴生对象，后者有一个 apply 方法用于构造容器的实例。例如：

```
Iterable(0xFF, 0xFF00, 0xFF0000)
Set(Color.RED, Color.GREEN, Color.BLUE)
Map(Color.RED -> 0xFF0000, Color.GREEN -> 0xFF00, Color.BLUE -> 0xFF)
SortedSet("Hello", "World")
```

这被称为“统一创建原则”。

存在 toSeq、toSet、toMap 等方法以及一个泛型的 to 方法，可以用来在容器类型之间进行转换。

```
val coll = Seq(1, 1, 2, 3, 5, 8, 13)
val set = coll.toSet
val buffer = coll.to(ArrayBuffer)
```

注意： 可以使用==运算符将任何序列、集合或映射与同类的另一个容器进行比较。例如，Seq(1, 2, 3) == (1 to 3)的结果为 true。但是比较不同的类型，比如 Seq(1, 2, 3) ==

Set(1, 2, 3)，则会导致一个编译错误。在这种情况下，请使用方法 sameElements。

13.2 可变和不可变容器

Scala 同时支持可变容器和不可变容器。不可变容器永远不会改变，因此即使在多线程程序中，也可以安全地共享对它的引用。例如，scala.collection.mutable.Map 和 scala.collection.immutable.Map，它们都有一个共同的超类型 scala.collection.Map（当然，它不包含任何变动操作）。

注意： 当有一个对 scala.collection.immutable.Map 的引用时，你知道没有人可以改变映射。如果你有一个 scala.collection.Map，那么你不能改变它，但其他人也许可以。

Scala 优先考虑不可变容器。scala 包和 Predef 对象（总是被导入）都有类型别名 Seq、IndexedSeq、List、Set 和 Map，它们都引用了不可变特质。例如，Predef.Map 等同于 scala.collection.immutable.Map。

提示： 利用语句 import scala.collection.mutable，你可以获取一个不可变映射 Map 以及一个可变映射 mutable.Map。

如果没有使用不可变容器的经验，可能会想知道如何使用它们来做一些有用的工作。关键在于你可以用旧容器创建新容器。例如，如果 numbers 是一个不可变的 set，那么 numbers + 9 则是一个包含 numbers 和 9 的新集合。如果集合中已经包含了 9，那么只会得到一个旧集合的引用，这在递归计算中尤其自然。例如，下面计算所有整数数字的集合：

```
def digits(n: Int): Set[Int] =
  if n < 0 then digits(-n)
  else if n < 10 then Set(n)
  else digits(n / 10) + (n % 10)
```

该方法从一个包含单个数字的集合开始。每执行一步，都会增加一个数字。然而，增加一个数字并不会改变一个集合。相反，在每一步中，都会创建一个新的集合。

注意： 除了 scala.collection.immutable 和 scala.collection.mutable 包之外，还有一个 scala.collection.concurrent 包。该包中有一个 Map 特质包含了用于原子处理的方法：putIfAbsent、remove、replace、getOrElseUpdate 和 updateWith。其中，它给出了 TrieMap 的实现。你也可以修改 Java 的 ConcurrentHashMap 来实现这个特质，详见 13.13 节。

13.3 序列

图 13-2 显示了最重要的不可变序列。

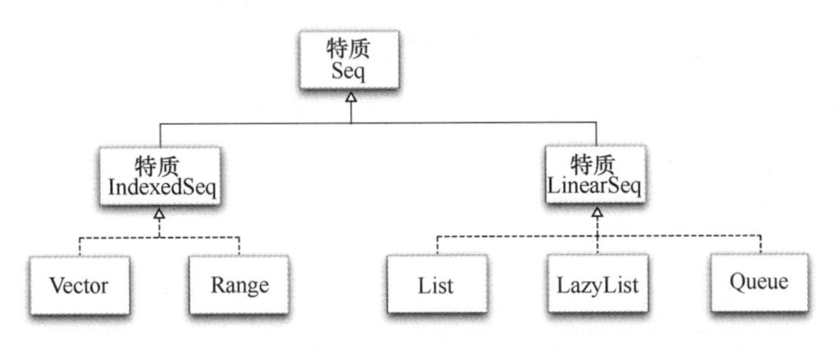

图 13-2 不可变序列

Vector 是 ArrayBuffer 的不可变等价物：一个可以快速随机访问的索引序列。向量（vector）被实现为树结构，其中每个节点最多有 32 个子节点。对于一个包含 100 万个元素的向量，需要 4 层节点（因为 $10^3 \approx 2^{10}$，$10^6 \approx 32^4$）。在这样的列表中访问一个元素需要 4 次跳跃，而在链表中平均需要 50 万次。

Range 表示一个整数序列，例如 0、1、2、3、4、5、6、7、8、9 或 10、20、30。当然，Range 对象不会存储所有的序列值，而仅仅存储序列的开始、结束和递增值。如第 2 章所述，可以使用 to 和 until 方法构造 Range 对象。

我们将在下一节讨论列表，而惰性列表将在 13.12 节讨论。

图 13-3 展示了最有用的可变序列。

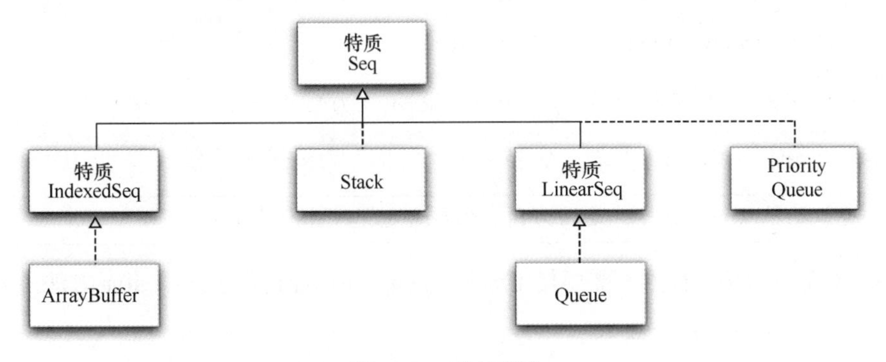

图 13-3 可变序列

我们在第 3 章讨论过数组缓冲区。栈、队列和优先级队列是标准的数据结构，在实现某些算法时非常有用。如果你熟悉这些结构，就不会对它们的 Scala 实现感到惊讶。

13.4 列表

在 Scala 中，列表要么是 Nil（即空列表），要么是一个包含 head 元素和 tail 元素（也是一个列表）的对象。例如，考虑以下列表：

```
val digits = List(4, 2)
```

digits.head 的值为 4，而 digits.tail 是 List(2)。此外，digits.tail.head

的值为 2，而 digits.tail.tail 的值为 Nil。

::运算符根据给定的头部和尾部创建一个新列表。例如：

```
9 :: List(4, 2)
```

是 List(9, 4, 2)。你也可以将该列表写成：

```
9 :: 4 :: 2 :: Nil
```

注意：*::是右结合的。利用::运算符，可以从末尾构建列表：*

```
9 :: (4 :: (2 :: Nil))
```

注意：*存在一个类似的右结合运算符来构建元组：*

```
1 *: 2.0 *: "three" *: EmptyTuple
```

产生元组(1, 2.0, "three")。

在 Java 或 C++中，我们使用迭代器来遍历链表。在 Scala 中也可以这样做，但通常使用递归更自然。例如，以下函数计算整数链表中所有元素的和：

```
def sum(lst: List[Int]): Int =
  if lst == Nil then 0 else lst.head + sum(lst.tail)
```

或者，如果你愿意，也可以使用模式匹配：

```
def sum(lst: List[Int]): Int = lst match
  case Nil => 0
  case h :: t => h + sum(t) // h为lst.head, t为lst.tail
```

注意第二个模式中的::运算符，它将列表“解构”为头部和尾部。

注意：*递归之所以如此自然，是因为列表的尾部也是一个列表。*

当然，对于该示例，根本不需要使用递归。Scala 库已经提供了一个 sum 方法：

```
List(9, 4, 2).sum // 产生15
```

如果你想就地修改链表元素，可以使用 ListBuffer，这是一种由链表支撑的数据结构，它引用了第一个和最后一个节点。这使得在列表任意一端添加或删除元素变得非常高效。

然而，在中间添加或删除元素的效率并不高。例如，假设你想间隔一个来删除可变列表中的元素。利用 Java 的 LinkedList，你使用一个迭代器并在每两次调用 next 后调用 remove 方法。而 ListBuffer 上没有类似的操作。当然，在链表中通过索引位置删除多个元素是非常低效的，最好的办法是用这个结果生成一个新的列表（参见本章练习 3）。

13.5　集合

集合是不同元素的容器。尝试添加一个已存在的元素是没有效果的。例如，Set(2, 0, 1) +

1与Set(2, 0, 1)相同。

与列表不同，集合不保留元素插入的顺序。默认情况下，集合以哈希集合（hash set）的形式实现，其中的元素按 hashCode 方法的值组织。（在 Scala 和 Java 中，每个对象都有一个 hashCode 方法。）

例如，如果遍历 Set(1, 2, 3, 4, 5, 6)，则会按顺序访问元素 5 1 6 2 3 4。

你可能想知道为什么集合不保留元素的顺序。事实证明，如果允许集合对其元素重新排序，则可以更快地找到元素。在哈希集合中查找元素比在数组或列表中查找元素快得多。

链式哈希集合（linked hash set）记住了元素插入的顺序，为此它保存了一个链表。例如：

```
val weekdays = scala.collection.mutable.LinkedHashSet("Mo", "Tu", "We", "Th", "Fr")
```

如果你想按排序顺序遍历元素，可以使用有序集合（sorted set）：

```
val numbers = scala.collection.mutable.SortedSet(1, 2, 3, 4, 5, 6)
```

位集（bit set）将非负整数实现为位序列。如果 *i* 存在于集合中，那么第 *i* 位就是 1。只要最大元素不是太大，这就是一个有效的实现。Scala 同时提供了可变和不可变的 BitSet 类。

contains 方法检查集合中是否包含给定的值。subsetOf 方法检查一个集合中的所有元素是否包含在另一个集合中。

```
val digits = Set(1, 7, 2, 9)
digits.contains(0) // false
Set(1, 2).subsetOf(digits) // true
```

union、intersect 和 diff 方法执行常见的集合运算。如果愿意，可以将它们写成|、&和&~，还可以将 union 写成++，将 diff 写成--。例如，如果我们有一个集合：

```
val primes = Set(2, 3, 5, 7)
```

那么 digits.union(primes)是 set(1, 2, 3, 5, 7, 9)，digits & primes 是 Set(2, 7)，而 digits -- primes 是 Set(1, 9)。

13.6 添加或删除元素的运算符

要添加或删除一个或多个元素，使用的运算符取决于容器类型。表 13-1 中提供了一份汇总信息。注意，+用于向无序的不可变集合中添加元素，而+:和:+用于向有序集合的开头或末尾添加元素。

```
Vector(1, 2, 3) :+ 5 // 产生 Vector(1, 2, 3, 5)
0 +: 1 +: Vector(1, 2, 3) // 产生 Vector(0, 1, 1, 2, 3)
```

表 13-1 添加和删除元素的运算符

运算符	说明	容器类型
coll :+ elem elem +: coll	一个与 coll 类型相同的容器，elem 被添加到该容器的尾部或头部	Seq

续表

运算符	说明	容器类型
`coll + elem` `coll - elem`	一个与 coll 类型相同的容器，添加或删除给定的元素	不可变的 Set、Map
`coll ++ coll2`	一个与 coll 类型相同的容器，包含两个容器的元素	Iterable
`coll -- coll2`	一个与 coll 类型相同的容器，其中 coll2 的元素已被删除（对于序列，使用 diff）	不可变的 Set、Map
`elem :: lst` `lst2 ::: lst`	一个 lst 前面添加元素或给定列表的列表。与+:和++:相同	List

`set | set2`
`set & set2`
`set &~ set2`
	集合并集、交集、差集。|等同于++，而&~等同于--	Set

`coll += elem`
`coll ++= coll2`
`coll -= elem`
`coll --= coll2`
	通过添加或删除给定的元素来修改 coll	可变容器

`elem +=: coll` `coll2 ++=: coll`	通过将给定的元素或容器添加在前面来修改 coll（prepend 的别名）	Buffer

注意，与所有以冒号结尾的运算符一样，+:也具有右结合性，它是右操作数的方法。

这些运算符返回新的容器（与原始容器的类型相同），但不修改原始容器。可变容器有一个+=运算符可以改变左边的值。例如：

```
val numberBuffer = ArrayBuffer(1, 2, 3)
numberBuffer += 5 // 向numberBuffer中添加5
```

对于不可变的容器，可以使用+=或:+=来处理 var，如下所示：

```
var numberSet = Set(1, 2, 3)
numberSet += 5 // 将numberSet设置为不可变集合numberSet + 5
var numberVector = Vector(1, 2, 3)
numberVector :+= 5 // +=不能工作，因为向量没有+运算符
```

要删除一个元素，使用-运算符：

```
Set(1, 2, 3) - 2 // 产生Set(1, 3)
```

你可以用++运算符添加多个元素：

```
coll ++ coll2
```

生成一个与 coll 类型相同的容器，其中包含 coll 和 coll2。类似地，--运算符会删除多个元素。

注意： 对于列表，可以使用+:代替::来保持一致性，但有一个例外：模式匹配（case h::t）不能与+:运算符一起使用。

警告： 对于可变容器，以及可变性未知的容器（如 scala.collection.Set），不推荐使用+和-运算符。它们不会改变容器，但会通过添加或删除元素来计算新的容器。如果你

真的想对（可能的）可变容器执行该操作，请使用++和--运算符。

警告：带有多个参数的运算符 coll += (e1, e2, …)和 coll -= (e1, e2, …)已被弃用，因为现在不建议使用具有两个以上参数的中缀运算符。

如你所见，Scala 提供了许多用于添加和删除元素的运算符。这里有一个速查表：

1. 向序列尾部附加（:+）或头部追加（+:）。
2. 向无序容器添加（+）。
3. 用-运算符删除。
4. 使用++和--批量添加和删除。
5. 改变操作为+=、++=、-=和--=。
6. 对于列表，许多 Scala 程序员更喜欢使用::和:::运算符，而不是+:和++。
7. 远离弃用的+= (e1, e2 , ...)、-= (e1, e2 , ...)、++:和神秘的+=:、++=:。

13.7 常用方法

表 13-2 简要概述了 Iterable 特质中最重要的方法，并按功能排序。

表 13-2 Iterable 特质的重要方法

方法	说明
head, last, headOption, lastOption	返回第一个或最后一个元素；或者，将第一个或最后一个元素作为一个 Option
tail, init	返回除第一个或最后一个元素之外的所有元素
length, isEmpty	返回长度，若长度为 0 则返回 true
map(f), flatMap(f), foreach(f), mapInPlace(f) collect(pf)	对所有元素应用一个函数，参见 13.8 节
reduceLeft(op), reduceRight(op), foldLeft(init)(op), foldRight(init)(op)	按给定顺序对所有元素应用二元运算，参见 13.9 节
reduce(op), fold(init)(op), aggregate(init)(op, combineOp)	以任意顺序对所有元素应用二元运算
sum, product, max, min, maxBy(f), minBy(f), maxOption, minOption, maxByOption(f), minByOption(f)	返回总和或乘积（前提是元素类型可以隐式转换为 Numeric 特质），或最大值或最小值。max 和 min 函数要求元素类型有 Ordering。maxBy 和 minBy 函数通过应用函数 f 来测量元素。以 Option 结尾的方法返回一个 Option，以便它们可以安全地应用于空容器
count(pred), forall(pred), exists(pred)	返回满足谓词的元素数量；如果所有元素或至少一个元素满足，则返回 true
filter(pred), filterNot(pred), partition(pred)	返回满足或不满足谓词的所有元素；两者的对偶

续表

方法	说明
takeWhile(pred), dropWhile(pred), span(pred)	返回第一个满足 pred 的元素；除了这些元素之外的其他元素；两者的对偶
take(n), drop(n), splitAt(n)	返回前 n 个元素；除了前 n 个元素之外的所有元素；两者的对偶
takeRight(n), dropRight(n)	返回最后 n 个元素；除了最后 n 个元素之外的其他元素
slice(from, to), view(from, to)	返回从 from 到 to 范围内的元素或其视图
zip(coll2), zipAll(coll2, fill, fill2), lazyZip(coll2), zipWithIndex	返回两个容器中的元素对；参见 13.10 节
grouped(n), sliding(n)	返回长度为 n 的子容器的迭代器；grouped 生成索引从 0 到 n 的元素，然后索引为 n 到 2 * n 的元素，以此类推；sliding 生成索引从 0 到 n 的元素，然后索引从 1 到 n + 1，以此类推
groupBy(k), groupMap(k, m), groupMapReduce(k, m, r)	groupBy 方法对所有元素 x 生成一个键为 k(x) 的映射。每个键对应的值是该键对应元素的容器。groupMap 方法进一步对每个值应用函数 m，groupMapReduce 应用函数 m，然后用 r 对容器进行减少
mkString(before, between, after), addString(sb, before, between, after)	创建一个包含所有元素的字符串，将给定的字符串添加到第一个元素之前、每个元素之间和最后一个元素之后。第二个方法将字符串添加到字符串构建器中
toIterable, toSeq, toIndexedSeq, toArray, toBuffer, toList, toSet, toVector, toMap, to	将容器转换为指定类型的容器

Seq 特质为 Iterable 特质添加了几个方法。表 13-3 列出了其中最重要的几个。

表 13-3 Seq 特质的重要方法

方法	说明
coll(k) (i.e., coll.apply(k))	第 k 个序列元素
contains(elem), containsSlice(seq), startsWith(seq), endsWith(seq)	如果序列中包含给定的元素或序列，则返回 true；是否以给定的序列开始或结束
indexOf(elem), lastIndexOf(elem), indexOfSlice(seq), lastIndexOfSlice(seq)	返回给定元素或元素序列第一次或最后一次出现的索引
indexWhere(pred)	返回第一个满足 pred 的元素的索引
prefixLength(pred), segmentLength(pred, n)	返回满足 pred 的最长元素序列的长度，从 0 或 n 开始
padTo(n, fill)	返回此序列的副本，并附加 fill 直到长度为 n
intersect(seq), diff(seq)	返回序列的“多重”交集或差集。例如，如果 a 包含 5 个 1，b 包含 2 个 1，那么 a intersect b 包含 2 个 1（较小的数量），而 a diff b 包含 3 个 1（差值）

续表

方法	说明
reverse	该序列的逆
sorted, sortWith(less), sortBy(f)	使用元素排序、二元 less 函数或将每个元素映射到一个有序类型的函数 f 进行排序的序列
permutations, combinations(n)	返回一个遍历所有排列或组合（长度为 n 的子序列）的迭代器

注意： 这些方法永远不会改变容器。如果结果是一个容器，则该类型与原始类型相同，或者尽可能接近。（对于 Range 和 BitSet 等类型，结果可能是更一般的序列或集合）这有时被称为“统一返回类型”原则。

13.8 映射函数

你通常会希望转换容器中的所有元素。map 方法可以将一个函数应用于容器，并产生结果的容器。例如，给定一个字符串列表：

```
val names = List("Peter", "Paul", "Mary")
```

你会得到一个大写字符串的列表：

```
names.map(_.toUpperCase) // List("PETER", "PAUL", "MARY")
```

这与以下代码完全相同：

```
n <- names yield n.toUpperCase
```

如果函数产生的是一个容器而非单个值，那么你可能想要拼接所有结果。在这种情况下，可以使用 flatMap。例如，考虑以下函数：

```
def ulcase(s: String) = Vector(s.toUpperCase, s.toLowerCase)
```

那么 names.map(ulcase)结果是：

```
List(Vector("PETER", "peter"), Vector("PAUL", "paul"), Vector("MARY", "mary"))
```

但 names.flatMap(ulcase)结果是：

```
List("PETER", "peter", "PAUL", "paul", "MARY", "mary")
```

提示： 如果将 flatMap 用于一个返回 Option 的函数，那么结果容器将包含函数返回 Some(v)的所有值 v。

例如，给定一个键列表和一个映射，下面是实际存在的匹配值列表：

```
val scores = Map("Alice" -> 10, "Bob" -> 3, "Cindy" -> 8)
val keys = Array("Alice", "Cindy", "Eloïse")
keys.flatMap(k => scores.get(k)) // Array(10, 8)
```

注意： map 和 flatMap 方法很重要，因为它们用于转换 for 表达式。例如，表达式：

```
for i <- 1 to 10 yield i * i
```

被转换为：

```
(1 to 10).map(i => i * i)
```

而：

```
for i <- 1 to 10; j <- 1 to i yield i * j
```

变成：

```
(1 to 10).flatMap(i => (1 to i).map(j => i * j))
```

为什么是 flatMap？请参考本章练习 9。

mapInPlace 方法是 map 的就地等价函数，它应用于可变容器，并将每个元素替换为函数的结果。例如，以下代码将所有缓冲区元素改为大写：

```
val buffer = ArrayBuffer("Peter", "Paul", "Mary")
buffer.mapInPlace(_.toUpperCase)
```

如果你只想应用函数的副作用，而不关心函数的值，可以使用 foreach：

```
names.foreach(println)
```

collect 方法可以与*偏函数*（partial function）一起使用，即不能为所有输入定义的函数。它产生定义它的参数的所有函数值的容器。例如：

```
"-3+4".collect({ case '+' => 1 ; case '-' => -1 }) // Vector(-1, 1)
```

groupBy 方法会生成一个映射，其中它的键是函数值，而它的值是函数值为给定键的元素的容器。例如：

```
val words = ...
val map = words.groupBy(_.substring(0, 1).toUpperCase)
```

会构建一个将"A"映射到所有以 A 开头的单词（以此类推）的映射。

13.9 归约、折叠和扫描 A3

map 方法对容器中的所有元素应用一个一元函数。本节讨论的方法可以将元素与一个二元函数结合起来。调用 c.reduceLeft(op)会对后续的元素执行 op 操作，如下所示：

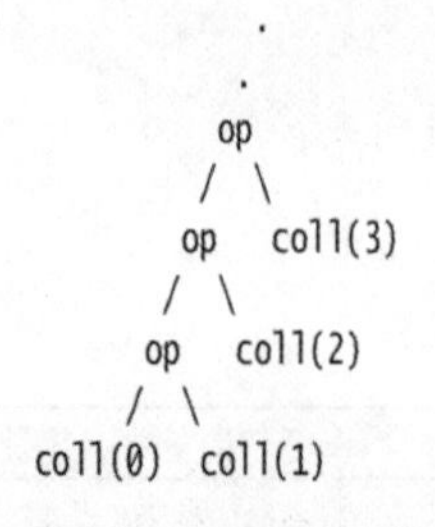

例如，List(1, 7, 2, 9).reduceLeft(_ - _)结果为：

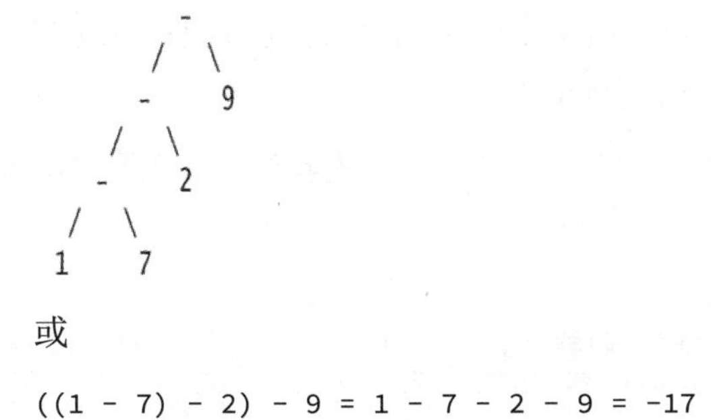

或

```
((1 - 7) - 2) - 9 = 1 - 7 - 2 - 9 = -17
```

`reduceRight` 方法也有同样的功能，但它从容器的末尾开始。例如，`List(1, 7, 2, 9).reduceRight(_ - _)`结果为：

```
1 - (7 - (2 - 9)) = 1 - 7 + 2 - 9 = -13
```

> **注意：** 归约（reduce）假设容器至少有一个元素。要避免可能为空容器的异常，请使用 `reduceLeftOption` 和 `reduceRightOption`。

通常，从容器的第一个元素之外的初始元素开始计算是很有用的。调用 `coll.foldLeft(init)(op)`会计算：

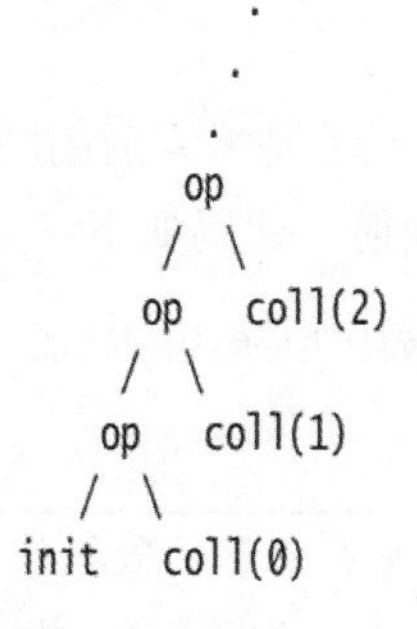

例如，`List(1, 7, 2, 9).foldLeft(0)(_ - _)`结果为：

```
0 - 1 - 7 - 2 - 9 = -19
```

> **注意：** 初始值和运算符是独立的“柯里化”参数，这样 Scala 就可以在运算符中使用初始值的类型进行类型推断。例如，在 `List(1, 7, 2, 9).foldLeft("")(_ + _)`中，初始值是一个字符串，因此运算符必须是一个函数`(String, Int) => String`。

还有一个 `foldRight` 变种，计算如下：

```
       .
        .
         .
         op
        / \
coll(n-3)  op
          / \
   coll(n-2)  op
             / \
      coll(n-1)  init
```

这些例子似乎不是很有用。当然，`coll.reduceLeft(_ + _)`或`coll.foldLeft(0)(_ + _)`会计算总和，但你可以直接使用`coll.sum`得到结果。

折叠（fold）有时作为一个循环的替代比较有吸引力。例如，假设我们想要计算字符串中字母的频率，一种方法是访问每个字母并更新一个可变映射。

```
val freq = scala.collection.mutable.Map[Char, Int]()
for c <- "Mississippi" freq(c) = freq.getOrElse(c, 0) + 1
// 现在 freq 是 Map('i' -> 4, 'M' -> 1, 's' -> 4, 'p' -> 2)
```

下面是思考该过程的另一种方式。在每步中，将频率映射和新遇到的字母结合起来，得到一个新的频率映射。这就是折叠：

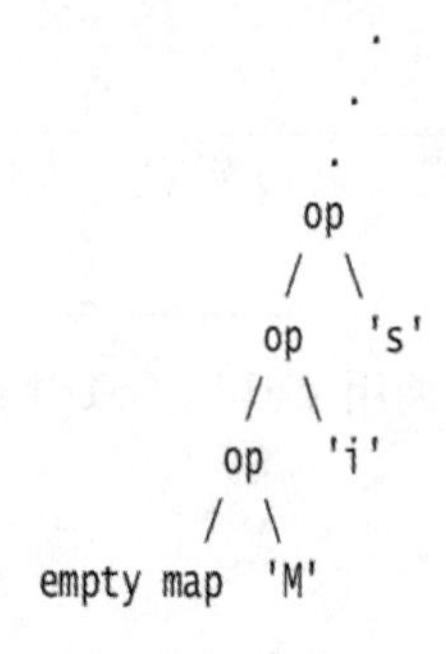

op 是什么？左操作数是部分填充的映射，右操作数是新的字母。结果就是增强后的映射，它成为下一次调用 op 的输入，最后得到的结果是一个包含所有计数的映射。代码如下：

```
"Mississippi".foldLeft(Map[Char, Int]())((m, c) => m + (c -> (m.getOrElse(c, 0) + 1)))
```

注意，这是一个不可变映射。我们在每一步都会计算一个新的映射。

> **注意：** 可以用折叠替换任何 while 循环。构建一个组合循环中更新的所有变量的数据结构，并定义一个实现循环中的一个步骤的 op 操作。我并不是说这总是一个好主意，但你可能会发现有趣的是，循环和改变可以以这种方式消除。

最后，scanLeft 和 scanRight 方法结合了折叠和映射，你会得到所有中间结果的容器。例如：

```
(1 to 10).scanLeft(0)(_ + _)
```

产生所有的部分和：

```
Vector(0, 1, 3, 6, 10, 15, 21, 28, 36, 45, 55)
```

13.10　拉链操作

上一节中的方法对同一个容器中的相邻元素应用操作。有时，你有两个容器，希望结合相应的元素。例如，假设你有一个产品价格和对应数量的列表：

```
val prices = List(5.0, 20.0, 9.95)
val quantities = List(10, 2, 1)
```

zip 方法可以将它们组合成一个对偶的列表。例如：

```
prices.zip(quantities)
```

是一个 List[(Double, Int)]：

```
List[(Double, Int)] = List((5.0, 10), (20.0, 2), (9.95, 1))
```

这种方法被称为“拉链操作”，因为它像拉链的齿一样将两个容器结合在一起。

现在很容易对每个对偶应用一个函数。

```
prices.zip(quantities).map(_ * _)
```

当容器中包含(Double, Int)对时，你可以提供一个类型为(Double, Int) => Double 的函数，这可能令人惊讶。本章练习 7 探讨了这个“元组化”是如何工作的。

结果是一个价格列表：

```
List(50.0, 40.0, 9.95)
```

所有物品的总价是：

```
prices.zip(quantities).map(_ * _).sum
```

如果一个容器比另一个短，则结果中的对数与较短容器中的对数相同。例如：

```
List(5.0, 20.0, 9.95).zip(List(10, 2))
```

结果为：

```
List((5.0, 10), (20.0, 2))
```

zipAll 方法可以让你为较短的列表指定默认值：

```
List(5.0, 20.0, 9.95).zipAll(List(10, 2), 0.0, 1)
```

结果为：

```
List((5.0, 10), (20.0, 2), (9.95, 1))
```

zipWithIndex 方法返回一个对偶的列表，其中第二部分是每个元素的索引。例如：

```
"Scala".zipWithIndex
```

是：

```
Vector(('S', 0), ('c', 1), ('a', 2), ('l', 3), ('a', 4))
```

如果你想计算具有某个属性的元素的索引，这就会很有用。例如：

```
"Scala".zipWithIndex.max
```

是('l', 3)，给出了最大值及其出现的位置。

13.11 迭代器

使用 iterator 方法可以从容器中获得迭代器。这种情况不像 Java 或 C++中那么常见，因为使用前面介绍的方法通常可以更容易地得到所需要的结果。

然而，迭代器对于完整构造比较昂贵的容器非常有用。例如，Source.fromFile 产生一个迭代器，因为将整个文件读入内存可能效率不高。存在一些可以生成迭代器的 Iterable 方法，例如 permutations、grouped 和 sliding。

利用迭代器时，可以使用 next 和 hasNext 方法迭代元素，并在看到足够多的元素时停止：

```
val iter = ... // 某个 Iterator
var done = false
while !done && iter.hasNext do
  done = process(iter.next())
```

注意，迭代器操作会移动迭代器，没有办法将其重置到迭代开始的位置。

如果停止条件很简单，就可以避免使用循环。Iterator 类有很多方法与容器中的方法相同。特别是，除了 head、headOption、last、lastOption、tail、init、takeRight 和 dropRight 之外，13.7 节中列出的所有 Iterable 方法都是可用的。调用 map、filter、count、sum 甚至 length 等方法后，迭代器就会处于容器的末尾，不能再使用。对于 find 或 take 等其他方法，迭代器位于找到的或获取的元素之后。

```
val result = iter.take(500).toList
val result2 = iter.takeWhile(isNice).toList
// isNice 是某个返回 Boolean 的函数。
```

有时，你希望能够在决定是否使用元素之前查看下一个元素。在这种情况下，可以使用 buffered 方法将一个 Iterator 转换为一个 BufferedIterator。head 方法在不推进迭代器的情况下生成下一个元素。

```
val iter = scala.io.Source.fromFile(filename).buffered
while iter.hasNext && iter.head == '#' do
  while iter.hasNext && iter.head != '\n' do
    iter.next
// 现在 iter 指向第一行不以#开头的代码
```

提示： 如果你发现使用迭代器太繁琐，而且不会产生大量的元素，那么只需通过调用 toSeq、toArray、toBuffer、toSet 或 toMap 将元素转储到容器中来实现将值复制到容器中的效果。

13.12　惰性列表 A3

在上一节中，我们看到迭代器是容器的一种“惰性”替代。你可以根据需要获取元素，如果不再需要更多元素，就不需要为计算剩余元素的开销买单。

然而，迭代器很脆弱。每次调用 next 都会改变迭代器。惰性列表（lazy list）提供了一种不可变的替代方案。惰性列表是一种不可变的列表，其中的元素是惰性计算的，也就是说，只在请求它们时才计算。

以下是一个典型的示例：

```
def numsFrom(n: BigInt): LazyList[BigInt] = { log(n) ; n } #:: numsFrom(n + 1)
```

#::运算符类似于列表的::运算符，但它构造的是一个惰性列表。

利用普通的列表是做不到的。当 numsFrom 函数递归地调用自己时，会出现栈溢出。使用惰性列表，#::左边和右边的表达式只在需要的时候执行。

当你调用：

```
val tenOrMore = numsFrom(10)
```

会得到一个惰性列表，显示为：

```
LazyList(<not computed>)
```

其元素没有计算，日志中也没有任何显示。如果你调用：

```
tenOrMore.tail.tail.tail.head
```

那么结果将是 13，并且日志会显示：

```
10 11 12 13
```

惰性列表会缓存计算的头（head）值。如果你再次调用：

```
tenOrMore.tail.tail.tail.head
```

那么无须再次调用 log 即可得到结果。

当将一个方法应用到一个产生另一个列表的惰性列表上时，例如 map 或 filter，结果也是惰性的。例如：

```
val squares = numsFrom(1).map(x => x * x)
```

产生：

```
LazyList(<not computed>)
```

你必须调用 squares.head 来强制计算第一个条目。

如果想得到多个结果，可以先调用 take，再调用 force，它会强制计算所有的值。例如：

```
squares.take(5).force
```

会产生 LazyList(1, 4, 9, 16, 25)。

当然，你不会想调用：

```
squares.force // 千万别这么做!
```

该调用将试图对无限列表的所有成员求值，最终导致 OutOfMemoryError。

你可以利用迭代器构造一个惰性列表。例如，Source.getLines 方法会返回一个 Iterator[String]。使用该迭代器，每行只能访问一次。惰性列表会缓存访问过的行，以便你可以再次访问它们：

```
val words = Source.fromFile("/usr/share/dict/words").getLines.to(LazyList)
```

前面已经看到，map 和 filter 等方法在惰性列表上是按需计算的。对其他容器应用 view 方法也可以得到类似的效果。例如：

```
val palindromicSquares = (1 to 1000000).view
  .map(x => x * x)
  .filter(x => x.toString == x.toString.reverse)
```

产生一个未求值的容器。当调用：

```
palindromicSquares.take(10).mkString(",")
```

时，会生成足够多的平方，直到找到 10 个回文，然后停止计算。

与惰性列表不同，视图不缓存任何值。如果再次调用 palindromicSquares.take(10).mkString(",")，计算会重新开始。

13.13　与 Java 容器的互操作性

有时，你可能需要使用 Java 容器，为此你可能会错过 Scala 容器提供的丰富的方法。相反，你可能想构建一个 Scala 容器，然后将其传递给 Java 代码。CollectionConverters 对象提供了 Scala 和 Java 容器之间的转换。

例如：

```
import scala.jdk.CollectionConverters.*
```

表 13-4 展示了从 Scala 到 Java 容器的转换。

表 13-4　Scala 容器和 Java 容器之间的转换

转换函数	scala.collection 中的类型	类型（通常在 java.util 中）
asJava/asScala	Iterable	java.lang.Iterable
asJavaCollection/asScala	Iterable	Collection
asJava/asScala	Iterator	Iterator
asJavaEnumeration/asScala	Iterator	Enumeration
asJava/asScala	mutable.Buffer	List
asJava	Seq, mutable.Seq	List
asJava/asScala	mutable.Set	Set
asJava	Set	Set
asJava/asScala	mutable.Map	Map
asJava	Map	Map
asJavaDictionary/asScala	Map	Dictionary
asJava/asScala	concurrent.Map	concurrent.ConcurrentMap

注意，转换产生的包装器让你可以使用目标接口来访问原始类型。例如，如果你使用：

```
val props = System.getProperties.asScala
```

那么，props 是一个包装器，它的方法调用底层 Java 对象的方法。如果调用：

```
props("com.horstmann.scala") = "impatient"
```

那么包装器会在底层的 Properties 对象上调用 put("com.horstmann.scala", "impatient")。

要将 Scala 容器转换为 Java 流（顺序流或并行流），从以下语句开始：

```
import scala.jdk.StreamConverters.*
```

然后使用以下方法之一：

- asJavaSeqStream、asJavaParStream 用于序列、映射或字符串；
- asJavaParKeyStream、asJavaParValueStream 用于映射；
- asJavaSeqCodePointStream、asJavaParCodePointStream 用于字符串的代码点；
- asJavaSeqCharStream、asJavaParCharStream 用于字符串的 UTF-16 代码单元。

如果元素是基本类型，那么得到的 Java 流是 DoubleStream、IntStream 或 LongStream。

要将 Java 流转换为 Scala 容器，可以使用 toScala 方法并传入容器类型。

```
val lineBuffer = Files.lines(Path.of(filename)).toScala(Buffer)
```

练习

1. 编写一个函数，给定一个字符串，生成所有字符索引的映射。例如，indexes("Mississippi") 应该返回一个映射，其中会将'M'与集合{0}关联，将'i'与集合{1,4,7,10}关联，以此类推。使用一个将字符映射到可变集合的可变映射。如何确保集合是有序的呢？
2. 重复前一练习，使用一个字符到列表的不可变映射。
3. 编写一个函数，对 ListBuffer 中的元素每隔一个元素进行删除。一种方法是从列表末尾开始，对所有的偶数 i 调用 remove(i)。另一种是每隔一个元素复制到一个新列表中。尝试这两种方法，并比较二者的性能。
4. 编写一个函数，接收一个字符串容器和一个字符串到整数的映射。返回一个整数容器，该容器是映射的值，对应于容器中的某个字符串。例如，给定 Array("Tom", "Fred", "Harry")和 Map("Tom" -> 3, "Dick" -> 4, "Harry" -> 5)，返回 Array(3, 5)。（提示：使用 flatMap 合并 get 返回的 Option 值。）
5. 使用 reduceLeft 实现一个与 mkString 类似的函数。
6. 给定一个整数列表 lst，lst.foldRight(List[Int]())(_ :: _)结果是什么？lst.foldLeft(List[Int]())(_ :+ _)的结果呢？如何修改其中一个，使列表反转呢？
7. 在 13.10 节中，prices.zip(quantities).map(_ * _)工作的原因并不明显。不应该

是 prices.zip(quantities).map(t => t(0) * t(1))吗？毕竟，map 的参数是一个只有单个参数的函数。通过传递函数((Double, Int)) => Double 来验证这一点。Scala 编译器会将表达式_ * _转换为一个带有单个元组参数的函数。探索这种情况发生的上下文，它适用于具有显式参数(x: Double, y: Int) => x * y 的函数字面量吗？可以将一个字面量赋值给类型为((Double, Int)) => Double 的变量吗？

相反，如果传递一个类型为(Double, Int) => Double 的变量 f，即 prices.zip(quantities).map(f)，会发生什么？如何解决这个问题？（提示：tupled）。tupled 可以用于函数字面量吗？

8. 编写一个函数，将一个 Double 数组转换为一个二维数组，并为列数提供一个参数。例如，对于 Array(1, 2, 3, 4, 5, 6)和 3 列，返回 Array(Array(1, 2, 3), Array(4, 5, 6))。要求使用 grouped 方法。

9. Scala 编译器会将一个 for/yield 表达式 for i <- 1 to 10; j <- 1 to i yield i * j 转换为对 flatMap 和 map 的调用，如下所示：

```
(1 to 10).flatMap(i => (1 to i).map(j => i * j))
```

解释 flatMap 的用法。（提示：当 i 为 1、2、3 时，(1 to i).map(j => i * j)结果是什么？）

如果 for/yield 表达式中有 3 个生成器，会发生什么？

10. 编写一个函数，计算一个 List[Option[Int]]中所有非 None 值的和。（提示：flatten。）

11. java.util.TimeZone.getAvailableIDs 方法产生诸如 Africa/Cairo 和 Asia/Chungking 的时区。哪个洲的时区最多？（提示：groupBy。）

12. 生成一个由随机数组成的惰性列表。（提示：continually。）

13. 函数 f 的不动点（fixed point）是一个使 f(x) == x 的参数 x。有时，这种方式可能找得到不动点，即从值 a 开始然后计算 f(a)、f(f(a))、f(f(f(a)))等，直到序列收敛到一个不动点 x。我从个人经验中碰巧知道这一点。由于对数学课感到无聊，我不停地在弧度模式下按计算器的余弦键，很快就得到了使 cos(x) == x 的值。

生成迭代函数应用的惰性列表，并搜索相同的连续值。（提示：sliding(2)。）

第 14 章

模式匹配 A2

模式匹配（Pattern matching）是一种具有大量应用的强大机制：switch 语句、类型查询和“解构”（获取复杂表达式的一部分）。本章介绍了 match 表达式的多种形式，以及偏函数和 for 循环中的 case 语法。你将学习一些特别适用于模式匹配的 case 类。

本章重点内容如下：

- match 表达式是一种更好的 switch，它不会出现贯通问题。
- 如果没有模式匹配，则抛出 MatchError。可以使用 case _模式来避免这种情况。
- 模式可以包含任意的条件，称为守卫（guard）。
- 可以匹配表达式的类型，这比使用 isInstanceOf/asInstanceOf 更好。
- 可以匹配数组、元组和 case 类的模式，并将模式的部分内容绑定到变量。
- 在 for case 表达式中，非匹配项会被静默跳过。
- case 类是编译器自动生成模式匹配所需方法的类。
- case 类层级结构中的公有超类应该是 sealed 的。
- 可以将 case 类的密封层级结构声明为一个参数化的 enum。
- 一系列 case 子句会产生一个偏函数，即一个没有为所有参数定义的函数。
- 当 unapply 方法生成对偶时，可以在 case 子句中使用中缀表示法。

14.1 更好的 switch

下面是 Scala 中与 C 风格的 switch 语句等价的代码：

```
val ch: Char = ...
var sign = 0
ch match
  case '+' => sign = 1
  case '-' => sign = -1
  case _ => sign = 0
```

与 default 等价的是包罗万象的 case _模式，有这样一个包罗万象的模式是个不错的主意。如果没有模式匹配，则抛出一个 MatchError。

与 switch 语句不同，Scala 的模式匹配不会出现“贯通”问题。（在 C 及其派生语言中，必须使用显式的 break 语句在每个分支结束时退出 switch，否则将贯通到下一个分支。这很烦人，也容易出错。）

注意： 在《C 专家编程》（*Expert C Programming: Deep C Secrets*）这本有趣的图书中，彼得·范德林登（Peter van der Linden）对大量 C 代码进行了研究，其中 97%的情况下都不需要贯通行为。

与 if 类似，match 也是一个表达式，而不是语句。上述代码可以简化为：

```
val sign = ch match
  case '+' => 1
  case '-' => -1
  case _ => 0
```

使用|来分隔多个选项：

```
prefix match
  case "0x" | "0X" => 16
  case "0" => 8
  case _ => 10
```

match 语句可以用于任何类型。例如：

```
color match
  case Color.RED => 0xff0000
  case Color.GREEN => 0xff00
  case Color.BLUE => 0xff
```

14.2　守卫

假设我们想扩展示例以匹配所有数字。在 C 风格的 switch 语句中，你可以简单地添加多个 case 标签，例如 case '0': case '1': ... case '9':。（当然，不能使用...，必须明确地写出所有 10 种情况。）在 Scala 中，可以在模式中添加守卫（guard）子句，如下所示：

```
ch match
  case _ if Character.isDigit(ch) => number = 10 * number + Character.digit(ch, 10)
  case '+' => sign = 1
  case '-' => sign = -1
```

守卫子句可以是任何布尔条件。

模式总是自上而下地进行匹配。如果带有守卫子句的模式不匹配，那么接下来会尝试 case '+'模式。

14.3　模式中的变量

如果 case 关键字后面跟着变量名，则将匹配表达式赋值给该变量。例如：

```
str(i) match
  case '+' => sign = 1
  case '-' => sign = -1
  case d => number = number * 10 + Character.digit(d, 10)
```

可以将 case _看作这个特性的一个特例，其中变量名是_。

可以在守卫中使用这个变量名：

```
str(i) match
  case '+' => sign = 1
  case '-' => sign = -1
  case d if Character.isDigit(d) => number = 10 * number + Character.digit(d, 10)
```

警告：不幸的是，变量模式可能会与常量冲突，例如：

```
import scala.math.*
4 * a / (c * c) match
  case Pi => "a circle" // Pi equals 4 * a / (c * c)
  case q => f"not a circle, quotient $q%f" // q set to 4 * a / (c * c)
```

Scala 怎么知道 Pi 是常量而不是变量呢？规则是，变量必须以小写字母开头。要匹配以小写字母开头的名称，请将其括在反引号中：

```
import java.io.File.* // 导入java.io.File.separatorChar
ch match
  case `separatorChar` => '\\' // ch等于java.io.File.separatorChar
  case _ => ch
```

14.4 类型模式

可以根据表达式的类型进行匹配，例如：

```
obj match
  case x: Int => x
  case s: String => Integer.parseInt(s)
  case _: BigInt => Int.MaxValue
  case _ => 0
```

在 Scala 中，这种形式比 isInstanceOf 操作符更可取。

注意模式中的变量名。在第一个模式中，匹配项绑定为 Int 类型的 x，在第二个模式中，匹配项绑定为 String 类型的 s。不需要进行 asInstanceOf 强制转换！

警告：匹配类型时，必须提供变量名。否则，将匹配对象：

```
obj match
  case _: BigInt => Int.MaxValue // 匹配任何BigInt类型的对象
  case BigInt => -1 // 匹配Class类型的BigInt对象
```

匹配会按照 case 子句的顺序进行。当编译器检测到子句不可达时，将导致编译时错误：

```
ex match
  case _: RuntimeException => "RTE"
  case _: NullPointerException => "NPE" // Error: unreachable case
  case _: IOException => "IOE"
  case _: Throwable => ""
```

此处，第二个 case 子句被第一个 case 子句遮蔽，因为 NullPointerException 是 RuntimeException 的子类型。

类似地，以下也是错误的：

```
obj match
  case s: String => Double.parseDouble(s)
  case null => Double.NaN
```

null 会匹配第一个 case。

在这两个例子中，解决方法都是重新排列 case，把更具体的 case 放在首位。

警告： 匹配发生在运行时，泛型类型会在 Java 虚拟机中被擦除。因此，不能为特定的 Map 类型执行类型匹配。

```
case m: Map[String, Int] => ... // 不行
```

你可以匹配一个泛型映射：

```
case m: Map[_, _] => ... // OK
```

但是，数组不会被擦除，因此可以匹配 Array[Int]。

14.5 Matchable 特质

有些类型是不可匹配的。例如，Scala 库有一个 IArray 类型用于表示不可变数组：

```
val smallPrimes = IArray(2, 3, 5, 7, 11, 13, 17, 19)
```

其底层类型是一个 Java 虚拟机数组，因此以下匹配在允许的情况下会在运行时成功，并允许改变：

```
smallPrimes match
  case a: Array[Int] => a(1) = 4
```

这个问题的解决方法如下。只有扩展了 Matchable 特质的类型的值才应该参与模式匹配。从第 8 章的层级结构图可以看出，AnyVal 和 AnyRef 都扩展了 Matchable，而像 IArray 这样的类型则不然。

根据 Scala 版本和编译器标志的不同，如果编译器不能证明匹配的值是 Matchable，可能会得到一个警告或错误。

在这种情况下，可以调用 asInstanceOf[Matchable]来让编译器满意。当使用 Any 类型的变量时，会发生这种情况，因为有些类型扩展了 Any，但没扩展 Matchable。一个典型

的例子是这个 equals 方法：

```
class Bounded(var value: Int, to: Int) :
  ...
  override def equals(other: Any) =
    other match
      case that: Bounded => value == that.value && to == that.to
      case _ => false
```

如果启用了匹配检查，代码将无法编译。你需要使用：

```
other.asInstanceOf[Matchable] match
```

为什么如此麻烦？考虑这些不透明类型。（关于不透明类型的更多信息，请参考第 18 章。）

```
opaque type Minute = Bounded
def Minute(m: Int) = Bounded(m, 60)

opaque type Second = Bounded
def Second(m: Int) = Bounded(m, 60)
```

在运行时，Minute(10)和 Second(10)都是具有相同状态的 Bounded 实例，因此它们比较的结果为相等。

当然，asInstanceOf 强制转换并不能解决这个问题，但至少你现在警觉了，可以寻找其他解决方案，例如使用以下代码编译：

```
import scala.language.strictEquality
```

14.6 匹配数组、列表和元组

要将数组与其内容进行匹配，可以在模式中使用 Array 表达式，如下所示：

```
arr match
  case Array(0) => "0"
  case Array(x, y) => s"$x $y"
  case Array(0, _*) => "0 ..."
  case _ => "something else"
```

第一个模式匹配包含 0 的数组。第二个模式匹配任何包含两个元素的数组，并将变量 x 和 y 绑定到这些元素上。第三个模式匹配任何以 0 开头的数组。

如果你想给变量绑定一个_*匹配，那么在变量名后面加一个*：

```
case Array(0, rest*) => rest.min
```

变量被设置为一个包含匹配值的 Seq。

你可以使用与匹配数组相同的方式匹配列表，使用 List 表达式。或者，你可以使用::运算符：

```
lst match
  case 0 :: Nil => "0"
```

```
  case x :: y :: Nil => s"$x $y"
  case 0 :: tail => "0 ..."
  case _ => "something else"
```

对于元组，请在模式中使用元组表示法：

```
pair match
  case (0, _) => "0 ..."
  case (y, 0) => s"$y 0"
  case _ => "neither is 0"
```

还可以匹配头部和尾部：

```
longerTuple match
  case h *: t => s"head is $h, tail is $t"
  case _: EmptyTuple => "empty"
```

注意 `EmptyTuple` 对象。不能使用`()`，因为它是 `Unit` 字面量。

再次注意，变量是如何绑定到列表或元组的一部分的。这些绑定使你可以方便地访问复杂结构的一部分，因此该操作称为解构（destructuring）。

警告：这与 14.3 节中的警告相同。模式中使用的变量名必须以小写字母开头。在对 `case Array(X, Y)`的匹配中，`X` 和 `Y` 被视为常量，而不是变量。

注意：模式可以有替代项：

```
pair match
  case (_, 0) | (0, _) => ... // 如果一个元素是零就匹配
```

但是，你不能使用除下划线以外的变量：

```
pair match
  case (x, 0) | (0, x) => ... // 错误–不能绑定到其他量
```

14.7　提取器

在上一节中，你已经看到了模式如何匹配数组、列表和元组。这些功能由提取器（extractor）提供，提取器是带有一个 `unapply` 或 `unapplySeq` 方法的对象，后者可以从匹配的值中提取值。这些方法的实现将在第 11 章介绍。`unapply` 方法提取固定数量的值，而 `unapplySeq` 提取一个长度可变的序列。

例如，考虑以下表达式：

```
arr match
  case Array(x, 0) => x
  case Array(_, rest*) => rest.min
  ...
```

`Array` 伴生对象是一个提取器——它定义了一个 `unapplySeq` 方法，该方法使用匹配

的表达式进行调用，而不是用模式中的参数进行调用。调用 Array.unapplySeq(arr)会产生一个值序列，即数组中的值。在第一种情况下，如果数组的长度为 2，且第二个元素为 0，则匹配成功。在这种情况下，数组的初始元素被赋值给 x。不会发生调用 Array(x, 0)的情况。

正则表达式提供了一种更有趣的提取器用法。当正则表达式具有组时，可以使用提取器模式来匹配每个组。例如：

```
val pattern = "([0-9]+) ([a-z]+)".r
"99 bottles" match
  case pattern(quantity, item) => s"{ quantity: $quantity, item: $item }"
    // 将quantity设置为"99"，item设置为"bottles"
```

调用 pattern.unapplySeq("99 bottles")产生一个匹配组的字符串序列，它们被赋值给变量 quantity 和 item。

注意，此处的提取器不是一个伴生对象，而是一个正则表达式对象。

通用语法如下：

```
value match
  case extractor(pattern1, . . . , patternn) => ...
```

为了检查这个分支是否匹配，可以进行以下调用：

extractor.unapply(*value*)

或

extractor.unapplySeq(*value*)

如果调用失败，则匹配失败。

否则，调用将生成匹配模式的提取值。如果模式没有足够的值，则匹配失败。如果模式是一个常量，那么它必须匹配对应的值，否则匹配失败。如果模式是一个变量，则将对应的值赋给变量。

允许的返回类型规则有点复杂，详见第 11 章。对于表示成功和失败，以及生成提取的值，都有一定的范围。这些细节只与提取器的实现者有关。

14.8 变量声明中的模式

在前面几节中，我们在 match 表达式中使用了模式。也可以对变量声明使用模式。例如：

```
val (a, b) = (1, 2)
```

同时定义 a 为 1、b 为 2。这对于返回对偶的函数很有用，例如：

```
val (q, r) = BigInt(10) /% 3
```

/%方法返回一个商和余数的对偶，分别存储在变量 q 和 r 中。

同样的语法也适用于提取器模式。例如

```
val Array(0, second, rest*) = arr
```

如果 arr 的元素少于两个，或者 arr(0) 不为零，则抛出一个 MatchError。否则，second 变为 a(1)，而 rest 设置为剩余元素的 Seq。

警告：这与 14.3 节中的警告相同。变量模式必须以小写字母开头。在声明 val Array(Pi, x, _*) = arr 中，Pi 被视为常数，x 被视为变量。如果数组至少有两个元素，且 arr(0) == Pi，则 x 被设置为 arr(1)。

注意：从技术上来讲，

val *extractor*(*pattern*$_1$, ..., *pattern*$_n$) = *value*

等同于：

value match { *extractor*(*pattern*$_1$, ..., *pattern*$_n$) => () }

如前一节所述，会调用 *extractor*.unapply(*value*) 或 *extractor*.unapplySeq(*value*)。如果结果显示失败，则抛出 MatchError。否则，模式将与提取的值进行匹配。你甚至不需要在左边写变量。例如，val 2 = b 是完全合法的 Scala 代码，前提是 b 已经在其他地方定义。它与 b match { case 2 => () } 相同。换句话说，它等价于 if !(2 == b) then throw MatchError()。

14.9　for 表达式中的模式

你可以在 for 表达式中使用带有变量的模式。对于每一个遍历的值，变量都会被绑定。这使得遍历映射成为可能：

```
import scala.jdk.CollectionConverters.*
  // 将 Java Properties 转换为 Scala 映射——仅为得到一个有趣的例子
for (k, v) <- System.getProperties.asScala do
  println(s"$k -> $v")
```

对于映射中的每个对偶，k 与键绑定，v 与值绑定。

如果<-的左边没有包含变量模式，那么匹配可能会失败。在这种情况下，使用 for case 而不是 for。这样任何匹配失败都会被跳过。例如，下面的循环生成所有值为"UTF-8"的键，跳过其他所有键：

```
for case (k, "UTF-8") <- System.getProperties.asScala
  yield k
```

注意：如果你使用 for 而不是 for case，Scala 的未来版本将会在匹配失败时抛出 MatchError。

你也可以使用守卫。注意 if 子句的位置：

```
for (k, v) <- System.getProperties.asScala if v == "UTF-8"
  yield k
```

14.10 样例类

样例类是一种特殊的类，专门针对模式匹配进行优化。在该例子中，我们有两个样例类，它们扩展了一个普通（非样例）类：

```
abstract class Amount
case class Dollar(value: Double) extends Amount
case class Currency(value: Double, unit: String) extends Amount
```

你也可以为单例创建样例对象：

```
case object Nothing extends Amount
```

当我们有一个 Amount 类型的对象时，可以使用模式匹配来匹配 Amount 类型，并将属性值绑定到变量上：

```
amt match
case Dollar(v) => s"$$$v"
case Currency(_, u) => s"Oh noes, I got $u"
case Nothing => ""
```

注意：对于样例类实例使用()，对于样例对象不要使用括号。

注意：Option 类型有两个子类型 Some 和 None，分别是样例类和样例对象。你可以使用模式匹配来分析 Option 的值：

```
scores.get("Alice") match
  case Some(score) => println(score)
  case None => println("No score")
```

在声明样例类时，会自动发生几件事。

- 构造函数的每个参数都变成了 val，除非显式声明为 var（不推荐这样）。
- 为伴生对象提供了一个 apply 方法，让你可以在没有 new 的情况下构造对象，例如 Dollar(29.95)或 Currency(29.95, "EUR")。
- 提供了一个 unapply 方法，使模式匹配能够正常工作。
- 除非你提供了 toString、equals、hashCode 和 copy 方法，否则会生成它们。

除此之外，样例类和其他类没什么区别。可以向它们添加方法和字段，扩展它们，等等。

警告：样例类不能扩展另一个样例类。如果你需要多层继承来提取样例类的共同行为，那么只能将继承树的叶子节点设为样例类。

样例类的 copy 方法会创建一个与现有对象值相同的新对象。例如：

```
val price = Currency(29.95, "EUR")
var discounted = price.copy()
```

这本身没什么用，毕竟 Currency 对象是不可变的，而且可以共享对象引用。不过，你可

以使用命名参数来修改某些属性：

```
discounted = price.copy(value = 19.95) // Currency(19.95, "EUR")
```

或

```
discounted = price.copy(unit = "CHF") // Currency(29.95, "CHF")
```

注意： 在类型论中，样例类称为乘积类型（product type），因为它的值集是组成类型的值集的“笛卡儿乘积”。如果值集是有限的，一个样例类可以假设的可能值的数量实际上是组成类型大小的乘积。举个例子：

```
enum Rank { case ACE, TWO, THREE, FOUR, FIVE, SIX, SEVEN,
  EIGHT, NINE, TEN, JACK, QUEEN, KING } // 13个值
enum Suit { case DIAMONDS, HEARTS, SPADES, CLUBS } // 4个值
case class Card(r: Rank, s: Suit) // 13×4 = 52个值
```

每个样例类都扩展了 Product 特质，并具有方法_1、_2 等来访问元素：

```
val price = Currency(100, "CHF")
price._1 // 100
price._2 // "CHF"
```

注意： 样例类的 unapply 方法很简单，它只返回参数：

```
Currency.unapply(price) == price
```

要了解其工作原理，请仔细研究第 11 章中关于 unapply 方法的高级规则。如果提取总是成功，那么 unapply 方法不必返回一个 Option，而可以返回任何 Product 实例。这些值可以通过方法_1、_2 等来提取。

14.11　匹配嵌套结构

样例类经常用于嵌套结构。例如，考虑商店出售的商品。有时，我们将商品捆绑在一起以提供折扣。

```
abstract class Item
case class Article(description: String, price: Double) extends Item
case class Bundle(description: String, discount: Double, items: Item*) extends Item
```

当然，你也可以指定嵌套对象：

```
val wish = Bundle("Father's day special", 20.0,
  Article("Scala for the Impatient", 39.95),
  Bundle("Anchor Distillery Sampler", 10.0,
    Article("Old Potrero Straight Rye Whiskey", 79.95),
    Article("Junípero Gin", 32.95)))
```

模式可以匹配特定的嵌套，例如：

```
case Bundle(_, _, Article(descr, _), _*) => ...
```

如果 Bundle 的第一项是 Article，则会匹配，然后将 descr 绑定到 description。

可以使用@符号将嵌套的值绑定到变量：

```
case Bundle(_, _, art @ Article(_, _), _*) => ...
```

现在，art 是 Bundle 中的第一个物品。

作为一个应用，下面是一个计算商品价格的函数：

```
def price(it: Item): Double = it match
  case Article(_, p) => p
  case Bundle(_, disc, its*) => its.map(price _).sum - disc
```

该例子可能会激怒面向对象纯粹主义者。难道 price 不应该是一个超类的方法吗？难道每个子类不应该重写它吗？多态不是比在每个类型上切换更好吗？

在许多情况下，这是正确的。如果有人提出其他类型的 Item，则需要重新查看所有 match 子句。在这种情况下，样例类不是正确的解决方案。

另一方面，如果你知道样例数量有限，样例类就可以很好地工作。使用 match 表达式通常比使用多态更方便。在下一节中，你将看到如何确保你了解所有的样例。

14.12 密封类

当对样例类使用模式匹配时，你会希望编译器检查你是否穷尽了所有的替代方法。要实现这一点，需要将共同超类声明为密封的：

```
sealed abstract class Amount
case class Dollar(value: Double) extends Amount
case class Currency(value: Double, unit: String) extends Amount
```

密封类（sealed class）的所有子类都必须与类本身定义在同一个文件中。例如，如果有人想为欧元添加另一个类：

```
case class Euro(value: Double) extends Amount
```

它们必须在声明 Amount 的文件中执行此操作。

当一个类是密封类时，它的所有子类在编译时就知道了，这样编译器就可以检查模式子句的完整性。样例类扩展一个密封类或特质是一个不错的主意。

注意： Option 类是一个密封类，它有两个子类型：样例类 Some 和样例对象 None。

在密封类的层级结构中，编译器可以检查匹配是否是穷尽的：

```
scores.get("Alice") match
  case Some(score) => println(score)
  case None => println("No score")
```

如果省略第二个样例，编译器会发出警告。你可以使用@unchecked 注解来取消警告：

```
(scores.get("Alice"): @unchecked) match
  case Some(score) => println(score)
```

14.13　参数化枚举

作为密封类层级结构的替代方案，可以使用参数化枚举（parameterized enumeration）：

```
enum Amount :
  case Dollar(value: Double)
  case Currency(value: Double, unit: String)
  case Nothing
```

这和第 6 章中的枚举类似。然而，Dollar 和 Currency 样例有参数。它们会被转换成样例类，第 3 个样例会转换成一个样例对象。

注意，样例类嵌套在枚举类型中。用户通过 Amount.Dollar、Amount.Currency 和 Amount.None 来访问它们。

和所有枚举一样，可以给抽象的 enum 类添加方法，但不能给子类添加方法。你也可以给伴生对象添加方法：

```
object Amount :
  def euros(value: Double) = if value == 0 then Nothing else Currency(value, “EUR”)
```

枚举可以有类型参数。例如，Option 可以定义为枚举：

```
enum Option[+T] :
  case Some(value: T)
  case None

  def get = this match
    case Some(v) => v
    case None => throw NoSuchElementException()
```

类型参数会自动应用到每个样例类。

注意：在不寻常的情况下，不是所有的样例类都有类型参数变体，样例类可以声明自己的：

```
enum Producer[-T] :
  case Constant[U](value: U) extends Producer[U]
  case Generator[U](next: () => U) extends Producer[U]
```

注意：在类型论中，Amount 类型被认为是 3 个替代方案 Currency、Dollar 和 Nothing 的总和。它们都是乘积类型，而作为乘积总和的 Amount 称为代数数据类型（algebraic data type）。

使用样例类层级结构时，通常不需要知道这个术语。不过，第 20 章会介绍分析总和与乘积类型的工具。

14.14 偏函数 A3

样例子句序列可以转换为一个偏函数（partial function）——一个不能为所有输入都定义的函数。它是 PartialFunction[P, R]类的一个实例。（P 是参数类型，R 是返回类型。）该类有两个方法：apply 和 isDefinedAt，前者根据匹配模式计算函数值，后者在输入至少匹配一个模式时返回 true。

例如：

```
val f: PartialFunction[Char, Int] =
  case '+' => 1
  case '-' => -1
f('-') // Calls f.apply('-'), returns -1
f.isDefinedAt('0') // false
f('0') // 抛出 MatchError
```

IterableOps 特质的 collect 方法对定义它的所有元素应用偏函数，并返回结果序列。

```
"-3+4".collect({ case '+' => 1 ; case '-' => -1 }) // Vector(-1, 1)
```

case 序列必须位于编译器能够推断返回类型的上下文中。当将其赋值给类型化变量或将其作为参数传递时，就会发生这种情况。

注意： 你也可以将 case 序列转换为 Function[P, R]。然而，函数缺少 isDefinedAt 方法，因此用户不知道什么时候调用是安全的。如果 case 子句是穷尽的，那就没有问题。这里，一个 Function[Char, Int]被传递给 map 方法：

```
"-3+4".map({ case '+' => 1 ; case '-' => -1; case _ => 0 })
  // Vector(-1, 0, 1, 0)
```

Seq[A]是一个 PartialFunction[Int, A]，而 Map[K, V]是一个 PartialFunction[K, V]。例如，你可以把一个映射传递给 collect：

```
val names = Array("Alice", "Bob", "Carmen")
val scores = Map("Alice" -> 10, "Carmen" -> 7)
names.collect(scores) // 产生 Array(10, 7)
```

lift 方法将 PartialFunction[T, R]转换为具有 Option[R]返回类型的普通函数。

```
val f: PartialFunction[Char, Int] = { case '+' => 1 ; case '-' => -1 }
val g = f.lift // 一个类型为 Char => Option[Int]的函数
g('-') // Some(-1)
g('*') // None
```

在第 9 章中，我们看到 Regex.replaceSomeIn 方法需要一个函数 String => Option[String]来进行替换。如果你有一个映射（或其他 PartialFunction），那么可以使用 lift 来生成这样的函数：

```
val varPattern = """\{([0-9]+)}""".r
```

```
val message = "At {1}, there was {2} on {0}"
val vars = Map("{0}" -> "planet 7", "{1}" -> "12:30 pm",
  "{2}" -> "a disturbance of the force")
val result = varPattern.replaceSomeIn(message, m => vars.lift(m.matched))
```

相反，你可以通过调用 Function.unlift 将返回 Option[R]的函数转换为偏函数。

注意：try 语句的 catch 子句可以是一个偏函数，而不是 case 子句序列：

```
def tryCatch[T](block: => T, catcher: PartialFunction[Throwable, T]) =
  try
    block
  catch catcher
```

然后你可以提供一个自定义 catch 子句，如下所示：

```
val result = tryCatch(str.toInt, { case _: NumberFormatException => -1 })
```

14.15 case 子句中的中缀表示法 L2

当 unapply 方法生成一个对偶时，可以在 case 子句中使用中缀表示法。特别是，对于有两个参数的样例类，可以使用中缀表示法。例如：

```
price match
  case value Currency "CHF" => ... // 等同于case Currency(value, "CHF")
```

当然，这是一个愚蠢的例子。下面是一个 Scala API 的例子。每个 List 对象要么是 Nil，要么是名为::的样例类的实例。

```
case class List[E]
```

和所有样例类一样，::伴生对象也自动有一个 unapply 方法。由于存在两个实例变量，unapply 会产生一个对偶，并可以用于中缀位置。这就是你可以使用::来解构的原因：

```
lst match
  case h :: t => ... // 等同于case ::(h, t)，它调用了::.unapply(lst)
```

如果中缀提取器以冒号结尾，它将从右向左结合。例如：

```
case first :: second :: rest
```

意味着：

```
case ::(first, ::(second, rest))
```

举另一个例子，假设你想从一个形如 n/d 的 Fraction 对象中提取分子和分母，这实现起来很容易，只需定义一个对象，将其巧妙地命名为/，并添加一个 unapply 方法：

```
object Fraction :
  object / :
    def unapply(input: Fraction) = (input.num, input.den)

import Fraction./
```

/对象必须放在 Fraction 伴生对象中，才能访问私有的 num 和 den 实例变量。

现在你可以这样写：

```
Fraction(3, 4) * Fraction(5, 6) match
  case n / d => n * 1.0 / d
```

此处，第一个/是具有 unapply 方法的 Fraction./对象。第二个/是除法运算符。

注意，这个例子没有涉及样例类。对于中缀提取，两个模式之间的符号可以是具有 unapply 方法的任何对象。

练习

1. Java 开发工具包发行版的 src.zip 文件中包含 JDK 的大部分源代码。解压并搜索样例标签（正则表达式 case [^:]+:）。然后查找以//开头且包含[Ff]alls? thr 的注释，以此来捕获诸如// Falls through 或// just fall thru 这样的注释。假设 JDK 程序员遵循 Java 代码规范，要求添加这样的注释，那么有多少比例的样例会贯通呢？
2. 使用模式匹配编写一个函数 swap，它接收一对整数，并返回交换后的整数对。
3. 使用模式匹配编写一个 swap 函数，在数组长度至少为 2 的情况下，对数组的前两个元素进行交换。
4. 添加一个样例类 Multiple，它是 Item 类的子类。例如，Multiple(10, Article("Blackwell Toaster", 29.95))描述了 10 个烤面包机。当然，你应该能够在第二个参数中处理任何项，例如捆绑或多个。扩展 price 函数以处理这种新情况。
5. List[T]要么是 Empty，要么是一个 NonEmpty，其中包含一个类型为 T 的头部以及类型也是 List[T]的尾部。

   用样例类和 enum 实现这样的列表。在这两种情况下，都要添加一个::运算符和 length、append 及 map 方法。
6. 我们可以用列表来建模只在叶子节点中存储值的树。例如，列表((3 8) 2 (5))描述了以下树：

   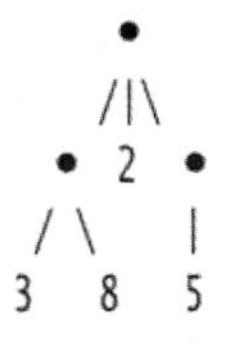

   不过，有些列表元素是数字，而有些是列表。在 Scala 中，你不能使用异构的列表，所以必须使用 List[Any]。编写一个 leafSum 函数，计算叶子节点中所有元素的和，使用模式匹配区分数字和列表。
7. 为这种树建模的一个更好的方法是使用样例类。让我们从二叉树开始。

```
sealed abstract class BinaryTree
case class Leaf(value: Int) extends BinaryTree
case class Node(left: BinaryTree, right: BinaryTree) extends BinaryTree
```

编写一个函数，计算叶子节点中所有元素的和。

8. 扩展前一练习中的树，使每个节点可以有任意数量的子节点，并重新实现 `leafSum` 函数。练习 6 中的树应该表示为：

```
Node(Node(Leaf(3), Leaf(8)), Leaf(2), Node(Leaf(5)))
```

9. 扩展前一练习中的树，使每个非叶子节点除子节点外还存储一个运算符。然后编写一个函数 `eval` 来计算这个值。例如，树：

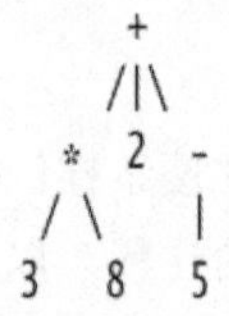

具有值(3×8) + 2 + (−5) = 21。

注意一元的负号。

10. 完成 6.6 节中的 `Producer` 类。添加一个生成另一个元素（一个常量值或者调用生成器函数的结果）的 `get` 方法。编写一个程序，演示常量和随机数生成器。包括一个例子来展示 `Producer` 是逆变的。如果简单地声明以下内容会发生什么？为什么？

```
enum Producer[-T] :
  case Constant(value: T)
  case Generator(next: () => T)
```

第 15 章

注解 A2

注解（annotation）使我们能够向程序项添加一些信息，这些信息可以由编译器或外部工具处理。在本章中，你将学习如何与 Java 注解进行互操作，以及如何使用 Scala 特有的注解。

本章重点内容如下：

- 可以对类、方法、字段、局部变量、参数、表达式、类型参数和类型进行注解；
- 对表达式和类型进行注解时，注解跟在被注解项后面；
- 注解的形式有`@Annotation`、`@Annotation(value)`或`@Annotation(name1 = value1, ...)`；
- 可以在 Scala 代码中使用 Java 注解，它们会保留在类文件中；
- `@volatile`、`@transient`和`@native`生成等价的 Java 修饰符；
- 使用`@throws`生成 Java 兼容的`throws`规范；
- 使用`@BeanProperty`注解生成 JavaBeans 的 `get`*Xxx*/`set`*Xxx* 方法；
- `@tailrec`注解允许你验证递归函数是否使用了尾部调用优化；
- 使用`@deprecated`注解标记已弃用的功能。

15.1 什么是注解?

注解是插入源代码中的标记，以便某些工具可以处理它们。这些工具可以在源代码级别运行，也可以处理编译器放置注解的类文件。

凭借 JUnit 等测试工具，以及 Jakarta EE 等企业技术，注解广泛应用于 Java 中。

注解以@开头。例如：

```
case class Person @JsonbCreator (
  @JsonbProperty val name: String,
  @JsonbProperty val age: Int)
```

你可以在 Scala 类中使用 Java 注解。上面示例中的注解来自 JSON-B，一个在 JSON 和 Java 类之间进行转换的 Java 框架，不过该框架不了解 Scala。我们将使用 JSON-B 来举几个例子，但你不必熟悉它的细节。

Scala 提供了自己的注解，它们由 Scala 编译器或编译器插件处理。（实现编译器插件是一项复杂的工具，本书中未涉及。）

本书中我们已经见过 Scala 的@main 注解，用于标记程序的入口点。

Java 注解不影响编译器将源代码转换为字节码的方式，它们只是将数据添加到字节码中，这些字节码可以由外部工具获取。在上面的例子中，构造函数及其参数在类文件中进行了注解。

在 Scala 中，注解会影响编译过程。例如，@main 注解会生成一个带有 public static void main(String[] args)方法的 Java 类。

15.2 注解放置

在 Scala 中，可以在类、方法、字段、局部变量、参数和类型参数之前放置注解：

```
@deprecated class Sample : // 类
  @volatile var alive = true // 字段
  @tailrec final def gcd(a: Int, b: Int): Int = if b == 0 then a else gcd(b, a % b)
    // 方法
  def display(@nowarn message: String) = "" // 参数
case class Box[@specialized T](value: T) // 类型参数
```

可以应用多个注解，顺序无关紧要。

```
@BeanProperty @JsonbProperty val age: Int
```

当给主构造函数添加注解时，将注解放置在类名之后：

```
class Person @JsonbCreator (...)
```

也可以注解表达式。此时，需要在表达式之后添加一个冒号并紧接着注解，例如：

```
(props.get(key): @unchecked) match { ... }
  // 注解了表达式 props.get(key)
```

类型的注解放置在类型之后，如下所示：

```
val country: String @Localized = java.util.Locale.getDefault().getDisplayCountry()
```

此处，String 类型进行了注解。该方法返回了一个本地化字符串。

15.3 注解参数

注解可以有命名参数，例如：

```
@JsonbProperty(value="p_name", nillable=true) var name: String = null
```

大多数注解参数都有默认值。例如，@JsonbProperty 注解的 nillable 参数的默认值是 false，而 value 属性的默认值是""。

如果只提供了参数 value，那么 value=是可选的。例如：

```
@JsonbProperty("p_age") var age : Int = 0
  // value 参数是"p_age"
```

如果注解没有参数，则可以省略圆括号：

```
@JsonbTransient val nice: Boolean = true
```

Java 注解的参数仅限于以下类型：

- 数值或布尔值字面量
- 字符串
- 类字面量
- Java 枚举
- 其他注解
- 以上类型的数组（但不包括数组的数组）

Scala 注解的参数可以是任意类型。

15.4 Java 特性的注解

Scala 库提供了与 Java 互操作的注解，我们将在以下小节中对其进行介绍。

15.4.1 Bean 属性

在类中声明公有字段时，Scala 提供了 getter 方法和 setter 方法（对于 var 来说）。然而，这些方法的名称与 Java 工具所期望的不同。JavaBeans 规范将 Java 属性定义为一对 getFoo/setFoo 方法（或者仅为只读属性的 getFoo 方法），很多 Java 工具都依赖于这种命名约定。

当利用@BeanProperty 注解 Scala 字段时，就会自动生成这种方法。例如：

```
import scala.beans.BeanProperty

class Person :
  @BeanProperty var name = ""
```

生成 4 个方法：

1. name: String
2. name_=(newValue: String): Unit
3. getName(): String
4. setName(newValue: String): Unit

不过，getName 和 setName 方法仅供 Java 使用，而 Scala 编译器将拒绝调用它们。在 Scala

中，会读或写 name 属性。

@BooleanBeanProperty 注解为布尔方法生成了一个带有 is 前缀的 getter。

注意： 如果将字段定义为主构造函数的参数，并且需要 JavaBeans 的 getter 和 setter，请像这样来注解构造函数的参数：

```
class Person(@BeanProperty var name: String)
```

15.4.2 序列化

对于可序列化的类，可以使用@SerialVersionUID 注解指定序列版本：

```
@SerialVersionUID(6157032470129070425L)
class Employee extends Person, Serializable :
```

@transient 注解将字段标记为 transient：

```
@transient var lastLogin: ZonedDateTime = null
  // 变成 JVM 中的 transient 字段
```

transient 字段不会进行序列化。

15.4.3 受检异常

与 Scala 不同，Java 编译器会跟踪受检异常。如果在 Java 代码中调用 Scala 方法，那么它的签名应该包含可抛出的受检异常，可以使用@throws 注解生成正确的签名。例如：

```
@throws(classOf[IOException]) def save(filename: String) = ...
```

Java 签名为：

```
void save(String filename) throws IOException
```

如果没有@throws 注解，Java 代码将无法捕获异常。

```
try { // 这是 Java
  fred.save("/etc/fred.ser");
} catch (IOException ex) {
  System.out.println("Error saving: " + ex.getMessage());
}
```

Java 编译器需要知道 save 方法会抛出 IOException 异常，否则会拒绝捕获它。

15.4.4 可变参数

@varargs 注解可以让你在 Java 中调用 Scala 的可变参数方法。默认情况下，如果你提供了一个方法，例如：

```
def process(args: String*) = ...
```

Scala 编译器会将可变参数转换为序列参数：

```
def process(args: Seq[String])
```

这个方法在 Java 中调用起来非常麻烦。如果你加上@varargs：

```
@varargs def process(args: String*) = ...
```

那么将生成一个 Java 方法：

```
void process(String... args) // Java 桥接方法
```

它将 args 数组包装到 Seq 中，并调用 Scala 方法。

15.4.5 Java 修饰符

对于一些不太常用的 Java 特性，Scala 使用注解而非修饰符关键字。

@volatile 注解将字段标记为 volatile：

```
@volatile var done = false // 变成 JVM 中的 volatile 字段
```

volatile 字段可以在多线程中更新。

@native 注解标记以 C 或 C++代码实现的方法，它类似于 Java 中的 native 修饰符。

```
@native def win32RegKeys(root: Int, path: String): Array[String]
```

15.5 优化注解

Scala 库中的一些注解可以让你控制编译器的优化，我们将在以下小节中对其进行讨论。

15.5.1 尾递归

递归调用有时可以转换为循环，这样可以节省栈空间。这在函数式编程中很重要，因为通常需要编写递归方法来遍历容器。

考虑以下使用递归计算整数序列总和的方法：

```
object Util :
  def sum(xs: Seq[Int]): BigInt =
    if xs.isEmpty then BigInt(0) else xs.head + sum(xs.tail)
  ...
```

该方法无法优化，因为计算的最后一步是加法，而不是递归调用。但稍作转换后可以优化：

```
def sum2(xs: Seq[Int], partial: BigInt): BigInt =
  if xs.isEmpty then partial else sum2(xs.tail, xs.head + partial)
```

部分和作为参数进行传递，将该方法调用为 sum2(xs, 0)。由于计算的最后一步是对同一方法的递归调用，因此可以将其转换为对方法顶部的循环。Scala 编译器会自动对第二种方法应用“尾递归”（tail recursion）优化。如果尝试：

```
Util.sum(1 to 1000000)
```

你将会得到一个栈溢出错误（至少 JVM 的默认栈大小是这样的），但是，Util.sum2(1 to 1000000, 0)会返回总和 500000500000。

尽管 Scala 编译器会尝试使用尾递归优化，但有时会因为一些不明显的原因而无法进行优化。如果你依赖编译器来删除递归，则应该使用@tailrec 注解你的方法。然后，如果编译器无法应用优化，它将报告一个错误。

例如，假设方法位于一个类而非对象中：

```
class Util :
  @tailrec def sum3(xs: Seq[Int], partial: BigInt): BigInt =
    if xs.isEmpty then partial else sum3(xs.tail, xs.head + partial)
  ...
```

此时，程序会失败，且错误信息是"could not optimize @tailrec annotated method sum2: it is neither private nor final so can be overridden"。在这种情况下，可以将方法移到对象中，也可以将其声明为 private 或 final。

注意： 更通用的递归消除机制是“蹦床”。蹦床实现会运行一个不断调用函数的循环，其中每个函数都会返回下一个要调用的函数。尾递归是一种每个函数都返回自身的特殊情况。更通用的机制允许相互调用，请参考下面的例子。

Scala 提供了一个名为 TailCalls 的实用对象，可以很容易地实现蹦床。相互递归的函数返回类型为 TailRec[A]，并返回 done(result)或 tailcall(expr)，其中 expr 是下一个要计算的表达式。该表达式返回一个 TailRec[A]。以下是一个简单示例：

```
import scala.util.control.TailCalls.*
def evenLength(xs: Seq[Int]): TailRec[Boolean] =
  if xs.isEmpty then done(true) else tailcall(oddLength(xs.tail))
def oddLength(xs: Seq[Int]): TailRec[Boolean] =
  if xs.isEmpty then done(false) else tailcall(evenLength(xs.tail))
```

要从 TailRec 对象获得最终结果，请使用 result 方法：

```
evenLength(1 to 1000000).result
```

15.5.2　惰性值

惰性值（lazy value）在首次访问时初始化：

```
lazy val words =
  scala.io.Source.fromFile("/usr/share/dict/words").mkString.split("\n")
```

如果你从不使用 words，则根本不会读取文件。如果多次使用，文件只会在首次使用时读取。

因为首次使用可能在多个线程中并发发生，所以每次对惰性值的访问都会调用一个获取锁的方法。

如果你知道永远不会有这样的并发访问，那么可以使用@threadUnsafe 注解来避免锁定：

```
@threadUnsafe lazy val words =
  scala.io.Source.fromFile("/usr/share/dict/words").mkString.split("\n")
```

15.6 错误和警告注解

如果用@deprecated 注解标记一个功能，那么每当使用该功能时，编译器都会生成一个警告。该注解有两个可选参数 message 和 since。

```
@deprecated(message = "Use factorial(n: BigInt) instead")
def factorial(n: Int): Int = ...
```

@deprecatedName 应用于参数，它指定了参数以前的名称。

```
def display(message: String, @deprecatedName("sz") size: Int,
  font: String = "Sans") = ...
```

你仍然可以调用 draw(sz = 12)，但会得到弃用警告。

@deprecatedInheritance 和@deprecatedOverriding 注解会生成警告，表明从类继承或重写方法现在已被弃用。

有些 Scala 特性被认为是实验性的。要访问它们，需要用@experimental 注解进入“实验范围”：

```
@experimental @newMain def main(name: String, age: Int) =
  println(s"Hello $name, next year you'll be ${age + 1}")
```

@unchecked 注解抑制了匹配不完全的警告。例如，假设我们知道给定的列表永远不为空：

```
(lst: @unchecked) match
  case head :: tail => ...
```

编译器不会抱怨不存在 Nil 的情况。当然，如果 lst 为 Nil，则会在运行时抛出异常。

@uncheckedVariance 注解抑制协变错误消息（variance error message）。例如，java.util.Comparator 逆变应该是有意义的。如果 Student 是 Person 的子类型，那么当需要 Comparator[Student]时，可以使用 Comparator[Person]。不过，Java 泛型没有协变。我们可以用@uncheckedVariance 注解来解决这个问题：

```
trait Comparator[-T] extends
  java.util.Comparator[T @uncheckedVariance]
```

最后，你可以使用@nowarn 注解选择性地隐藏警告。例如，Java Thread 类的 stop 方法已被弃用，当你调用：

```
myThread.stop()
```

编译器会生成一个弃用警告。可以像这样关闭它：

```
myThread.stop() : @nowarn
```

或

```
myThread.stop() : @nowarn("cat=deprecation") // 使弃用类别保持静默
```

注意：@nowarn 注解的可选参数可以是编译器标志-Wconf 的任何有效过滤器。使用 -Wconf:help 标志运行 Scala 命令行编译器来获取过滤器语法的摘要。

提示：如果使用编译器标志-Wunused:nowarn，编译器会检查每个@nowarn 注解是否实际上抑制了警告消息。

15.7 注解声明

我不认为本书的大多数读者会有强烈的愿望实现自己的 Scala 注解。本节的重点是解释现有注解类的声明。

注解必须扩展 Annotation 特质。例如，unchecked 注解定义如下：

```
final class unchecked extends scala.annotation.Annotation
```

扩展了 StaticAnnotation 的注解会持久化在类文件中：

```
class deprecatedName(name: String, since: String) extends StaticAnnotation
```

ConstantAnnotation 只能用数字、布尔值、字符串、枚举、类字面量和数组来构造。以下是一个示例：

```
class SerialVersionUID(value: Long) extends ConstantAnnotation
```

警告：Scala 放在类文件中的注解与 Java 注解的格式不同，无法被 Java 虚拟机读取。如果想实现一个新的 Java 注解，需要用 Java 编写注解类。

通常，注解只属于应用它的表达式、变量、字段、方法、类或类型。例如，注解：

```
def display(@nowarn message: String) = ""
```

只应用于一个元素：参数变量 message。

然而，Scala 中的字段定义可能会在 Java 中会带来多种特性，而这些特性都有可能是带注解的。例如，考虑以下代码：

```
class Person(@JsonbProperty @BeanProperty var name: String)
```

这里有 6 个元素可以作为@JsonbProperty 注解的目标：

- 构造函数参数
- 私有实例字段
- 访问器方法 name
- 修改器方法 name_=
- Bean 访问器 getName
- Bean 修改器 setName

默认情况下，构造函数参数注解仅应用于参数本身，而字段注解仅应用于该字段。元注解@param、@field、@getter、@setter、@beanGetter 和@beanSetter 会导致注解被附加到其他地方。例如，@deprecated 注解定义为：

```
@getter @setter @beanGetter @beanSetter
class deprecated(message: String = "", since: String = "")
  extends ConstantAnnotation
```

你也可以以一种特别时尚的方式应用这些注解：

```
@(JsonbProperty @beanGetter @beanSetter) @BeanProperty var name: String = null
```

在这种情况下，@JsonbProperty 注解应用于 Java 的 getName 方法。

练习

1. 使用 Java 的 JUnit 库，用 Scala 编写一个包含测试用例的类。要求使用@Test 注解和其他两个你选择的注解。

2. 创建一个展示注解的各种可能位置的示例类，使用@deprecated 作为示例注解。

3. Scala 库中的哪些注解使用了元注解@param、@field、@getter、@setter、@beanGetter 或@beanSetter？

4. 编写一个 Scala 方法 sum，它使用变量整数作为参数，并返回参数之和。在 Java 中调用它。

5. 编写一个 Scala 方法，它返回一个包含文件中所有行的字符串。在 Java 中调用它。

6. 编写一个带有 volatile 布尔字段的 Scala 对象。让一个线程休眠一段时间，然后将字段设置为 true，打印一条消息并退出。另一个线程将继续检查该字段是否为 true。如果是，它打印一条消息并退出。如果否，它会休眠一小段时间，然后再次尝试。如果变量不是 volatile 会发生什么？

7. 创建一个包含读写 JavaBeans 属性 name（String 类型）和 id（Long 类型）的 Student 类。生成了什么方法？（使用 javap 进行检查。）你能在 Scala 中调用 JavaBeans 的 getter 和 setter 吗？应该这样做吗？

8. 考虑以下递归函数，它们重复地将函数应用于一个初始值，直到找到一个不动点（即一个值 x，使 f(x) == x）。

```
def fix(f: Double => Double)(x: Double): Double =
  val y = f(x)
  if x == y then x
  else fix(f)(y)

def fixpath(f: Double => Double)(x: Double): List[Double] =
  val y = f(x)
  if x == y then List()
  else y :: fixpath(f)(y)
```

第一个函数生成不动点，第二个函数生成所有中间值的序列。例如，尝试：

```
fix(Math.cos)(0)
fixpath(Math.cos)(0)
```

哪种是尾递归？如果没有，你能提供一个实现吗？

9. 举例说明当方法可以重写时，尾递归优化是无效的。

10. 试着在你的 Scala 版本中找到一个实验性的特性，并将其与`@experimental`注解一起使用。

11. 在 Scala 3.2 中，`@newMain` 在命令行解析方面比之前的`@main` 有了很大的改进。也许当你读到这里时，它已经不再是实验性的了，希望它有一个更好的名字。使用它可以编写一个类似 `grep` 的应用程序，在命令行中接受一个要搜索的正则表达式、一个文件名、区分大小写的标志和反向匹配（即只打印不匹配的行）。

12. 尝试使用`@nowarn` 注解和过滤器语法。编写一个产生警告的代码，然后使用`@nowarn` 和合适的过滤器关闭它们。如果你将`@nowarn` 添加到一个不产生警告的表达式中并使用`-Wunused:nowarn` 标志，此时会发生什么？可以用另一个`@nowarn` 来关闭这个警告吗？

    能将`@nowarn` 应用于除表达式之外的其他东西上吗？

第 16 章 Future A2

编写正确且高性能的并发程序非常具有挑战性。传统方法中，并发任务的副作用会改变共享数据，这种方法繁琐且容易出错。Scala 鼓励你以函数式的方式思考计算。计算会在未来的某个时候产生一个值。只要计算没有副作用，就可以让它们并发运行，并在结果可用时合并结果。本章将介绍如何使用 `Future` 和 `Promise` 特质来组织这种计算。

本章重点内容如下：

- 包装在 `Future{...}`中的代码块会并发执行；
- future 成功时返回结果，失败时抛出异常；
- 你可以等待一个 future 结束，但通常不希望这样做；
- 可以使用回调来在 future 完成时收到通知，但在链式回调中这样做会变得繁琐；
- 使用 `map/flatMap` 方法或等效的 `for` 表达式来组合 future；
- promise 拥有一个值只能被设置一次的 future；
- 选择一个适合计算并发工作负载的执行上下文。

16.1 在 Future 中运行任务

`scala.concurrent.Future` 对象可以“在未来”执行代码块。

```
import java.time.*
import scala.concurrent.*
given ExecutionContext = ExecutionContext.global

Future {
  Thread.sleep(10000)
  println(s"This is the future at ${LocalTime.now}")
}
println(s"This is the present at ${LocalTime.now}")
```

在 REPL 中运行这段代码时，会打印出类似下面的一行：

```
This is the present at 13:01:19.400
```

大约 10 秒后，出现了第二行：

```
This is the future at 13:01:29.140
```

当创建 Future 时，它的代码在某个线程上运行。当然，可以为每个任务创建一个新线程，但线程创建并不是免费的。最好保留一些预先创建的线程，并根据需要使用它们来执行任务。将任务分配给线程的数据结构通常称为线程池（thread pool）。在 Java 中，Executor 接口就描述了这种数据结构。Scala 中则使用 ExecutionContext 特质来代替。

每个 Future 都必须利用一个对 ExecutionContext 的引用来构造。最简单的方式是使用以下语句，它使用了第 19 章中的语法：

```
given ExecutionContext = ExecutionContext.global
```

然后，任务在全局线程池中执行。这对于演示程序来说没什么问题，但在实际程序中，如果任务阻塞，那么应该做出另一种选择。更多信息请参考 16.9 节。

警告： 全局执行上下文在守护线程上运行任务。当只有守护线程在运行时，Java 虚拟机就会终止。在演示代码中，只需在 main 方法的末尾添加对 Thread.sleep 的调用，以使程序一直运行，直到所有任务完成。

当构建多个 future 时，它们可以并发执行。例如，尝试运行：

```
Future { for i <- 1 to 100 do { print("A"); Thread.sleep(10) } }
Future { for i <- 1 to 100 do { print("B"); Thread.sleep(10) } }
```

你会得到类似以下的输出：

```
ABABABABABABABABABABABABABABA...AABABBBABABABABABABABABABBBBBBBBBBBBBBBBB
```

Future 可以而且通常会产生一个结果：

```
val f = Future {
  Thread.sleep(10000)
  42
}
```

如果你在定义之后立即在 REPL 中对 f 进行求值，将得到以下输出：

```
res12: scala.concurrent.Future[Int] = Future(<not completed>)
```

等待 10 秒，再次计算 f：

```
res13: scala.concurrent.Future[Int] = Future(Success(42))
```

或者，未来可能会发生一些不好的事情：

```
val f2 = Future {
  if LocalTime.now.getMinute != 42 then
    throw Exception("not a good time")
  42
}
```

除非分钟恰好是 42，否则任务将以异常结束。在 REPL 中，你会看到：

```
res14: scala.concurrent.Future[Int] =
  Future(Failure(java.lang.Exception: not a good time))
```

现在你知道什么是 Future 了。它是一个在未来的某个时刻会给你一个结果（或失败）的对象。在下一节中，你将看到一种获取 Future 结果的方法。

警告： 不要从字面上理解 Future(Success(42))和 Future(Failure(...))的输出。这就是 toString 方法格式化已经完成的 future 的方式。如果在 REPL 中输入 Future(Success(42))，就会得到一个 Future[Success[Int]]的实例，执行完毕后会打印为 Future(Success(Success(42))。

注意： java.util.concurrent 包中存在一个 Future 接口，它比 Scala 的 Future 特质有更多的限制。Scala 的 future 等同于 Java 中的 CompletionStage 接口。

提示： Scala 语言对你可以在并发任务中做什么没有任何限制。然而，你应该远离有副作用的计算，最好不要递增共享计数器——即使是原子计数器。不要填充共享映射，即使是线程安全的 map。相反，让每个 future 计算一个值。然后，在所有贡献的 future 完成后，你可以合并计算出的值。这样，每个值在同一时间只属于一个任务，而且很容易判断计算的正确性。

16.2 等待结果

当你有一个 Future 时，可以使用 isCompleted 方法来检查它是否完成。但当然你不想在循环中等待完成。

可以执行一个等待结果的阻塞调用。

```
import scala.concurrent.duration.*
val f = Future { Thread.sleep(10000); 42 }
val result = Await.result(f, 10.seconds)
```

调用 Await.result 阻塞了 10 秒，然后返回 future 的结果。

Await.result 方法的第二个参数类型为 Duration。导入 scala.concurrent.duration.*支持从整数到 Duration 对象的转换方法，例如 seconds、millis 等。

如果任务在规定时间内未就绪，那么 Await.ready 方法会抛出一个 TimeoutException 异常。

如果任务抛出异常，那么它会在 Await.result 的调用中重新抛出。为了避免异常，可以调用 Await.result，然后获取结果。

```
val f2 = Future {
  Thread.sleep((10000 * scala.math.random()).toLong)
  if scala.math.random() < 0.5 then throw Exception("Not your lucky day")
  42
}
val result2 = Await.ready(f2, 5.seconds).value
```

Await.ready 方法产生第一个参数，Future 类的 value 方法返回一个 Option[Try[T]]。当 future 尚未完成时，它的值为 None，当完成时则其值为 Some(t)。其中，t 是一个 Try 类的对象，其中保存了结果或导致任务失败的异常。我们将在下一节看到如何查看它的内部。

注意： 在实践中，不会过多使用 Await.result 或 Await.ready 方法。当任务耗时时，可以并发地执行任务，这样程序可以做一些比等待结果更有用的事情。16.4 节展示了如何在不阻塞的情况下获取结果。

警告： 在本节中，我们使用了 Await 对象的 result 和 ready 方法。Future 特质也有 result 和 ready 方法，但你不应该调用它们。如果执行上下文使用少量线程（这是默认的 fork-join 池的情况），你不希望它们全都阻塞。与 Future 方法不同，Await 方法通知执行上下文，以便它可以调整池化线程。

注意： 并不是 future 执行过程中发生的所有异常都存储在结果中。虚拟机错误和 InterruptedException 允许以常规方式进行传播。

16.3 Try 类

一个 Try[T]实例要么是一个 Success(v)，要么是一个 Failure(ex)，其中 v 是 T 类型的值，ex 是一个 Throwable。处理它的一种方法是使用 match 语句。

```
t match
  case Success(v) => println(s"The answer is $v")
  case Failure(ex) => println(ex.getMessage)
```

或者，你可以使用 isSuccess 或 isFailure 方法来确定 Try 对象是否表示成功或失败。如果成功，那么可以用 get 方法获取值：

```
if t.isSuccess then println(s"The answer is ${t.get}")
```

要在失败的情况下获取异常，首先应用 failed 的方法，它将失败的 Try[T]对象转换为一个包装了异常的 Try[Throwable]。然后调用 get 方法获取异常对象。

```
if t.isFailure then println(t.failed.get.getMessage)
```

如果想将 Try 对象传递给一个接受 Option 的方法，也可以使用 toOption 方法将其变成 Option。这样就会将 Success 变成 Some，Failure 变成 None。

要构造一个 Try 对象，可以用一些代码块调用 Try(block)。例如：

```
val t = Try(str.toInt)
```

要么是一个包含解析后的整数的 Success 对象，要么是一个包装了 NumberFormatException 的 Failure。

存在几个方法可以组合和转换 Try 对象。然而，类似的方法在 future 中也存在，并且更常用。16.5 节会介绍如何使用多个 future 对象。在那一节的最后，你将看到如何将这些技术应用于 Try 对象。

16.4　回调

如前所述，我们通常不会使用阻塞等待来获取 future 的结果。为了获得更好的性能，future 应该在完成时将结果报告给回调函数。

使用 onComplete 方法很容易实现。

```
f.onComplete(t => ...)
```

当 future 执行完成时，不管是成功还是失败，它都会用 Try 对象调用给定的函数。

然后，你可以对成功或失败做出反应，例如，通过向 onComplete 方法传递匹配函数。

```
val f = Future {
  Thread.sleep(1000)
  if scala.math.random() < 0.5 then throw Exception("Not your lucky day")
  42
}
f.onComplete {
  case Success(v) => println(s"The answer is $v")
  case Failure(ex) => println(ex.getMessage)
}
```

通过使用回调函数，我们避免了阻塞。不幸的是，现在有另一个问题。很有可能，一个 Future 任务中的长时间计算将紧跟着另一个计算，接着又是另一个。可以在回调中嵌套回调，但这非常令人不快。（这种技术有时被称为“回调地狱”。）

更好的方法是把 future 想象成可以组合的实体，就像函数一样。你可以通过调用第一个函数来组合两个函数，然后将结果传递给第二个函数。在下一节中，你将看到如何利用 future 做同样的事情。

16.5　组合 Future 任务

假设我们需要从两个 web 服务中获取一些信息，然后将两者结合起来。每个任务都是长时间运行的，因此应该在 Future 中执行。可以用回调将它们链接在一起：

```
val future1 = Future { getData1() }
val future2 = Future { getData2() }

future1 onComplete {
  case Success(n1) =>
    future2 onComplete {
      case Success(n2) => {
        val n = n1 + n2
```

```
            println(s"Sum: $n")
          }
          case Failure(ex) => ex.printStackTrace()
        }
      case Failure(ex) => ex.printStackTrace()
    }
```

尽管回调函数是按顺序执行的，但任务是并发执行的。每个任务在 Future.apply 方法执行后或随即开始。我们不知道 future1 和 future2 哪个先完成，不过这并不重要。在两个任务都完成之前，我们无法处理结果。一旦 future1 完成，它的完成处理器就会在 future2 上注册一个完成处理器。如果 future2 已经完成，则立即调用第二个处理器。否则，它会在 future2 最终完成时被调用。

尽管嵌套回调可以正常工作，但它看起来非常混乱，而且随着处理级别的增加，情况会变得更糟。

我们将使用 Scala 容器中使用过的方法来代替嵌套回调。可以把 Future 想象成只有一个元素的容器（希望最终是）。你知道如何转换容器的值——使用 map：

```
val future1 = Future { getData1() }
val combined = future1.map(n1 => n1 + getData2())
```

此处，future1 是 Future[Int]——（希望最终是）只包含一个值的容器。我们映射一个函数 Int => Int，并得到另一个 Future[Int]——（希望最终是）由一个整数组成的容器。

不过等等，这和回调中的代码不太一样。对 getData2 的调用在 getData1 之后运行，而不是并发运行。接下来，我们用第二个 map 来修复这个问题：

```
val future1 = Future { getData1() }
val future2 = Future { getData2() }
val combined = future1.map(n1 => future2.map(n2 => n1 + n2))
```

当 future1 和 future2 传递了它们的结果后，计算它们的总和。

不幸的是，现在 combined 是一个 Future[Future[Int]]，这并不太好。这正是 flatMap 的作用：

```
val combined = future1.flatMap(n1 => future2.map(n2 => n1 + n2))
```

如果使用 for 表达式，而不是链式调用 flatMap 和 map 时，效果会好很多：

```
val combined = for n1 <- future1; n2 <- future2 yield n1 + n2
```

这是完全相同的代码，因为 for 表达式被转换为 map 和 flatMap 的链。

如果出了问题怎么办？map 和 flatMap 的实现会负责这些工作。一旦其中一个任务失败，整个管道就会失败，异常就会被捕获。相比之下，当你手动组合回调时，必须在每一步都处理失败。

你也可以在 for 表达式中应用守卫：

```
val combined =
  for n1 <- future1; n2 <- future2 if n1 != n2 yield n1 + n2
```

如果守卫失败，则计算失败，并抛出 NoSuchElementException 异常。

到目前为止，我们已经看到了如何并发运行两个任务。有时候，你需要一个任务接着一个任务运行。Future 在创建时立即开始执行。要延迟创建，请使用函数。

```
val future1 = Future { getData1() }
def future2 = Future { getData2() } // def，不是 val
val combined = for n1 <- future1; n2 <- future2 yield n1 + n2
```

现在，仅当 future1 完成时，才对 future2 求值。

使用 val 还是 def 创建 future1 都没有关系。如果使用 def，它的创建会稍微延迟到 for 表达式开始时。

在第二步依赖于第一步的输出时，这就特别有用：

```
def future1 = Future { getData() }
def future2(arg: Int) = Future { getMoreData(arg) }
val combined = for n1 <- readInt("n1"); n2 <- readInt("n2") yield n1 + n2
```

注意： 和 Future 特质一样，16.3 节中的 Try 类也有 map 和 flatMap 方法。一个 Try[T] 可能是一个元素的容器，它就像一个 Future[T]，只不过你不必等待。你可以应用带有更改该元素的函数的 map，或者如果你有 Try-valued 函数并希望将结果扁平化，则可以应用 flatMap。你可以使用 for 表达式。例如，下面是计算两个可能失败的函数调用之和的方法：

```
def readInt(prompt: String) = Try(StdIn.readLine(s"$prompt: ").toInt)
val combined =
  for n1 <- readInt("n1"); n2 <- readInt("n2") yield n1 + n2
```

通过这种方式，你可以组合 Try-valued 计算，而无需处理乏味的错误处理部分。

16.6　其他 Future 转换

上一节介绍的 map 和 flatMap 方法是对 Future 对象进行的最基本的转换。

表 16-1 列出了几种将函数应用于 future 内容的方式，但在细节上有所不同。

表 16-1　对 Future[T] 的转换返回成功值 v 或异常 ex

方法	结果类型	说明
collect(pf: PartialFunction[T, S])	Future[S]	类似于 map，但使用了偏函数。如果 pf(v) 没有定义，结果将失败，并抛出 NoSuchElementException 异常
foreach(f: T => U)	Unit	像 map 一样调用 f(v)，但只是为了它的副作用
andThen(pf:P artialFunction [Try[T],U])	Future[T]	调用 pf(v) 获取它的副作用，并返回一个值为 v 的 future

续表

方法	结果类型	说明
filter(p: T => Boolean)	Future[T]	调用 p(v)并返回一个 future 对象，返回值为 v 或 NoSuchElementException
recover(pf: PartialFunction[Throwable, U]) recoverWith(pf: PartialFunction[Throwable, Future[U]])	Future[U]（其中 U 是 T 的超类型）	值为 v 或 pf(ex)的 future，在异步情况下被扁平化
fallbackTo(f2: Future[U])	Future[U]（其中 U 是 T 的超类型）	一个值为 v 的 future，或者如果该 future 失败了，则值为 f2，如果也失败了，则返回异常 ex
failed	Future [Throwable]	一个值为 ex 的 future
transform(s: T => S, f: Throwable => Throwable) transform(f: Try[T] => Try[S]) transformWith(f: Try[T] => Future[Try[S]])	Future[S]	改变成功和失败
zip(f2: Future[U])	Future[(T, U)]	一个持有 v 和 f2 值的 future，或者如果该 future 失败则为 ex，或者失败则为 f2
zipWith(f2: Future[U])(f: (T, U)=> R)	Future[R]	将两个 future 组合并应用 f
flatten	Future[S]（其中 T 是 Future[S]）	将一个 Future[Future[S]]扁平化为 Future[S]

foreach 方法的工作原理与处理容器时一样，都是为了副作用而应用方法。该方法应用于 future 中的单个值。当答案实现时，可以很方便地获取它。

```
val combined = for n1 <- future1; n2 <- future2 yield n1 + n2
combined.foreach(n => println(s"Sum: $n"))
```

recover 方法接受一个偏函数，可以将异常转换为成功的结果。考虑以下调用：

```
val f = Future { persist(data) } recover { case e: SQLException => 0 }
```

如果发生 SQLException，则 future 成功且结果为 0。

fallbackTo 方法提供了一种不同的恢复机制。当调用 f.fallbackTo(f2)时，如果 f 失败，则 f2 会被执行，它的值会变成 future 的值。但是，f2 无法检查失败原因。

failed 方法将一个失败的 Future[T]变成一个成功的 Future[Throwable]，就像 Try.failed 方法一样。你可以像下面这样在 for 表达式中检索失败：

```
val f = Future { persist(data) }
for v <- f do println(s"Succeeded with $v")
```

```
for ex <- f.failed do println(s"Failed with $ex")
```

最后，可以将两个 future 压缩在一起。调用 `f1.zip(f2)`会产生一个 future，其结果为一个`(v, w)`对（如果 v 是 f1 的结果，而 w 是 f2 的结果）或一个异常（若 f1 或 f2 失败，如果两者都失败，则报告 f1 的异常）。

`zipWith` 方法与之类似，但它接受一个函数来合并两个结果，而非返回一个对偶。例如，下面是另一种获取两个计算总和的方法：

```
val future1 = Future { getData1() }
val future2 = Future { getData2() }
val combined = future1.zipWith(future2)(_ + _)
```

16.7 Future 对象的方法

`Future` 伴生对象包含处理 future 容器的有用方法。

假设在计算结果时，你组织了工作，以便可以并发地处理不同的部分。例如，每个部分可能是输入的子序列。为每个部分创造一个 future：

```
val futures = parts.map(part => Future { process(part) })
```

现在你有了 future 的容器。通常，你会将结果组合起来。利用 `Future.sequence` 方法，你可以得到所有结果的容器，以便进一步处理：

```
val result = Future.sequence(futures);
```

注意，该调用不会阻塞，它给了容器一个 future。例如，假设 `futures` 是 `Seq[Future[T]]`。那么结果就是一个 `Future[Seq[T]]`。当 `futures` 中所有元素的结果都可用时，`result` future 将会结束并返回一个结果序列。

如果任何一个 future 失败，那么伴随着第一个失败的 future 的异常，产生的 future 也会失败。如果多个 future 失败，那么你不会看到剩下的失败。

`traverse` 方法结合了 `map` 和 `sequence` 步骤。与其分别调用：

```
val futures = parts.map(p => Future { process(p) })
val result = Future.sequence(futures);
```

你可以调用：

```
val result = Future.traverse(parts)(p => Future { process(p) })
```

第二个柯里化参数中的函数应用于 `parts` 的每个元素。你得到了一个会返回所有结果的容器的 future。

future 的可迭代对象具有 `reducLeft` 和 `foldLeft` 操作。你需要提供一个操作，在所有 future 的结果可用时将它们组合起来。例如，可以这样计算结果的总和：

```
val result = Future.reduceLeft(futures)(_ + _)
  // 为所有 future 结果的总和产生一个 future
```

到目前为止，我们已经收集了所有 future 的结果。假设你愿意接受任何部分的结果。然后调用：

```
val result = Future.firstCompletedOf(futures)
```

你会得到一个 future，当完成时返回结果值，失败时返回 futures 第一个完成的元素。

find 方法产生与谓词匹配的最左侧结果。

```
val result = Future.find(futures)(predicate)
  // 产生一个 Future[Option[T]]
```

你会得到一个 future，当它成功执行时，会产生 Some(r)，其中 r 是满足谓词的某个 future 的结果。而失败的 future 会被忽略。如果所有 future 都完成但没有一个产生了匹配谓词的结果，那么 find 会返回 None。注意，predicate 参数类型为 Option[T]。

警告：firstCompletedOf 和 find 的潜在问题是，即使结果已经确定，其他计算仍然会继续进行。Scala 的 future 没有取消机制。

Future.delegate 方法会运行一个生成 Future 的函数，并将结果扁平化：

```
def future1 = Future { getData() } // 注意是 def，不是 val
val result = Future.delegate(future1) // 一个 Future[T]，而非一个 Future[Future[T]]
```

最后，Future 对象提供了一些方便的方法来生成简单的 future：

- Future .successful(r)是一个结果为 r 的已经完成的 future；
- Future.failed(e)是一个返回异常 e 的已经完成的 future；
- Future.fromTry(t)是一个已经完成的 future，其结果或异常由 Try 对象 t 给出；
- Future.unit 是一个结果为 Unit 的已经完成的 future；
- Future.never 是一个永远不会完成的 future。

16.8 Promise

Future 对象是只读的。当 future 的任务完成或失败时，其结果会隐式设置，而无法显式设置。

作为 Future 的消费者，你永远不会想要设置结果。Future 的意义在于，一旦结果准备好了，就对其进行处理。

然而，如果你创建了一个 Future 供其他人使用，那么任务机制只适用于同步计算。如果使用异步 API，当结果可用时就会被回调。这就是你想要设置结果并完成 Future 的关键点，可以使用 Promise 来实现。

在 promise 上调用 success 会设置结果。或者，可以利用一个异常调用 failure 来使 promise 失败。只要调用了其中一个方法，关联的 future 就完成了，这两个方法都不能再调用。（否则会抛出 IllegalStateException。）

以下是一个典型的工作流程：

```
def computeAnswer(arg: String) = {
  val p = Promise[String]()
  def onSuccess(result: String) = p.success(result)
  def onFailure(ex: Throwable) = p.failure(ex)
  startAsyncWork(arg, onSuccess, onFailure)
  p.future
}
```

在 promise 上调用 `future` 会产生关联的 `Future` 对象。注意，该方法会在启动最终产生结果的工作后立即返回 `Future`。

从消费者（也就是 `computeAnswer` 方法的调用者）的角度来看，用任务函数构造的 `Future` 和通过 `Promise` 生成的 `Future` 没有区别。无论哪种方式，消费者都会在结果准备好时得到结果。

然而，生产者在使用 `Promise` 时更灵活。例如，多个任务可以并发地工作来实现一个 promise。当其中一个任务有结果时，它会对 promise 调用 `trySuccess`。与 `success` 方法不同的是，该方法接受结果并在 promise 尚未完成时返回 `true`，否则返回 `false` 并忽略结果。

```
val p = Promise[String]()
Future {
  val result = workHard(arg)
  p.trySuccess(result)
}
Future {
  val result = workSmart(arg)
  p.trySuccess(result)
}
```

promise 被第一个成功产生结果的任务完成。使用这种方法，任务可能想定期调用 `p.isCompleted` 来检查它们是否应该继续。

注意： Scala 的 promise 与 Java 8 中的 `CompletableFuture` 类非常相似。

16.9 执行上下文

全局执行上下文在全局 fork-join 池中执行 future，这适用于计算密集型任务。然而，fork-join 池只管理少量线程（默认情况下，等于所有处理器的核心数）。当任务必须等待时，这将成为一个问题，例如在与远程资源通信时，为了等待结果，程序可能会耗尽所有可用线程。

可以通过将阻塞代码放在 `blocking {…}` 中来通知执行上下文将要阻塞：

```
val f = Future {
  val url = "https://horstmann.com/index.html"
  blocking {
    val contents = Source.fromURL(url).mkString
    if contents.length < 300
```

```
    then contents
    else contents.substring(0, 300) + "..."
  }
}
```

执行上下文可能会增加线程的数量。fork-join 池确实做到了这一点，但它的设计并不能很好地处理大量阻塞的线程。如果要进行输入/输出或连接数据库，最好使用不同的线程池。Java 并发库中的 Executors 类提供了几种选择。带缓存的线程池可以很好地用于 I/O 密集型工作负载，你可以显式地将它传递给 Future.apply 方法，或者可以将它设置为给定的执行上下文：

```
val pool = Executors.newCachedThreadPool()
given ExecutionContext = ExecutionContext.fromExecutor(pool)
```

现在，given 声明所在作用域中的所有 future 都会使用该线程池。（有关 given 声明的更多信息请参考第 19 章。）

练习

1. 考虑以下表达式：

   ```
   for
     n1 <- Future { Thread.sleep(1000) ; 2 }
     n2 <- Future { Thread.sleep(1000); 40 }
   do
     println(n1 + n2)
   ```

   如何将表达式转换为 map 和 flatMap 调用？两个 future 是并发执行还是一个接一个执行？println 调用发生在哪个线程中？

2. 编写一个函数 doInOrder，给定两个函数 f: T => Future[U]和 g: U => Future[V]，它产生一个函数 T => Future[V]，对于给定的 t，最终产生 g(f(t))。

3. 对类型为 T => Future[T]的任意函数序列重复前一练习。

4. 编写一个 doTogether 函数，给定两个函数 f: T => Future[U]和 g: T => Future[V]，生成一个函数 T => Future[(U, V)]，并行运行这两个计算，对于给定的 t，最终产生(f(t), g(t))。

5. 对类型为 T => Future[U]的任意函数序列重复前一练习。

6. 编写一个函数：

   ```
   repeat(action: => T, until: T => Boolean): Future[T]
   ```

   异步地重复操作，直到它产生一个由 until 谓词接受的值，而该谓词也应该异步运行。使用两个函数进行测试，其中一个函数从控制台读取密码，另一个函数通过休眠一秒钟来模拟有效性检查，然后检查密码是否为"secret"。（提示：使用递归。）

7. 编写一个程序，计数 1 到 n 之间的质数，正如 BigInt.isProbablePrime 报告的那样。

将区间划分为 p 个部分，其中 p 是可用处理器的数量。在并发 future 中计数每部分的质数，并合并结果。

8. 编写一个程序，请求用户提供一个 URL，读取该 URL 对应的网页，并显示所有的超链接。请为这 3 个步骤提供生成 future 的函数，然后在 `for` 表达式中调用这些函数。

9. 编写一个程序，请求用户提供一个 URL，读取该 URL 对应的网页，找到所有超链接，并发访问每个超链接，并定位每个超链接的 `Server` HTTP 头。最后，打印一个表，其中列出了服务器被查找的频率。要求访问每个页面的 future 应该返回 HTTP 头。

10. 修改前一练习，访问每个 HTTP 头的 future 都会更新一个共享的 Java `ConcurrentHashMap` 或 Scala `TrieMap`。这并不像听起来那么容易。线程安全的数据结构安全的前提是你不能破坏它的实现，但必须确保读取和更新的序列是原子的。

11. 在前一练习中，你更新了一个可变的 `Map[URL, String]`。考虑两个线程并发地查询同一个键，但结果还没有出现时会发生什么。然后两个线程都花费精力计算相同的值。通过使用 `Map[URL, Future[String]]` 来避免这个问题。

12. 使用 future 运行 4 个任务，每个任务休眠 10 秒，然后打印当前时间。如果你有一台相当现代化的计算机，那么它很可能向 JVM 报告 4 个可用的处理器，并且 future 应该在几乎同一时间全部完成。现在重复运行 40 个任务，会发生什么呢？为什么？用带缓存的线程池替换执行上下文，现在发生了什么？（在声明给定的执行上下文后，请谨慎地定义 future。）

13. 使用 Swing 或 JavaFX 实现一个返回按钮单击 future 的函数。使用 promise 在按钮被单击时将值设置为按钮的标签。超时过期时，使 promise 失败。

14. 编写一个方法，对于一个给定的 URL，定位所有超链接，为每个超链接创建一个 promise，启动一个任务，最终完成所有的 promise，并返回一个 promise 的 future 序列。为什么返回一个 promise 序列不是一个好主意呢？

15. 使用 promise 来实现取消。给定一个大值整数范围，将其划分为多个子范围，以便同时搜索回文质数。当找到这样一个质数时，就把它设为 future 的值。所有的任务都应该定期检查 promise 是否已经完成，如果是，则终止。

第 17 章

类型参数 L2

在 Scala 中，我们可以使用类型参数（type parameter）来实现可以处理多种类型的类和函数。例如，Array[T]可以存储任意类型 T 的元素。其基本思想非常简单，但细节可能会变得复杂。有时，你需要对类型进行限制。例如，如果要对元素排序，那么 T 必须提供一种顺序。此外，如果参数类型发生了变化，那么参数化类型会发生什么？例如，可以将 Array[String]传递给一个接受 Array[Any]的函数吗？在 Scala 中，可以根据参数来指定类型的变化方式。

本章重点内容如下：

- 类、特质、方法和函数都可以有类型参数；
- 将类型参数放在名称之后，用方括号括起来；
- 类型边界的形式为 T <: UpperBound，T >: LowerBound，T: ContextBound；
- 可以用类型约束来限制方法，例如(given ev: T <:< UpperBound)；
- 使用+T（协变）来表示泛型的子类型关系与参数 T 的方向相同，使用-T（逆变）来表示相反的方向；
- 协变适用于表示输出的参数，例如不可变容器中的元素；
- 逆变适用于表示输入的参数，例如函数参数。

17.1 泛型类

与 Java 或 C++中一样，类和特质也可以有类型参数。在 Scala 中，类型参数使用方括号表示，例如：

```
class Pair[T, S](val first: T, val second: S)
```

这定义了一个具有两个类型参数 T 和 S 的类。你可以在类定义中使用类型参数来定义变量、方法参数和返回值的类型。

具有一个或多个类型参数的类是*泛型类*（generic class）。如果用实际类型代替类型参数，就会得到一个普通类，例如 Pair[Int, String]。

令人愉快的是，Scala 尝试从构造函数参数中推断出实际类型：

```
val p = Pair(42, "String") // 是一个Pair[Int, String]
```

也可以自己指定类型：

```
val p2 = Pair[Any, Any](42, "String")
```

注意： 当然，Scala 有一个对偶类型(T, S)，所以实际上不需要 Pair[T, S]类。不过，这个类及其变体为讨论类型参数的细节提供了一个方便的例子。

注意： 你可以用中缀表示法编写任何具有两个类型参数的泛型类型，例如 Double Map String 而不是 Map[Double, String]。

如果你有这样的类型，可以将其标注为+，以修改它在编译器和 REPL 消息中的显示方式。例如，如果你定义：

```
@showAsInfix class x[T, U](val first: T, val second: U)
```

那么类型 x[String, Int]会显示为 String x Int。

17.2 泛型函数

函数和方法也可以有类型参数。以下是一个简单的示例：

```
def getMiddle[T](a: Array[T]) = a(a.length / 2)
```

与泛型类一样，需要将类型参数放在名称之后。

Scala 会根据调用中的参数推断出实际类型。

```
getMiddle(Array("Mary", "had", "a", "little", "lamb")) // 调用 getMiddle[String]
```

如果需要，可以指定类型：

```
val f = getMiddle[String] // 保存在 f 中的函数
```

17.3 类型变量的边界

有时，你需要对类型变量进行限制。考虑一个泛型 Pair，其中两个元素的类型相同，如下所示：

```
class Pair[T](val first: T, val second: T)
```

现在我们想添加一个可以生成较小的值的方法：

```
class Pair[T](val first: T, val second: T) :
  def smaller = if first.compareTo(second) < 0 then first else second // 错误
```

这是错误的，因为我们不知道 first 是否有 compareTo 方法。为了解决这个问题，我们可以添加一个上界 T <: Comparable[T]。

```
class Pair[T <: Comparable[T]](val first: T, val second: T) :
  def smaller = if first.compareTo(second) < 0 then first else second
```

这意味着 T 必须是 Comparable[T]的子类型。

现在我们可以实例化 Pair[java.lang.String]，但不能实例化 Pair[java.net.URL]，因为 String 是 Comparable[String]的子类型，但 URL 却没有实现 Comparable[URL]。例如：

```
val p = Pair("Fred", "Brooks")
p.smaller // "Brooks"
```

注意：在本章中，我在几个示例中使用了 Java 中的 Comparable 类型。在 Scala 中，更常用的是 Ordering 特质，详情请参阅下一节。

警告：如果你构造 Pair(4, 2)，那么将得到一个 Pair[java.lang.Integer]，因为 Scala 的 Int 类型没有扩展 java.util.Comparable。

还可以指定类型的下界。例如，假设我们想定义一个方法来用另一个值替换对偶的第一个元素。由于我们的对偶是不可变的，因此需要返回一个新的对偶。下面是我们的第一次尝试：

```
class Pair[T](val first: T, val second: T) :
  def replaceFirst(newFirst: T) = Pair[T](newFirst, second)
```

但我们可以做得更好。假设有一个 Pair[Student]，并想用一个 Person 替换其第一个元素。当然，那么结果一定是 Pair[Person]。一般来说，替换类型必须是对偶元素类型的超类型。使用>:符号表示超类型关系：

```
def replaceFirst[R >: T](newFirst: R) = Pair[R](newFirst, second)
```

警告：尽管:>会更对称，但超类型关系符号是>:，这类似于<=和>=运算符。

为了更加清晰，该示例使用了返回的对偶的类型参数。你也可以写成：

```
def replaceFirst[R >: T](newFirst: R) = Pair(newFirst, second)
```

那么返回类型就被正确推断为 Pair[R]。

警告：如果忽略下界：

```
def replaceFirst[R](newFirst: R) = Pair(newFirst, second)
```

那么该方法可以编译，但它会返回一个 Pair[Any]。

17.4　上下文边界

上下文边界（context bound）的形式为 T: M，其中 M 是另一个只有单个类型参数的泛型类型。它要求存在一个 M[T]类型的“给定值”。类型 M[T]不必是 T 的子类型或超类型。我们将在第 19 章详细讨论给定值。

例如：

```
class Pair[T : Ordering]
```

要求有一个类型为 Ordering[T]的给定值。在需要时，你可以在类的方法中“召唤”给定值。以下是一个示例：

```
class Pair[T : Ordering](val first: T, val second: T) :
  def smaller =
    if summon[Ordering[T]].compare(first, second) < 0 then first else second
```

类型参数可以有上下边界和上下文边界。在这种情况下，上下文边界排在最后：

```
class Pair[T <: Serializable : Ordering]
```

17.5 ClassTag 上下文边界

要实例化泛型 Array[T]，需要 ClassTag[T]对象，这是基本类型数组正确工作所必需的。例如，如果 T 是 Int，你希望虚拟机中存在一个 Int[]数组。如果编写一个泛型函数来构造泛型数组，则需要帮忙传递类标记对象。使用上下文边界，如下所示：

```
import scala.reflect.*
def makePair[T : ClassTag](first: T, second: T) =
  Array[T](first, second)
```

如果调用 makePair(4, 9)，编译器会找到给定的 ClassTag[Int]实例，接着调用 makePair(4, 9)(ClassTag)。然后，将 Array 构造函数转换为 classTag.newArray 调用，在 ClassTag[Int]示例中，它会构造一个 Int[]类型的基本数组。

为什么会如此复杂？因为在虚拟机中，泛型类型被擦除了。只有一个 makePair 方法需要适用于所有类型 T。

17.6 多重边界

类型变量可以同时具有上边界和下边界。语法如下：

```
T >: Lower <: Upper
```

不能有多个上下边界。然而，仍然可以要求一个类型实现多个特质，如下所示：

```
T <: Comparable[T] & Serializable & Cloneable
```

可以有多个上下文边界：

```
T : Ordering : ClassTag
```

17.7 类型约束 L3

类型约束（type constraint）提供了另一种限制类型的方式。可以使用两种关系：

```
T <:< U
T =:= U
```

这些约束可以检验 T 是否是 U 的子类型，或者 T 和 U 是否是同一类型。要使用这样的约束，添加一个“using 参数”，如下所示：

```
class Pair[T](val first: T, val second: T)(using ev: T <:< Comparable[T]) :
  def smaller = if first.compareTo(second) < 0 then first else second
```

注意：第 19 章中解释了该语法，并分析了类型约束的内部工作原理。

在上面的示例中，使用类型约束并不比使用类型边界 class Pair[T <: Comparable[T]]具有任何优势。然而，类型约束在特殊情况下为你提供了更多控制。

特别是，类型约束允许你在泛型类中提供只对某些类型有意义的方法。以下是一个示例：

```
class Pair[T](val first: T, val second: T) :
  def smaller(using ev: T <:< Comparable[T]) =
    if first.compareTo(second) < 0 then first else second
```

即使 URL 不是 Comparable[URL]的子类型，你也可以构造一个 Pair[URL]。只有调用 smaller 方法时才会报错。

Option 类中的 orNull 方法也使用了类型约束。下面展示了如何使用该方法：

```
val friends = Map("Fred" -> "Barney", ...)
val friendOpt = friends.get("Wilma") // 一个 Option[String]
val friendOrNull = friendOpt.orNull // 字符串或 null
```

在 Java 代码中，经常需要将缺失值编码为 null，此时 orNull 方法就很有用。

现在考虑下面的代码：

```
val numberOpt = if scala.math.random() < 0.5 then Some(42) else None
val number: Int = numberOpt.orNull // 错误
```

第二行应该是不合法的。毕竟，Int 类型没有 null 这个有效值。因此，orNull 是使用约束 Null <:< A 实现的。你可以实例化 Option[Int]，只要你远离这些实例的 orNull。

有关=:=约束的另一个示例，请参考本章练习 8。

17.8 型变

假设有一个函数对 Pair[Person]进行操作：

```
def makeFriends(p: Pair[Person]) = ...
```

如果 Student 是 Person 的子类，那么可以对 Pair[Student]调用 makeFriend 吗？默认情况下，这会导致错误。尽管 Student 是 Person 的一个子类，但 Pair[Student]和 Pair[Person]之间并没有关系。

如果你想要这样的关系，就必须在定义 Pair 类时指出：

```
class Pair[+T](val first: T, val second: T)
```

+表示该类型是与 T 协变（covariant）的，也就是说，它在同一个方向上变化。因为 Student

是 Person 的子类型，所以 Pair[Student]现在是 Pair[Person]的子类型。

也可以在另一个方向上产生型变。考虑一个泛型类型 Friend[T]，它表示愿意与任何 T 类型的人成为朋友的人。

```
trait Friend[T] :
  def befriend(someone: T): String
```

现在假设有一个函数：

```
def makeFriendWith(s: Student, f: Friend[Student]) = f.befriend(s)
```

可以利用 Friend[Person]调用该函数吗？也就是说，如果你有：

```
class Person(name: String) extends Friend[Person] :
  override def toString = s"Person $name"
  override def befriend(someone: Person) = s"$this and $someone are now friends"
class Student(name: String, major: String) extends Person(name) :
  override def toString = s"Student $name majoring in $major"
val susan = Student("Susan", "CS")
val fred = Person("Fred")
```

那么调用 makeFriendWith(susan, fred)会成功吗？看起来应该是这样。如果 Fred 愿意和任何人交朋友，他肯定会喜欢和 Susan 交朋友。

注意，类型的变化方向与子类型关系相反。Student 是 Person 的一种子类型，但 Friend[Student]需要是 Friend[Person]的超类型。在这种情况下，你需要将类型参数声明为*逆变*（contravariant）：

```
trait Friend[-T] :
  def befriend(someone: T): String
```

可以在一个泛型类型中同时使用这两种型变类型。例如，仅具有一个参数的函数类型为 Function1[-A, +R]。为了了解为什么这些是合适的型变，考虑一个函数：

```
def friendsOfStudents(students: Seq[Student],
    findFriend: Function1[Student, Person]) =
    // 你可以将第二个参数写成 findFriend: Student => Person
  for s <- students yield findFriend(s)
```

假设你有一个函数：

```
def findStudentFriendsOfPerson(p: Person): Student = ...
```

你能用这个函数调用 friendsOfStudents 吗？当然可以。它愿意接受任何 Person，所以肯定会接受一个 Student。这是 Function1 的第一个类型参数中的逆变，它产生一个 Student 结果，可以放入 Person 对象的容器中。第二类型参数是协变量。

17.9 协变和逆变位置

在上一节中，我们看到函数的参数是逆变的，而结果是协变的。一般来说，对对象消费的值使用逆变，对对象产生的值使用协变是有意义的。（助记：逆变消费。）

如果一个对象同时做了这两件事，那么这个类型应该保持不变（invariant）。这通常适用于可变数据结构。例如，在 Scala 中，数组是不可变的，那么不能将 `Array[Student]`转换为 `Array[Person]`，也不能逆方向转换，因为这是不安全的。考虑以下情况：

```
val students = Array.ofDim[Student](length)
val people: Array[Person] = students // 不合法，但假设它合法...
people(0) = Person("Fred") // 噢不！现在 students(0)不是 Student 了
```

反之：

```
val people: Array[Person] = Array(Person("Fred"))
val students: Array[Student] = people // 不合法，但假设它合法...
val firstStudent: Student = students(0) // 噢不！现在 firstStudent 不是 Student 了
```

注意： 在 Java 中，可以将 `Student[]`数组转换为 `Person[]`数组，但如果试图将非学生元素添加到这样的数组中，则会抛出 `ArrayStoreException` 异常。在 Scala 中，编译器会拒绝可能导致类型错误的程序。

注意： `IArray[+T]`类是不可变 JVM 数组的包装器。注意元素类型是协变的。

假设我们试图声明一个协变的可变对偶，这将行不通。它就像一个包含两个元素的数组，其中一个可能会产生你刚才看到的相同类型的错误。

为了找到这种错误，Scala 编译器使用了一个简单的规则进行型变检查。每个类型参数都分配了一个位置，协变或逆变必须与其实际的型变相匹配。参数是逆变位置，而返回类型是协变位置。例如，在以下声明中：

```
class Pair[+T](var first: T, var second: T) // 错误
```

你会得到一个错误，抱怨协变类型 `T` 出现在 setter `first_=(value: T)`的逆变位置。

在函数参数内部，型变翻转——它的参数是协变的。例如，看一下 `Iterable[+A]`的 `foldLeft` 方法：

```
foldLeft[B](z:B)(op: (B, A) => B):B
               -        +  +      -  +
```

注意，`A` 处于协变位置，在给定`+A` 类型参数时这是允许的。然而，`B` 同时处于协变和逆变位置。这也是可以的，因为它被声明为一个不变类型参数。

这些位置规则既简单又安全，但有时也会带来不便。考虑 17.3 节中不可变对中的 `replaceFirst` 方法：

```
class Pair[+T](val first: T, val second: T) :
  def replaceFirst(newFirst: T) = Pair[T](newFirst, second) // 错误
```

编译器会拒绝这样，因为参数类型 `T` 处于逆变位置。然而，该方法不会破坏原始对偶——它会返回一个新的对偶。

解决办法是为该方法增加另一个类型参数，如下所示：

```
def replaceFirst[R >: T](newFirst: R) = Pair[R](newFirst, second)
```

现在该方法是一个具有另一个类型参数 R 的泛型方法。但是 R 是不变的，所以它出现在逆变位置没有关系。

17.10 对象不能是泛型

不能向对象添加类型参数。例如，考虑不可变列表。一个元素类型为 T 的列表要么为空，要么包含一个类型为 T 的头部和一个类型为 List[T]的尾部：

```
abstract sealed class List[+T] :
  def isEmpty: Boolean
  def head: T
  def tail: List[T]
  def toString = if isEmpty then "" else s"$head $tail"

case class NonEmpty[T](head: T, tail: List[T]) extends List[T] :
  def isEmpty = false
case class Empty[T] extends List[T] :
  def isEmpty = true
  def head = throw UnsupportedOperationException()
  def tail = throw UnsupportedOperationException()
```

注意：这里使用 NonEmpty 和 Empty 是为了清晰。它们对应于 Scala 列表中的::和 Nil。

将 Empty 定义为一个类似乎很愚蠢。它没有状态，但你不能简单地将其转换为对象：

```
case object Empty[T] extends List[T] : // 错误
```

不能为对象添加类型参数。在这种情况下，一种解决方法是继承 List[Nothing]：

```
case object Empty extends List[Nothing] :
```

回忆第 8 章的内容，Nothing 类型是所有类型的子类型。因此，当我们创建一个单元素列表 val lst = NonEmpty(42, Empty)时，类型检查成功。由于协变的关系，List[Nothing]可以转换为 List[Int]，并且可以调用 NonEmpty[Int]构造函数。

17.11 通配符

在 Java 中，所有泛型类型都是不变的。但是，你可以在使用它们的地方使用通配符来改变类型。例如，一个方法：

```
void makeFriends(List<? extends Person> people) // 这是 Java
```

可以使用 List<Student>来调用。

你也可以在 Scala 中使用通配符。它们看起来像这样：

```
def makeFriends(people: java.util.List[? <: Person]) = ... // 这是Scala
```

在 Scala 中，协变的 Pair 类不需要通配符。但假设 Pair 是不变的：

```
class Pair[T](var first: T, var second: T)
```

然后你可以定义：

```
def makeFriends(p: Pair[? <: Person]) = ... // 可以利用一个Pair[Student]进行调用
```

也可以对逆变使用通配符：

```
import java.util.Comparator
def min[T](p: Pair[T], comp: Comparator[? >: T]) =
  if comp.compare(p.first, p.second) < 0 then p.first else p.second
```

如果有必要，可以有两个型变。这里 T 必须是 Comparable[U]的子类型，而 U（compare 方法的参数）必须是 T 的超类型，因此它可以接受类型 T 的值：

```
def min[T <: Comparable[? >: T]](p: Pair[T]) =
  if p.first.compareTo(p.second) < 0 then p.first else p.second
```

17.12　多态函数

考虑以下顶级函数声明：

```
def firstLast[T](a: Array[T]) = (a(0), a(a.length - 1))
```

在第 12 章中，我们看到了如何将 def 重写为 val 和 lambda 表达式：

```
val firstLast = (a: Array[T]) => ...
```

但这并不完全正确。你需要将类型参数放在某个地方，但不能用 firstLast 进行放置，因为不存在泛型 val：

```
val firstLast[T] = (a: Array[T]) => (a(0), a(a.length - 1)) // 错误
```

相反，你应该认为 firstLast 有两个柯里化参数：类型 T 和数组 a。正确的语法如下：

```
val firstLast = [T] => (a: Array[T]) => (a(0), a(a.length - 1))
```

firstLast 的类型是：

```
[T] => Array[T] => (T, T)
```

这种类型称为*多态函数类型*（polymorphic function type）。

请注意，firstLast[String]是一个类型为 Array[String] => (String, String)的普通函数，其类型参数已经被“柯里化”了。

当需要一个必须支持不同类型的 lambda 表达式时，多态函数很有用。假设你想将元组中的所有元素包装在 Some 中，将(1, 3.14, "Fred")转换为(Some(1), Some(3.14), Some("Fred"))。

这里有一个 Tuple.map 方法用于此目的。要映射的函数需要一个类型参数，因为每个元素可以有不同的类型。具体方法如下：

```
val tuple = (1, 3.14, "Fred")
tuple.map([T] => (x: T) => Some(x))
```

lambda 表达式的类型是[T] => T => Some[T]。

警告：在第 20 章中，你会遇到 lambda 类型，例如[X] =>> Some[X]。他们看起来很像，但却完全不同。类型 lambda 是类型级别的函数，它消费一个类型并产生另一个类型。相比之下，多态函数类型是一种类型。

练习

1. 定义一个具有方法 swap 的不可变类 Pair[T, S]，该方法会返回一个包含交换后的元素的新对偶。
2. 定义一个具有方法 swap 的可变类 Pair[T]，该方法会交换对偶的元素。
3. 给定一个类 Pair[T, S]，编写一个泛型方法 swap，它接受一个对偶作为参数，并返回一个新的对偶，其中包含已交换的元素。
4. 如果我们想用一个 Student 替换 Pair[Person]的第一个元素，为什么不需要为 17.3 节的 replaceFirst 方法指定一个下界？
5. 为什么 RichInt 实现 Comparable[Int]而不是 Comparable[RichInt]？
6. 编写一个泛型方法 middle，让它返回任何 Iterable[T]的中间元素。例如，middle("World")结果为'r'。
7. 在 Pair[T]类中添加一个 zip 方法，用于组合对偶的对偶：

   ```
   val p = Pair(Pair(1, 2), Pair(3, 4))
   p.zip // Pair(Pair(1, 3), Pair(2, 4))
   ```

   当然，这个方法只能应用于 T 本身是 Pair 类型的情况。请使用类型约束。
8. 编写一个实现可变对偶的类 Pair[T, S]。使用=:=类型约束，并提供一个 swap 方法，该方法在 S 和 T 类型相同的情况下就地交换元素。请演示你可以对 Pair("Fred", "Brooks")调用 swap 函数，以及可以构造 Pair("Fred", 42)，但不能对它调用 swap 函数。
9. 请查看 Iterable[+A]特质的方法。哪些方法使用类型参数 A？为什么在这些方法中它处于协变位置？
10. 在 17.9 节中，replaceFirst 方法有一个类型边界。为什么不能在可变 Pair[T]上定义一个等价的方法？

    ```
    def replaceFirst[R >: T](newFirst: R) =
      first = newFirst // 错误
    ```

11. 在不可变的类 Pair[+T]中限制方法参数似乎有点奇怪。然而，假设你可以在一个 Pair[+T]中定义 def replaceFirst(newFirst: T)。

    问题是该方法可能会以不可靠的方式重写，请创建该问题的一个例子。定义 Pair[Double]的子类 NastyDoublePair，后者重写 replaceFirst 使其与 newFirst 的平方根构成对偶。然后考虑对一个 Pair[Any]（实际上是一个 NastyDoublePair）上的调用 replaceFirst("Hello")。

第18章

高级类型 L2

在本章中，你将看到Scala提供的所有类型，包括一些技术性更强的类型。

本章重点内容如下：

- 如果值属于任何一个或所有组成类型，则该值属于联合（union）类型或相交（intersection）类型；
- 结构类型（structural type）类似于“鸭子类型”，但会在编译时检查；
- 单例类型（singleton type）对于方法链和带对象参数的方法都很有用；
- 类型别名（type alias）为类型提供简短的名称；
- 不透明类型别名（opaque type alias）对公众隐藏了一个表示类型；
- 抽象类型在子类中必须具体化；
- 依赖类型（dependent type）是依赖于某个值的类型。

18.1 联合类型

如果 T_1 和 T_2 是类型，那么联合类型（union type）$T_1 \mid T_2$ 是实例属于 T_1 或 T_2 的类型。这里有一个具体的例子。响应选项可以用一个由空格分隔的字符串表示，例如"Yes Maybe No"，或者是一个数组Array("yes", "maybe", "no")。这个函数接受参数：

```
def isValid(choice: String, choices: String | Array[String]) =
  choices match
    case str: String => str.split("\\s+").contains(choice)
    case Array(elems*) => elems.contains(choice)
```

一般来说，要处理联合类型，需要使用类型匹配。

联合类型适用于“临时”替代。当然，你可以遵循一种更面向对象的方法，使用密封特质Choices及其子类StringChoices和ArrayChoices：

```
enum Choices :
  case StringChoices(str: String)
  case ArrayChoices(elems: String*)
```

这有时被称为“鉴别联合”。它等价于联合类型，但这些类型具有名称。一般来说，我们更喜欢 Scala 中的命名类型（named type），联合类型并不常见。

警告： 当你生成的值可以是一种类型或另一种类型，并且希望结果被认为是联合类型时，需要显式指定联合类型。考虑以下示例：

```
def inverse(x: Double):
  Double | String = if x == 0 then "Divide by zero" else 1 / x
```

如果没有 `Double | String` 返回类型，编译器会推断出类型是 `Matchable`，这不是很有用。

注意，联合类型是可交换的：类型 $T_1 | T_2$ 和 $T_2 | T_1$ 是相同的类型。

18.2 相交类型

相交类型（intersection type）具有形式：

T_1 & T_2 & T_3 ...

其中 T_1、T_2、T_3 等都是类型。一个值要想属于相交类型，它必须属于所有单独的类型。

使用相交类型来描述必须提供多个特质的值。例如：

```
val img = ArrayBuffer[java.awt.Shape & java.io.Serializable]
```

你可以使用 `s <- img do graphics.draw(s)` 来绘制 `img` 对象。可以序列化 `image` 对象，因为你知道所有元素都是可序列化的。

当然，你只能添加既是形状又是可序列化对象的元素：

```
val rect = Rectangle(5, 10, 20, 30)
img += rect // OK—java.awt.Rectangle 是一个 Shape 和 Serializable
```

但这是行不通的：

```
img += Area(rect) // 错误——java.awt.Area 是一个 Shape 但不是 Serializable
```

注意： 当你有一个声明：

```
trait ImageShape extends Shape, Serializable
```

这意味着 `ImageShape` 扩展了相交类型 `Shape & Serializable`。

在 Scala 中，你更倾向于使用这些特质，而不是原始的相交类型。但你有时会在编译器消息中看到相交类型的特质。

与联合类型一样，相交类型也是可交换的：T_1 & T_2 和 T_2 & T_1 都是同一种类型。

注意： 相交类型是可交换的，这似乎令人惊讶，因为在使用多个特质时顺序很重要。例如，我们在第 10 章中见过这样的例子：

```
val acct1 = new LoggedAccount() with TimestampLogger with ShortLogger
```

```
val acct2 = new LoggedAccount() with ShortLogger with TimestampLogger
```

这两个对象的 log 方法的行为不同。不过，两个对象都有类型：

```
LoggedAccount & TimestampLogger & ShortLogger
```

它等同于：

```
LoggedAccount & ShortLogger & TimestampLogger
```

类型描述了具有 log 方法的对象，但没有说明它是如何实现的。

18.3 类型别名

使用 type 关键字可以为复杂类型创建一个简单的别名，如下所示：

```
object Book :
  type Index = scala.collection.mutable.HashMap[String, (Int, Int)]
  ...
```

然后你可以引用 Book.Index，代替繁琐的名称 scala.collection.mutable.HashMap [String, (Int, Int)]。

警告：要实例化 Book.Index，你需要使用 new：

```
val idx = new Book.Index()
```

表达式 Book.Index()无法工作，因为 Index 是一种类型，而不是一个具有 apply 方法的值。如果你真的想避免 new，可以给伴生对象添加一个值：

```
val Index = scala.collection.mutable.HashMap
```

对于本身没有名称的类型，类型别名特别有用：

```
type Pair[T] = (T, T)
type Choices = String | Array[String]
```

类型别名可以是不透明的，表示实际的类型仅在声明的作用域中可知。例如：

```
object Doc :
  opaque type HTML = String
  def format(text: String): HTML = ...
  class Chapter :
    private val paragraphs = ArrayBuffer[String]()
    def paragraph(index: Int): HTML = paragraphs(index)
    def append(paragraph: HTML) = paragraphs += paragraph
```

在 Doc 对象的作用域中，大家都知道 HTML 是 String 的别名。但在其他地方，用 String 调用 append 方法会出错。只能传递 Doc.HTML 类型的实例。Doc 对象的特性负责 HTML 格式的完整性。

注意，不透明性不是通过将值“装箱”到另一个对象中来实现的。类型 Doc.HTML 的值只是一个 String 引用，但不能对其调用 String 方法。

可以通过给出类型边界来显示不透明类型的一些方法：

```
opaque type HTML <: CharSequence = String
```

现在可以调用 CharSequence 接口的任何方法了。

注意： 通过使用扩展方法（见第 19 章），你可以用自己选择的方法创建不透明类型。这样就可以定义和值类一样高效的类型（见第 5 章）。

警告： 在这个例子中，不透明类型是在对象中定义的。在类中定义不透明类型是合法的，但每个实例都有自己的类型。如果不透明的 HTML 类型声明在 Chapter 类中，那么 ch1.HTML 和 ch2.HTML 是不同的类型，你就不能在章之间复制段落。

注意： type 关键字也可用于在子类中具体化的抽象类型，例如：

```
abstract class Reader :
  type Contents // 一个抽象类型
  def read(filename: String): Contents
```

我们将在 18.7 节讨论抽象类型。

18.4　结构类型

“结构类型”（structural type）是符合条件的类型应该拥有的抽象方法、字段和类型的规范。这里声明了一个结构类型，并给它指定了类型别名：

```
type Appendable = { def append(str: String): Any }
```

结构类型比定义一个 Appendable 特质更灵活，因为你可能并不总是能够将该特质添加到正在使用的类中。例如，java.lang.Appendable 接口有一个 append 方法。javax.swing.JTextArea 类也有一个 append 方法，但它没有实现 java.lang.Appendable 接口。不过，java.lang.Appendable（包括 StringBuilder 和 Writer）以及 JTextArea 的实例都属于刚才声明的 Appendable 类型。

你能用这种类型做什么？下面是一个几乎可以正常工作的函数：

```
def appendLines(target: Appendable, lines: Iterable[String]) =
  for l <- lines do
    target.append(l); // 错误
    target.append("\n") // 错误
```

不过，即使编译器知道 append 方法存在，它也会拒绝对该方法的调用。

问题是编译器不知道如何调用该方法。

这听起来有点奇怪。为什么编译器不知道如何调用一个方法？但是考虑一下当 Appendable

是一个特质时会发生什么。在这种情况下，编译器会生成一条虚拟机指令来调用该方法。虚拟机有一种高效的机制来定位适当的实现，它使用一种称为*虚拟方法表*（virtual method table）的运行时数据结构。只有当虚拟机知道定义方法的类或接口时，这种方法才有效。

还有另一种调用方法的方式：通过反射 API。在我们的例子中，这是一种合理的方法。不过，反射的开销还是很昂贵的，Scala 编译器希望我们确认反射是否是我们想要的。你可以通过一个特殊的导入来实现：

```
def appendLines(target: Appendable, lines: Iterable[String]) =
  import reflect.Selectable.reflectiveSelectable
  for l <- lines do
    target.append(l); // OK
    target.append("\n") // OK
```

注意，这种方法是类型安全的。任何具有合适的 `append` 方法的类的实例都可以调用 `appendLines` 方法。如果用没有 `append` 方法的类实例调用 `appendLines` 函数，则编译器会报错。

注意： 在第 11 章中，你已经看到了如何使用 `Selectable` 接口进行类型安全的选择和方法应用。导入 `reflect.Selectable.reflectiveSelectable` 引入了一种从任何类型到使用反射的 `Selectable` 实例的转换。

你还可以动态创建结构类型的实例，如下所示：

```
val appender: Appendable = new :
  def append(str: String): Any = println(str)
```

注意： 你可以写成 `T {def append(str: String): Any}`，而不是 `T & {def append(str: String): Any}`。在后一种情况下，花括号中的表达式称为*类型细化*（type refinement）。

注意： 使用反射调用结构类型类似于动态类型编程语言（如 JavaScript 或 Ruby）中的“鸭子类型”。在这些语言中，变量没有类型。当你编写 `obj.quack()` 时，运行时就会判断此时 `obj` 所指向的特定对象是否具有 `quack` 方法。换句话说，只要 `obj` 像鸭子一样走路和呱呱叫，就不必将它声明为鸭子。相反，Scala 在编译时检查调用是否成功。

18.5 字面量类型

你可以定义只有一个值的类型，该值必须是字面量常量：数字、字符串、字符或布尔字面量（但不能是 `null`）。

```
type Zero = 0
```

这种类型的变量可以持有一个值：

```
val z: Zero = 0
```

这听起来没什么用，但你可以定义有意义的联合类型：

```
type Bit = 0 | 1
var b: Bit = 0
b = 1 // OK
```

下面是一个错误：

```
b = -1 // 错误
```

这里有一个更有趣的例子。我们使用语言标签来确保在编译时只组合相同语言的消息。

```
class Message[L <: String](val text: String)
val m1 = Message["de"]("Achtung") // m1类型为Message["de"]

class Messages[L <: String] :
  private val sb = StringBuilder()
  def append(message: Message[L]) = sb.append(message.text).append("\n")
  def text = sb.toString

val germanNews = Messages["de"]()
germanNews.append(m1) // 添加相同语言的消息没问题
```

但是下面的代码不能编译：

```
val m2 = Message["en"]("Hello")
germanNews.append(m2) // 错误
```

提示： 默认情况下，字面量类型会在类型推断中加宽。例如，下面的函数用于构造给定语言的字符串：

```
def message[L <: String](language: L, text: String) = Message[L](text)
```

message("en", "hello")的类型是Message[String]，而不是Message["en"]。为了避免这种加宽，可以添加上界Singleton：

```
def message[L <: String & Singleton](language: L, text: String) =
  Message[L](text)
```

警告： 每个字面量类型都是Singleton的子类型，但并不是Singleton的每个子类型都是单例。根据一般原则，由于"en" <: Singleton以及"fr" <: Singleton，因此也认为"en" | "fr" <: Singleton。

第 20 章会介绍字面量类型的其他用法。例如，我们将定义一个参数化的向量类型，其维度是一个类型参数，为此它会阻止你将 Vec[3]和 Vec[4]相加。注意方括号中的 3 和 4，它们是字面量类型，而不是值！

18.6　单例类型操作符

给定一个值 v，你可以形成包含值 v 的单例类型 v.type。这听起来像上一节中的字面量类型，但其中存在一些区别。

字面量类型用字面量定义，这里的值是一个变量或路径，例如 e.name.type。（当然，这个值必须是不可变的。如果变量 v 声明为 var，就不能形成单例类型 v.type，因为它可能有多个值。）

类型绑定在路径上，而不是值上。如果 v 和 w 的值相同，那么 v.type 和 w.type 是不同的：

```
val v = 1
val w = 1
val x: v.type = v // OK
val y: v.type = w // 错误
val z: v.type = 1 // 错误
```

警告：如果 v 是引用类型，那么 v.type 实际上不是单例类型，因为它有两个值 v 和 null：

```
val v = "Hello"
val x: v.type = null // OK
```

对于字符串字面量类型也是如此：

```
val v: "Hello" = null // OK
```

这也许是不幸的，但却是不可避免的。Null 类型（只有一个值 null）是所有引用类型的子类型。

乍一看，单例类型似乎没什么用，但它们有几种实际应用。

考虑一个返回 this 的方法，这样你就可以链式调用方法：

```
class Document :
  def setTitle(title: String) = { ...; this }
  def setAuthor(author: String) = { ...; this }
  ...
```

然后可以调用：

```
article.setTitle("Whatever Floats Your Boat").setAuthor("Cay Horstmann")
```

然而，如果你有一个子类，就有一个问题。考虑下面这个子类：

```
class Book extends Document :
  def addChapter(chapter: String) = { ...; this }
  ...
```

以下调用会失败：

```
val book = Book()
book.setTitle("Scala for the Impatient").addChapter("Advanced Types") // 错误
```

由于 setTitle 方法返回 this，Scala 推断返回类型为 Document。但是 Document 没有 addChapter 方法。

解决方法是将 setTitle 的返回类型声明为 this.type：

```
def setTitle(title: String): this.type = { ...; this }
```

现在 book.setTitle("...")的返回类型是 book.type。由于 book 有 addChapter

方法，所以这种链式调用可以工作。

提示：有时，你需要说服编译器某个对象扩展了特定的特质。你可以强制转换它，例如：

```
v.asInstanceOf[Matchable]
```

但这可能还不够好。结果是 Matchable，但它失去了类型 v 之前的所有类型。解决方法是添加 v 类型：

```
v.asInstanceOf[v.type & Matchable]
```

单例类型的另一个用途是将 Object 实例作为参数的方法。你可能想知道为什么要这样做。毕竟，如果只有一个实例，方法可以直接使用它，而不是让调用者传递它。

然而，有些人喜欢构造读起来像英语的“流畅接口”，例如：

```
book set Title to "Scala for the Impatient"
```

它被解析为：

```
book.set(Title).to("Scala for the Impatient")
```

为此，set 必须是一个参数为单例 Title 的方法：

```
object Title // 此对象用作流畅接口的参数
class Document :
  private var title = ""
  private var useNextArgAs: Any = null
  def set(obj: Title.type): this.type = { useNextArgAs = obj; this }
  def to(arg: String) = if useNextArgAs == Title then title = arg // else ...
  ...
```

注意 Title.type 参数。你不能使用：

```
def set(obj: Title) ... // 错误
```

因为 Title 表示单例对象，而不是类型。

18.7　抽象类型

类或特质可以定义抽象类型（abstract type），该类型会在子类中具体化。例如：

```
trait Reader :
  type Contents
  def read(url: String): Contents
```

这里的类型 Contents 是抽象的。具体的子类需要指定类型：

```
class StringReader extends Reader :
  type Contents = String
  def read(url: String) = String(URL(url).openStream.readAllBytes)

class ImageReader extends Reader :
  type Contents = BufferedImage
```

```
  def read(url: String) = ImageIO.read(URL(url))
```

使用类型参数也可以达到相同的效果：

```
trait Reader[C] :
  def read(url: String): C

class StringReader extends Reader[String] :
  def read(url: String) = String(URL(url).openStream.readAllBytes)

class ImageReader extends Reader[BufferedImage] :
  def read(url: String) = ImageIO.read(URL(url))
```

哪种方式更好呢？在 Scala 中，经验法则是：

- 当需要在类型的每个实例中提供参数类型时，使用类型参数。例如，当将映射声明为 `Map[String, Int]`时，需要在声明处指定类型。
- 在子类中提供类型时使用抽象类型。在 `Reader` 的例子中就是这样。你不能简单地实例化一个 `Reader[JSONObject]`，而需要创建一个子类并声明 `read` 方法来生成 JSON。

18.8 依赖类型

让我们使用上一节中的读取器来制作用户界面组件：

```
val ir = ImageReader()
val imageLabel =
  makeComponent(ir, "https://horstmann.com/cay-tiny.gif", b => JLabel(ImageIcon(b)))
```

`makeComponent` 函数接受一个读取器、一个 URL 和一个将读取器内容转换为组件的函数作为参数。该函数的参数类型应该是什么？它不可能只是 `Contents`，因为这是一种抽象类型。相反，你需要特定读取器的 `Contents` 类型：

```
def makeComponent(r: Reader, url: String, transform: r.Contents => JComponent) =
  val contents = r.read(url)
  transform(contents)
```

类型 `r.Contents` 称为依赖类型（dependent type），因为它依赖于值 `r`。例如，如果 `r` 是一个 `ImageReader` 实例，那么 `r.Contents` 就是 `BufferedImage` 类型，但如果 `r` 是 `StringReader`，那么 `r.Contents` 则是 `String` 类型。

警告：不能用可变变量创建依赖类型。如果声明 `var r: Reader`，那么编译器就无法分辨 `r.Contents` 是什么，它取决于 `r` 的当前值。

在 Scala 中，依赖类型属于实例，而不是类。例如，不存在 `ImageReader.Contents` 类型。

一般来说，如果有一种类型 `p.q.r.T`，那么组件 `p`、`q`、`r` 必须是包组件、对象名或不可变变量（包括 `this` 和 `super`）。这种结构称为路径（path），你可能会在编译器消息中见到这个术语。

如果需要引用所有 ImageReader 实例的 Contents，那么可以使用类型投影（type projection）ImageReader#Contents，详情见第 5 章。

> **注意：** 在内部，编译器将类型表达式 p.q.r.T 翻译成类型投影 p.q.r.type#T。例如，r.Contents 变成了 r.type#Contents——单例 r.type 中的任何 Contents，这通常不是你需要担心的事情。然而，有时你可能会看到带有 p.q r.type#T 形式类型的错误消息，直接将它翻译回 p.q.r.T。

你已经看到 read 方法的返回类型是一个依赖类型。现在我们将它转换成一个函数：

```
val readContents = (r: Reader, url: String) => r.read(url)
```

该函数的类型是什么？它不能是(Reader, String) => Reader.Contents，因为不存在 Reader.Contents 类型。

为了引用正确的类型 r.Contents，需要添加变量名，如下所示：

```
(r: Reader, url: String) => r.Contents
```

选择什么名称并不重要。重要的是你必须为所有参数提供名称，即使不需要它们（类似上面的 url）。这种类型称为*依赖函数类型*（dependent function type）。

18.9　抽象类型边界

抽象类型可以有类型边界，就像类型参数一样。例如：

```
class Event
class EventSource :
  type E <: Event
  ...
```

子类必须提供兼容的类型，例如：

```
class Button(val text: String) extends EventSource :
  class ButtonEvent(val source: Button) extends Event
  type E = ButtonEvent // OK，它是 Event 的子类
  ...
```

注意，这个例子不能使用类型参数，因为边界是一个内部类。

我们继续这个例子，演示抽象类型如何描述类型之间微妙的相互依赖关系。

一般来说，对类型族进行建模是一个挑战，这些类型族一起变化，共享公有代码，并保持类型安全。在我们的事件处理场景中，我们希望不同的事件源触发不同类型的事件，并管理接收适当类型通知的监听器。

让我们为 EventSource 类添加管理监听器和触发事件的功能：

```
type L <: Listener
trait Listener :
  def occurred(e: E): Unit
```

```
private val listeners = ArrayBuffer[L]()
def add(l: L) = listeners += l
def remove(l: L) = listeners -= l
def fire(e: E) =
  for l <- listeners do l.occurred(e)
```

注意类型变量 E 和 L 分别表示事件和监听器类型。监听器方法 occurred 需要一个特定类型 E 的参数，而不是任何事件。只能添加特定类型 L 的监听器。

在 Button 类中，我们已经将 E 设置为 ButtonEvent。我们仍然需要指定 L 类型。click 方法模拟按钮点击：

```
trait ButtonListener extends Listener
type L = ButtonListener
def click() = fire(ButtonEvent(this))
```

关键点是什么？现在可以添加一个接收按钮事件的监听器：

```
val b = Button("Click me!")
val listener = new b.ButtonListener :
  override def occurred(e: b.ButtonEvent) =
    println(s"Clicked the ${e.source.text} button")
b.add(listener)
b.click()
```

但尝试添加其他类型的监听器将会失败（见本章练习 11）。即使管理监听器的代码完全包含在 EventSource 超类中，也可以实现这种类型安全。

注意： 在抽象类型的示例中，我为抽象类型使用了单字母名称，以显示与使用类型参数的版本的相似性。Scala 语言中经常使用描述性更强的类型名，这样代码的描述性更强：

```
class EventSource :
  type EventType <: Event
  type ListenerType <: Listener
  ...

class Button extends EventSource :
  type EventType = ButtonEvent
  type ListenerType = ButtonListener
  ...
```

练习

1. 相比于使用 Try[T]类型，你可以使用联合类型 T | Throwable。请给出这种方式的优点和缺点。

2. 以下类型为字符串列表建模：

```
enum List :
```

```
  case Empty
  case NonEmpty(head: String, tail: List)
```

可以使用联合类型来代替吗？如果可以，怎么做？如果不可以，原因是什么？

3. 证明(T | U) => R 和(T => R) & (U => R)是等价的。

4. 编写一个函数 printValues，它包含 3 个参数 f、from 和 to，打印出 f 在给定范围内的所有值。这里，f 应该是任何带有 apply 方法的对象，该方法消费并产生一个 Int。例如：

```
printValues(Array(1, 1, 2, 3, 5, 8, 13, 21, 34, 55), 3, 6) // 打印3 5 8 13
printValues((x: Int) => x * x, 3, 6) // 打印9 16 25 36
```

提示： 在 Scala 3.2 实现中，像(x: Int) => x * x 这样的函数字面量没有可以被反射调用的 apply(n: Int): Int 方法。使用联合类型接受带 apply(n: Int): Int 方法的 Function1[Int, Int]实例或对象。

5. 使用结构类型实例，Scala 允许你像 JavaScript 一样灵活地定义对象：

```
val fred = new :
  val id = 1729
  var name = "Fred"
```

不幸的是，你无法访问这些字段。描述该声明的两种不同的修改方案以允许访问字段（不定义 Person 类）。

6. 实现一个方法，让它接收任何具有 def close(): Unit 方法的类的对象，以及一个处理该对象的函数。调用该函数，并在函数执行完毕或发生异常时调用 close 方法。

7. 实现一个 Bug 类，为一个沿水平线移动的虫子建模。move 方法在当前方向上移动，turn 方法让虫子转向，show 方法打印当前位置。使这些方法可以链式调用。例如：

```
bugsy.move(4).show().move(6).show().turn().move(5).show()
```

应该显示 4 10 5。

8. 为前一个练习中的 Bug 类提供一个流畅的接口，以便可以编写以下内容。

```
bugsy move 4 and show and then move 6 and show turn around move 5 and show
```

9. 完成 18.6 节中的流畅接口，以便可以调用：

```
book set Title to "Scala for the Impatient" set Author to "Cay Horstmann"
```

10. cast v.asInstanceOf[v.type & Matchable]看起来有点不美观。定义一个泛型方法 as，这样就可以通过调用 as[Matchable](v)来为一个值添加任意特质。

11. 试着定义一个 ButtonListener，其 occurred 方法接受一个除 ButtonEvent 之外的事件。尝试为按钮添加一个除 ButtonListener 之外的监听器。每种情况分别会发生什么？

12. 使用参数类型而非抽象类型重写 EventSource 类。仍然可以保证 ButtonListener 只接受 ButtonEvent 值，并且只能为 Button 添加 ButtonListener 吗？

13. 给定以下特质：

```
trait UnitFactory :
  type U <: Unit
  def create(x: Double): U
  trait Unit :
    val value: Double
    def name: String
    override def toString = s"$value $name"
    def + (that: U): U =
      of(this.value + that.value)
```

创建对象 `object MeterFactory extends UnitFactory` 和 `object LiterFactory extends UnitFactory`。

其 `create` 方法生成 `Meter` 和 `Liter` 类的实例。请证明你只能添加相同类型的单位。

14. 改进前一练习中的代码，让它支持千米和毫升这样的单位，其中编译器会检查只能添加类似类型的单位。

15. 可以使用参数类型而非抽象类型来实现练习 13 吗？如果不能，为什么？

16. 请尝试为 18.8 节中的 `makeComponent` 函数编写一个依赖函数类型。会发生什么呢？通过柯里化函数来修复它，现在是什么类型？

第 19 章

上下文抽象 L3

Scala 语言提供了许多强大的工具，这些工具可以执行依赖于上下文的任务——根据当前需要配置的设置。在本章中，你将学习如何构建可以随时添加到类层级结构中的功能，如何丰富现有类，以及如何实现自动转换。通过上下文抽象，你可以提供优雅的机制，对代码用户隐藏繁琐的细节。

本章重点内容如下：

- 上下文参数（context parameter）请求一个特定类型的 `given` 对象，可以为不同的上下文定义合适的 `given` 对象；
- 函数 `summon[T]`为类型 `T` 调用当前的 `given` 对象；
- 可以从作用域中的隐式对象或所需类型的伴生对象中获得上下文抽象；
- 有一种特殊的语法可以用来声明扩展特质及定义方法的 `given` 对象；
- 可以使用类型参数和上下文边界来构建复杂的 `given` 对象；
- 如果隐式参数是一个具有单个参数的函数，那么它也可以用作隐式转换；
- 通常，使用导入语句来提供所需的 `given` 实例；
- 使用扩展方法，可以向现有类添加方法；
- 隐式转换用于在不同类型之间进行转换；
- 可以控制在特定位置哪些扩展和隐式转换可用；
- 上下文函数类型描述了带有上下文参数的函数。

19.1 上下文参数

通常，系统具有许多函数都需要的某些设置，例如数据库连接、日志记录器或区域设置。将这些设置作为参数传递是不切实际的，因为每个函数都需要将它们传递给它调用的函数。虽然可以使用全局可见的对象，但这不够灵活。Scala 提供了一种强大的机制来使函数无须显式地传递值——通过上下文参数。首先来了解函数如何接收这些参数。

函数或方法可以有一个或多个用 `using` 关键字标记的参数列表。对于这些参数，编译器将寻找适当的值提供给函数调用，使用的机制我们将在后面介绍。以下是一个简单示例：

```
case class QuoteDelimiters(left: String, right: String)

def quote(what: String)(using delims: QuoteDelimiters) =
  delims.left + what + delims.right
```

可以使用显式的 QuoteDelimiters 对象调用 quote 方法，如下所示：

```
quote("Bonjour le monde")(using QuoteDelimiters("«", "»"))
// 返回«Bonjour le monde»
```

注意，这里有两个参数列表，且函数是“柯里化”的（参考第 12 章）。

然而，上下文参数的重点在于，你不想提供一个显式的 using 参数。你只想调用：

```
quote("Bonjour le monde")
```

现在编译器将寻找 QuoteDelimiters 类型的合适值，它必须是一个声明为 given 的值：

```
given englishQuoteDelims: QuoteDelimiters = QuoteDelimiters("“", "”")
```

现在，分隔符隐式地提供给了 quote 函数。

注意：你很快就会看到，还有更紧凑的方法来声明 given 值。现在使用的是一种易于理解的形式。

然而，你通常不希望声明全局的 given 值。为了在上下文之间切换，可以像下面这样声明对象：

```
object French :
  given quoteDelims: QuoteDelimiters = QuoteDelimiters("«", "»")
  ...

object German :
  given quoteDelims: QuoteDelimiters = QuoteDelimiters("„", "“")
  ...
```

然后使用以下语法从一个这样的对象中导入 given 值：

```
import German.given
```

注意：对于每种类型，只能存在一个 given 值。因此，使用常见类型的 using 参数不是一个好主意。例如：

```
def quote(what: String)(using left: String, right: String) // 不行
```

这将不起作用——不能有两个不同的 String 类型的 given 值。

现在你已经看到了上下文参数的本质。在下文中，你将了解 using 子句的要点、given 声明的语法以及导入它们的方式。

19.2 上下文参数的更多内容

在上一节中，你看到了一个带 using 参数的函数：

```
def quote(what: String)(using delims: QuoteDelimiters) = ...
```

如果函数体没有引用 using 参数，就不必给它命名：

```
def attributedQuote(who: String, what: String)(using QuoteDelimiters) =
  s"$who said: ${quote(what)}"
```

using 参数仍然会传递给需要它的函数，此处是 quote 函数。

总是可以通过调用 summon 来获得一个 given 值：

```
def quote(what: String)(using QuoteDelimiters) =
  summon[QuoteDelimiters].left + what + summon[QuoteDelimiters].right
```

顺便说一下，summon 的定义如下：

```
def summon[T](using x: T): x.type = x
```

注意： 就像莎士比亚的“无尽深渊”充满了任何人都能召唤的“灵魂”一样，Scala 的深层世界也充满了给定对象，每种类型最多一个。任何程序员都可以召唤它们，他们会来吗？这取决于编译器是否能够找到被召唤类型的唯一给定对象。

一个函数可以有多个 using 参数。例如，除了引号之外，我们可能还想本地化消息。每种语言都将键映射到 MessageFormat 模板：

```
case class Messages(templates: Map[String, String])

object French :
  ...
  given msgs: Messages =
    Messages(Map("greeting" -> "Bonjour {0}!",
      "attributedQuote" -> "{0} a dit {1}{2}{3}"))
```

此方法通过使用 using 参数来接收引号分隔符和消息映射：

```
def attributedQuote(who: String, what: String)(
  using delims: QuoteDelimiters, msgs: Messages) =
    MessageFormat.format(msgs.templates("attributedQuote"),
      who, delims.left, what, delims.right)
```

你可以柯里化 using 参数：

```
def attributedQuote(who: String, what: String)(
  using delims: QuoteDelimiters)(using msgs: Messages) = ...
```

在这个例子中，没有必要使用柯里化。但在某些情况下，柯里化可以帮助进行类型推断。

主构造函数可以有上下文参数：

```
class Quoter(using delims: QuoteDelimiters) :
  def quote(what: String) = ...
  def attributedQuote(who: String, what: String) = ...
  ...
```

在构造对象时，根据上下文参数初始化 delims 变量。之后，就没有什么特别的了。它的值在所有方法中都可以访问。

可以通过名字（using ev: => T）声明 using 参数，以将其产物延迟到需要时为止。如果给定值的生成成本很高，或者需要打破循环，那么这可能很有用，不过这种情况并不常见。

19.3　声明 given 实例

本节会介绍声明 given 实例的各种方式。前面已经看到了包含名称、类型和值的显式形式。

```
given englishQuoteDelims: QuoteDelimiters = QuoteDelimiters("“", "”")
```

右侧的代码不必是构造函数，可以是任何 QuoteDelimiters 类型的表达式。

警告：对于 given 实例，不存在类型推断。以下是错误的：

```
given englishQuoteDelims = QuoteDelimiters("“", "”")
  // 错误——没有类型推断
```

如果使用构造函数，可以省略类型和=运算符：

```
given englishQuoteDelims: QuoteDelimiters("“", "”")
```

也可以省略名称，因为通常不需要它：

```
given QuoteDelimiters("“", "”")
```

在抽象类或特质内部，你可以定义一个抽象的 given，它只有名称和类型而没有值，其值必须在子类中提供。

```
abstract class Service :
  given logger: Logger
```

声明重写抽象方法的 given 实例比较常见。例如，当声明一个 Comparator[Int]类型的给定实例时，必须提供 compare 方法的实现：

```
given intComp: Comparator[Int] =
  new Comparator[Int]() :
    def compare(x: Int, y: Int) = Integer.compare(x, y)
```

对于这种常见情况，有一个方便的快捷方式：

```
given intComp: Comparator[Int] with
  def compare(x: Int, y: Int) = Integer.compare(x, y)
```

选择 with 关键字可能是为了避免一行中出现两个冒号。

名称是可选的：

```
given Comparator[Int] with
  def compare(x: Int, y: Int) = Integer.compare(x, y)
```

你可以创建参数化的 given 实例。例如：

```
given comparableComp[T <: Comparable[T]]: Comparator[T] with
    def compare(x: T, y: T) = x.compareTo(y)
```

实例名是可选的，但实例类型之前的冒号是必需的。

我们通过该例子再介绍一个概念：带 using 参数的 given 实例。考虑对两个 List[T] 进行比较，如果两者都不为空，则比较其头部。

怎么做呢？我们需要知道类型 T 的值是可以比较的。也就是说，我们需要一个 Comparator[T] 类型的 given。和往常一样，这种需求可以用 using 子句表示：

```
given listComp[T](using tcomp: Comparator[T]): Comparator[List[T]] =
  new Comparator[List[T]]() :
    def compare(xs: List[T], ys: List[T]) =
      if xs.isEmpty && ys.isEmpty then 0
      else if xs.isEmpty then -1
      else if ys.isEmpty then 1
      else
        val diff = tcomp.compare(xs.head, ys.head)
        if diff != 0 then diff
        else compare(xs.tail, ys.tail)
```

和之前一样，你可以省略名称，并利用 with 语法：

```
given [T](using tcomp: Comparator[T]): Comparator[List[T]] with
  def compare(xs: List[T], ys: List[T]) =
    ...
```

注意：除了显式的 using 参数，还可以为类型参数使用上下文边界：

```
given [T : Comparator] : Comparator[List[T]] with ...
```

第 17 章讲到，必须有一个给定的 Comparator[T] 实例，这等价于 using 子句。不过存在一个区别：给定实例没有参数。相反，你可以从“地狱”召唤它：

```
val ev = summon[Comparator[T]]
val diff = ev.compare(xs.head, ys.head)
```

对于这种被召唤的对象，通常使用变量名 ev。它是“证据”（evidence）的缩写，给定值可以被召唤的事实就是它们存在的证据。

我们反思一下这个例子背后的策略。我们为 Comparator[Int]、Comparator[Double] 等声明了 given 实例。通过使用参数化规则，得到了所有扩展了 Comparable[T] 的类型 T 的 Comparator[T]。这包括 String 和大量的 Java 类型，例如 LocalDate 或 Path。接下来，我们拥有了任何本身拥有 Comparator[T] 实例的类型 T 的 Comparator[List[T]] 实例。这个过程可以对其他容器进行，也可以对元组和样例类进行更多的技术工作。请注意，这在没有各个类的合作的情况下发生。例如，不需要以任何方式修改 List 类。

这样做的好处是什么？它允许我们编写需要排序的泛型函数。只要有一个给定的 Comparator[T] 实例，它们就可以处理所有类型。以下是一个典型的示例：

```
def max[T](a: Array[T])(using comp: Comparator[T]) =
  if a.length == 0 then None
  else
```

```
  var m = a(0)
  for i <- 1 until a.length do
    if comp.compare(a(i), m) > 0 then m = a(i)
  Some(m)
```

除了继承自 Comparator 的 Ordering 特质之外，Scala 库就做了这么多。

19.4 for 和 match 表达式中的 given

可以在 for 循环中声明一个 given：

```
val delims = List(QuoteDelimiters("“", "”"), QuoteDelimiters("«", "»"),
  QuoteDelimiters("„", "“"))
for given QuoteDelimiters <- delims yield
  quote(text)
```

在循环的每次迭代中，给定的 QuoteDelimiters 实例都会改变，且 quote 函数使用不同的分隔符。

一般来说，for 循环中的 x <- yield f(x)等价于 a.map(f)，其中 a 的值会成为 f 的参数。在 given 形式的 for given T <- a yield f()中，a 的值会成为 f 的 using 参数。

match 表达式的模式可以按照以下方式声明：

```
val p = (text, QuoteDelimiters("«", "»"))
p match
  case (t, given QuoteDelimiters) => quote(t)
```

给定的值在匹配分支的右侧给出。

注意，在这两种情况下，都指定了 given 值的类型，而非变量名。如果需要一个名字，请使用@语法：

```
for d @ given QuoteDelimiters <- delims yield
  quote(d.left + d.right)

p match
  case (t, d @ given QuoteDelimiters) => quote(d.left + d.right)
```

19.5 导入 given

通常，在对象中定义 given 值：

```
object French :
  given quoteDelims: QuoteDelimiters = QuoteDelimiters("«", "»")
  given NumberFormat = NumberFormat.getNumberInstance(Locale.FRANCE)
```

可以根据需要通过名称或类型导入它们：

```
import French.quoteDelims // 通过名称导入
import French.given NumberFormat // 通过类型导入
```

你可以导入多个 given 值，按名称导入在按类型导入之前。

```
import French.{quoteDelims, given NumberFormat}
```

如果类型是参数化的，则可以使用通配符导入所有给定实例。例如：

```
import Comparators.given Comparator[?]
```

从中导入所有给定的 Comparator 实例：

```
object Comparators :
  def ≤[T : Comparator](x: T, y: T) = summon[Comparator[T]].compare(x, y) <= 0
  given Comparator[Int] with
    ...
  given [T <: Comparable[T]]: Comparator[T] with
    ...
  given [T : Comparator]: Comparator[List[T]] with
    ...
```

要导入所有的 given 值，使用：

```
import Comparators.given
```

注意，通配符导入：

```
import Comparators.*
```

不导入任何给定值。要导入所有内容，你需要使用：

```
import Comparators.{*, given}
```

也可以导出给定值：

```
object CanadianFrench :
  given NumberFormat = NumberFormat.getNumberInstance(Locale.CANADA)
  export French.given QuoteDelimiters
```

19.6　扩展方法

你是否曾经希望类有一个创建者没有提供的方法？例如，如果 java.io.File 类有一个 read 方法用于读取文件，那岂不是更好：

```
val contents = File("/usr/share/dict/words").read
```

作为一个 Java 程序员，请求 Oracle 公司添加这个方法是你唯一可做的事情。祝你好运！

在 Scala 中，可以定义一个扩展方法来提供想要的功能：

```
extension (f: File)
  def read = Files.readString(f.toPath)
```

现在可以在 File 对象上调用 read 了。

扩展方法可以是一个运算符：

```
extension (s: String)
  def -(t: String) = s.replace(t, "")
```

现在可以对字符串做减法了：

```
"units" - "u"
```

扩展可以参数化：

```
extension [T <: Comparable[? >: T]](x: T)
  def <(y: T) = x.compareTo(y) < 0
```

注意，这个扩展是选择性的：它只给扩展 Comparable 的类型添加<方法。

你可以为同一个类型添加多个扩展方法：

```
extension (f: File)
  def read = Files.readString(f.toPath)
  def write(contents: String) = Files.writeString(f.toPath, contents)
```

export 子句可以添加多个方法：

```
extension (f: File)
  def path = f.toPath
  export path.*
```

现在所有的 Path 方法都适用于 File 对象：

```
val home = File("")
home.toAbsolutePath() // 在我的计算机上，结果是 Path("/home/cay")
```

19.7 扩展方法的查找位置

考虑一个方法调用：

```
obj.m(args)
```

其中 m 没有为 obj 定义。然后 Scala 编译器需要寻找一个名为 m 的扩展方法，且该方法可以应用于 obj。

编译器会在以下 4 个地方查找扩展方法。

1. 在调用的作用域中，也就是在封闭的块和类型中，在超类型中，在导入中。

2. 在构成对象 obj 的 T 类型的所有类型的伴生对象中。由于历史原因，这被称为类型 T 的“隐式范围”。例如，Pair[Person]的隐式范围由 Pair 和 Person 对象的成员组成。

3. 在调用时所有可用的给定实例中。

4. 在 obj 类型的隐式作用域中的所有给定实例中。

接下来，我们看一下每种情况的例子。

你可以将扩展方法放在对象或包中，然后导入它：

```
object FileOps : // 或包
  extension(f: File)
    def read = Files.readString(f.toPath)

import FileOps.* // 或导入 FileOps.read
File("/usr/share/dict/words").read
```

可以将扩展方法放在特质或类中并扩展它：

```
trait FileOps :
  extension(f: File)
    def read = Files.readString(f.toPath)

class Task extends FileOps :
  def call() =
    File("/usr/share/dict/words").read
```

下面是伴生对象中的扩展方法的示例：

```
case class Pair[T](first: T, second: T)

object Pair :
  extension [T](pp: Pair[Pair[T]])
    def zip = Pair(Pair(pp.first.first, pp.second.first),
      Pair(pp.first.second, pp.second.second))

val obj = Pair(Pair(1, 2), Pair(3, 4))
obj.zip // Pair(Pair(1, 3), Pair(2, 4))
```

`zip` 方法不能是 `Pair` 类的方法，它不适用于任意对偶，而只适用于对偶的对偶。因为 `zip` 方法是在 `Pair[Pair[Int]]`实例上调用的，所以会在 `Pair` 和 `Int` 伴生对象上搜索扩展方法。

现在我们看看给定值中的扩展方法。考虑一个 `stringify` 方法，它使用 JSON 格式化数字、字符串、数组和对象。它必须是一个扩展方法，因为目前还没有针对数字、字符串、对偶或数组的方法。

此外，我们需要一种方式来表达对偶或数组中的元素可以被格式化的要求。和 19.3 节中使用 `Comparator` 的例子一样，我们将使用上下文边界。

下面的 `JSON` 特质要求 `stringify` 作为一种扩展方法存在。一个伴生对象将给定值声明为 `JSON[Double]`和 `JSON[String]`：

```
trait JSON[T] :
  extension (t: T) def stringify: String

object JSON :
  given JSON[Double] with
```

```
    extension (x: Double)
      def stringify = x.toString
  def escape(s: String) = s.flatMap(
    Map('\\' -> "\\\\", '"' -> "\\\"", '\n' -> "\\n", '\r' -> "\\r").withDefault(
      _.toString))
  given JSON[String] with
    extension (s: String)
      def stringify = s""""${escape(s)}""""
```

现在我们为 Pair[T]定义一个合适的扩展方法，前提是 T 可以被格式化：

```
object Pair :
  given [T : JSON]: JSON[Pair[T]] with
    extension (p: Pair[T])
      def stringify: String =
        s"""{"first": ${p.first.stringify}, "second": ${p.second.stringify}}"""
```

仔细看一下表达式 p.first.stringify。编译器怎么知道 p.first 有一个 stringify 方法？p.first 的类型是 T。由于上下文边界，存在一个 JSON[T]类型的给定对象，该对象为类型 T 定义了一个名为 stringify 的扩展方法。你刚刚看到了用于定位扩展方法的规则 3 的示例。

最后，对于规则 4，考虑调用 Pair(1.7,2.9).stringify。扩展方法不是在 Pair 伴生对象中声明的，而是在 Pair 中声明的给定值中声明的。

19.8 隐式转换

隐式转换（implicit conversion）是一个具有单个参数的函数，该参数是一个 Conversion[S, T]（扩展了类型 S => T）的给定实例。顾名思义，这种函数自动应用于将值从源类型 S 转换为目标类型 T。

以第 11 章中的 Fraction 类为例。我们想要将整数 *n* 转换为分数 *n* / 1。

```
given int2Fraction: Conversion[Int, Fraction] = n => Fraction(n, 1)
```

现在我们可以计算：

```
val result = 3 * Fraction(4, 5) // 调用 int2Fraction(3)
```

隐式转换将整数 3 转换为一个 Fraction 对象，然后将该对象乘以 Fraction(4,5)。

可以给转换函数指定任何名称，也可以不指定名称。因为不会显式地调用它，所以你可能会想删掉它的名字。但是，正如你将在 19.10 节中看到的，有时导入转换函数是很有用的。我建议你坚持使用 *source*2*target* 约定。

Scala 并不是第一种允许程序员提供自动转换的语言。然而，Scala 为程序员提供了很多控制何时应用这些转换的能力。在接下来的几节中，我们将讨论转换发生的确切时间以及如何微调这个过程。

注意： 尽管 Scala 为你提供了微调隐式转换的工具，但语言设计者意识到隐式转换存在潜在问题。为了避免在使用隐式函数时出现警告，可以添加语句 `import scala.language.implicitConversions` 或编译器选项 `-language:implicitConversions`。

注意： 在 C++中，可以将隐式转换指定为具有单个参数的构造函数或具有名称 `operator` *Type*()的成员函数。然而，C++中，你无法选择允许或禁止这些函数，而且经常会遇到不想要的转换。

19.9 隐式转换规则

隐式转换分为两种不同的情况。

1．如果参数的类型与预期类型不同：

```
Fraction(3, 4) * 5 // 调用 int2Fraction(5)
```

`Fraction` 的`*`方法不接受 `Int` 值，但可以接受一个 `Fraction`。

2．如果对象访问一个不存在的成员：

```
3 * Fraction(4, 5) // 调用 int2Fraction(3)
```

`Int` 类没有`*(Fraction)`成员，但 `Fraction` 类有。

另一方面，有些情况下不会尝试隐式转换。

1．如果代码在没有隐式转换的情况下可以编译，则不会使用隐式转换。例如，如果 `a * b` 可以编译，编译器就不会尝试 `a * convert(b)`或 `convert(a) * b`。

2．编译器永远不会尝试进行多个转换，比如 `convert1(convert2(a)) * b`。

3．模棱两可的转换是错误的。例如，如果 `convert1(a) * b` 和 `convert2(a) * b` 都有效，编译器将报告错误。

警告： 假设我们还有一个转换：

```
given fraction2Double: Conversion[Fraction, Double] =
  f => f.num * 1.0 / f.den
```

这不是模棱两可的：

```
3 * Fraction(4, 5)
```

可以是：

```
3 * fraction2Double(Fraction(4, 5))
```

或：

```
int2Fraction(3) * Fraction(4, 5)
```

第一个转换优于第二个，因为它不需要修改应用`*`方法的对象。

提示：如果你想知道编译器使用了哪些 using 参数、扩展方法和隐式转换，请将程序编译为：

```
scalac -Xprint:typer MyProg.scala
```

添加这些上下文机制后，你将看到源代码。

19.10 导入隐式转换

Scala 将考虑以下隐式转换函数。

1. 源或目标类型的伴生对象中的隐式函数或类。

2. 作用域中的隐式函数或类。

例如，考虑 int2Fraction 和 fraction2Double 转换。我们可以将它们放入 Fraction 伴生对象中，它们将用于涉及分数的转换。

或者，假设我们将转换放在一个定义于 com.horstmann.impatient 包中的 FractionConversions 中。如果你想使用这些转换，可以像下面这样导入 FractionConversions 对象：

```
import com.horstmann.impatient.FractionConversions.given
```

你可以本地化导入以减少意外转换。例如：

```
@main def demo =
    import com.horstmann.impatient.FractionConversions.given
  val result = 3 * Fraction(4, 5) // 使用导入的转换 fraction2Double
  println(result)
```

你甚至可以选择想要的特定转换。如果你更喜欢 int2Fraction 而非 fraction2Double，可以专门导入它：

```
import com.horstmann.impatient.FractionConversions.int2Fraction
val result = 3 * Fraction(4, 5) // 结果是 Fraction(12, 5)
```

如果特定的转换会给你带来麻烦，那么也可以排除它：

```
import com.horstmann.impatient.FractionConversions.{fraction2Double as _, given}
  // 导入除 fraction2Double 之外的所有内容
```

提示：如果你想找出编译器为什么不使用你认为应该使用的隐式转换，可以尝试显式地添加它，例如调用 fraction2Double(3) * Fraction(4, 5)，你可能会得到一个显示问题的错误消息。

19.11 上下文函数

来看第一个带上下文参数的函数示例：

```
def quote(what: String)(using delims: QuoteDelimiters) =
```

```
delims.left + what + delims.right
```

quote 的类型是什么？不可能是 String => String。

因为还有第二个参数列表。但显然也不是 String => QuoteDelimiters => String。

因为那样的话，我们将会这样调用：

```
quote(text)(englishQuoteDelims)
```

而不是：

```
quote(text)(using englishQuoteDelims)
```

必须存在某种方式来编写这种类型，下面就是 Scala 的设计者们提出的方法：

```
String => QuoteDelimiters ?=> String
```

注意： 也许你会感到惊讶?和第二个箭头放一起。回想一下，柯里化的函数类型 T => S => R 实际上是 T => (S => R)。当你固定第一个参数时，会得到一个函数 S => R。在我们的例子中，将 text 固定为特定的值，就会得到一个带 using 参数的函数，它的类型表示为 QuoteDelimiters ?=> String。

注意： 如果一个方法只接受 using 参数，例如：

```
def randomQuote(using delims: QuoteDelimiters) = delims.left
  + scala.io.Source.fromURL(
      "https://horstmann.com/random/quote").mkString.split(" - ")(0)
  + delims.right
```

那么它的类型形式为 QuoteDelims ?=> String。

让我们把这种奇怪的语法应用到实际中。假设你开发了一个处理 Future 特质的库。在第 16 章中，我们使用了全局 ExecutionContext，但在实践中，你需要为所有方法加上标签 (using ExecutionContext)：

```
def GET(String url)(using ExecutionContext): Future[String] =
  Future {
    blocking {
      Source.fromURL(url).mkString
    }
  }
```

通过定义类型别名，还可以做得更好一些：

```
type ContextualFuture[T] = ExecutionContext ?=> Future[T]
```

然后方法变成：

```
def GET(url: String): ContextualFuture[String] = ...
```

这里有一个实现“魔法标识符”的更有趣的技术。我想为 web 请求设计一个 API，可以这样说：

```
GET("https://horstmann.com") { println(res) }
```

GET 方法的第一个参数是一个 URL。第二个是一个处理器，是在响应可用时执行的代码块。注意，魔法标识符 res 表示响应字符串。以下是魔法展开的顺序：

- GET 方法发出 HTTP 请求并获取响应；
- GET 方法调用处理器，并将（包装的）响应作为一个 using 参数；
- res 是一种从给定对象的"无尽深渊"中召唤响应的方法。

我们将所有内容放入一个 Requests 对象中，并为给定的响应使用一个包装类，这样就不会用 API 类污染给定的响应。

```
object Requests :
class ResponseWrapper(val response: String)
def res(using wrapper: ResponseWrapper): String = wrapper.response
```

GET 方法有两个柯里化的参数：URL 和处理器。处理器是一个上下文函数，请注意?=>箭头：

```
def GET(url: String)(handler: ResponseWrapper ?=> Unit) =
  Future {
    blocking {
      val response = Source.fromURL(url).mkString
      handler(using ResponseWrapper(response))
    }
  }
```

请注意，响应被包装并作为 using 参数传递给处理器，然后执行处理器代码，res 函数检索并解包响应对象。

这并不是 HTTP 请求库的示范设计，使用 Future API 会更好。这个例子的重点是 res 作为一个"魔法变量"在处理器函数的作用域中可用。

有关使用上下文函数的另一个例子，请参阅本章练习 12。

19.12 证据

在第 17 章中，我们看到了类型约束：

```
T =:= U
T <:< U
```

约束测试 T 是否等于 U 或是 U 的子类型。要使用这种类型约束，需要提供一个 using 参数，例如：

```
def firstLast[A, C](it: C)(using ev: C <:< Iterable[A]): (A, A) =
  (it.head, it.last)

firstLast(0 until 10) // (0, 9)对
```

=:=和<:<是生成给定值的类，它们定义在 Predef 对象中。例如，<:<本质上是：

```
abstract class <:<[-From, +To] extends Conversion[From, To]

object `<:<` :
  given conforms[A]: (A <:< A) with
    def apply(x: A) = x
```

假设编译器处理 using ev: Range <:< Iterable[Int]这样的约束。它在伴生对象中查找类型为 Range <:< Iterable[Int]的给定对象。注意<:<对 From 是逆变的，对 To 是协变的。因此对象<:<.conforms[Range]可以作为 Range <:< Iterable[Int]实例使用。(<:<.conforms[Iterable[Int]]对象也是可用的，但它不太具体，因此没有被考虑。)

我们称 ev 为“证据对象”(evidence object)——在本例中，它的存在证明了一个事实，即 Range 是 Iterable[Int]的子类型。

这里，证据对象是恒等函数（identity function）。要了解为什么需要恒等函数，请仔细查看：

```
def firstLast[A, C](it: C)(using ev: C <:< Iterable[A]): (A, A) =
  (it.head, it.last)
```

编译器实际上并不知道 C 是一个 Iterable[A]——回想一下<:<不是语言特性，而是一个类。所以，调用 it.head 和 it.last 无效。但 ev 是一个 Conversion[C, Iterable[a]]，因此编译器应用它计算 ev(it).head 和 ev(it).last。

提示： 要检测给定的证据对象是否存在，可以在 REPL 中调用 summon 函数。例如，在 REPL 中输入 summon[Range <:< Iterable[Int]]，你将得到一个结果（现在你知道它是一个函数）。但 summon[Iterable[Int] <:< Range]会失败并返回错误消息。

注意： 如果需要检查一个给定的值是否不存在，可以使用 scala.util.NotGiven 类型：

```
given ts[T](using T <:< Comparable[? >: T]): java.util.Set[T] =
  java.util.TreeSet[T]()
given hs[T](using NotGiven[T <:< Comparable[? >: T]]): java.util.Set[T]=
  java.util.HashSet[T]()
```

19.13 @implicitNotFound 注解

当编译器无法构造注解类型的给定值时，@implicitNotFound 注解会抛出错误消息，其目的是向程序员提供有用的错误信息。例如，<:<类被注解为

```
@implicitNotFound(msg = "Cannot prove that ${From} <:< ${To}.")
abstract class <:<[-From, +To] extends Function1[From, To]
```

例如，如果调用：

```
firstLast[String, List[Int]](List(1, 2, 3))
```

那么错误消息是：

```
Cannot prove that List[Int] <:< Iterable[String]
```

比起默认值，这更有可能给程序员一个有效提示：

```
Could not find implicit value for parameter ev: <:<[List[Int],Iterable[String]]
```

注意，错误消息中的`${From}`和`${To}`被替换为注解类的类型参数 `From` 和 `To`。

练习

1. 在 REPL 中调用 `summon` 来获取 19.3 节中描述的给定值。

2. 以下主构造函数上下文参数之间的区别是什么？

```
class Quoter(using delims: QuoteDelimiters) : ...
class Quoter(val using delims: QuoteDelimiters) : ...
class Quoter(var using delims: QuoteDelimiters) : ...
```

3. 在 19.3 节中，我们使用上下文边界而非 `using` 参数来声明 `max`。

4. 说明如何在代码体中使用 `Logger` 类的 `given` 实例，而不必在方法调用中传递它。并与通常使用 `Logger.getLogger(id)`等方法获取日志记录器实例的做法进行比较。

5. 提供一个 `Comparator` 的 `given` 实例，它通过字典顺序比较 `java.awt.Point` 类的对象。

6. 继续前一练习，根据两个点到原点的距离来比较它们。如何在两种排序之间切换？

7. 对 `Array[T]`实例生成给定的 `Ordering`，前提是给定 `Ordering[T]`。

8. 为 `Iterable[T]`实例生成一个给定的 `JSON`，前提是存在给定的 `JSON[T]`，并将其字符串化为 JSON 数组。

9. 改进 19.11 节中的 `GET` 方法，让它能够检索非 `String` 类型的主体。使用 Java `HttpClient` 而不是 `scala.io.Source`。使用上下文边界来识别有主体处理程序的（少数）类型。

10. 你有没有想过`"Hello" -> 42` 和`" 42 -> "Hello"`是如何变成`("Hello", 42)`和`(42, "Hello")`对的？定义你自己的运算符来实现这一点。

11. 定义一个计算整数阶乘的运算符`!`。例如，`5.!`为 `120`。

12. 考虑下面创建 HTML 表格的函数调用：

```
table {
  tr {
    td("Hello")
    td("Bongiorno")
  }
  tr {
    td("Goodbye")
    td("Arrividerci")
  }
}
```

`Table` 类存储行：

```
class Table:
  val rows = new ArrayBuffer[Row]
  def add(r: Row) = rows += r
  override def toString = rows.mkString("<table>\n", "\n", "</table>")
```

类似地，Row 存储数据单元格。

如何将 Row 实例添加到正确的 Table 中？关键在于 table 方法要引入一个 Table 类型的 given 实例，而 tr 方法要有一个 Table 类型的 using 参数。以同样的方式将一个 Row 从 tr 传递到 td 方法。

存在一种技术复杂性。table 和 tr 函数除了需要传递 using 参数外，还使用没有参数的函数。它们的类型是 Table ?=> Any 和 Row ?=> Any（见 19.11 节）。

完成 Table 和 Row 类以及 table、tr 和 td 函数。

13. 改进前一练习中的函数，使你不能在一个 table 中嵌套另一个 table，也不能在一个 tr 中嵌套另一个 tr。（提示：NotGiven。）

14. 查找 Predef.scala 中的=:=对象，解释它是如何工作的。

15. 以下类之间的区别是什么？

```
class PairU[T](val first: T, val second: T) :
  def smaller(using ord: Ordering[T]) =
    if ord.compare(first, second) < 0 then first else second
class PairS[T : Ordering](val first: T, val second: T) :
  def smaller =
    if summon[Ordering[T]].compare(first, second) < 0 then first else second
```

（提示：在构造实例和调用 smaller 时设置不同的排序方式。）

第 20 章 类型级编程 L3

为什么在 JVM 中使用 Scala 而不是 Java？原因是 Scala 的语法比 Java 更简洁和规范，但说到底，关键还是在于类型。类型帮助表达我们希望程序做什么。类型不匹配有助于及早发现编程错误，此时修复成本很低。你已经看到了很多 Scala 类型系统比 Java 丰富的例子。本章将介绍“类型编程”的高级技术——在编译时分析和生成类型。这些类型操作是一些最强大的 Scala 库的基础。不可否认，其细节非常复杂，只有高级库创建者才会感兴趣。这个概述应该能让你理解这些库的工作原理，以及它们的实现涉及什么。

本章重点内容如下：

- *匹配类型*（match type）表示随另一类型而变化的类型；
- *异构列表*（heterogeneous list）拥有不同类型的元素；
- 可以使用字面量整数类型在编译时进行计算；
- 使用*内联函数*（inline function），你可以在编译时有条件地注入代码；
- 类型类定义了类可以声明以临时方式支持的行为；
- 镜像 API 提供了在编译时分析类型的支持，一个重要应用是自动继承类型类实例；
- 高级类型拥有一个本身就是参数化类型的类型参数；
- 类型 lambda 表示将一种类型转换为另一种类型；
- 宏在编译时以编程方式生成和转换代码。

20.1 匹配类型

有时，在类型级别执行模式匹配很有用，Scala 为此提供了匹配类型。以下是一个经典的入门示例：

```
type Elem[C] = C match
  case String => Char
  case Iterable[t] => t
  case Any => C
```

`Elem[String]`是 `Char` 类型，但 `Elem[List[Int]]`是 `Int` 类型。注意，类型变量和

匹配表达式中的任何变量一样，都是小写的。

有了这个类型，我们现在可以定义一个函数来生成不同类型的初始元素：

```
def initial[C <: Matchable](c: C): Elem[C] =
  c match
    case s: String => s(0)
    case i: Iterable[t] => i.head
    case _: Any => c
```

警告：match 子句的形状必须与匹配类型完全相同。子句的顺序必须相同，且不能添加其他子句。在我们的示例中，你可能想添加一个像 case "" => '\u0000'这样的子句，但它将导致编译时错误。

匹配类型可以是递归的。给定一个列表的列表，我们可能想得到初始列表的初始元素：

```
type FlatElem[C] = C match
  case String => Char
  case Iterable[t] => FlatElem[t] // 递归
  case Any => C
```

现在 FlatElem[List[List[Int]]]是 Int。

使用这种匹配类型时有个小问题，即编译器无法判断元素类型 t 是否是 Matchable。可以使用强制转换巧妙地解决它：

```
def flatInitial[C](c: C): FlatElem[C] =
  c.asInstanceOf[c.type & Matchable] match
    case s: String => s(0)
    case i: Iterable[t] => flatInitial(i.head)
    case x: Any => x
```

Scala API 提供了一个更漂亮的机制来实现同样的目的。利用语句：

```
import compiletime.asMatchable
```

你可以在任何对象上调用 asMatchable 来添加 Matchable 特质：

```
def flatInitial[C](c: C): FlatElem[C] =
  c.asMatchable match
    case s: String => s(0)
    case i: Iterable[t] => flatInitial(i.head)
    case x: Any => x
```

现在你可以调用：

```
flatInitial(List(List(1, 7), List(2, 9))) // 1
```

20.2　异构列表

List[T]收集类型 T 的元素，如果我们想收集不同类型的元素怎么办？当然，我们可以使用 List[Any]，但这样会丢失所有类型信息。在本节中，我们将构建一个异构列表类用于保存不同类型的元素。

一个列表要么为空，要么拥有一个 H 类型的头部和一个类型也是 HList 的尾部：

```
abstract sealed class HList :
  def ::[H, T >: this.type <: HList](head: H): HNonEmpty[H, T] = HNonEmpty(head, this)

case object HEmpty extends HList
case class HNonEmpty[H, T <: HList](head: H, tail: T) extends HList
```

利用::运算符，你可以构建异构列表：

```
val lst = "Fred" :: 42 :: HEmpty
  // 类型是HNonEmpty[String, HNonEmpty[Int, HEmpty.type]]
```

警告：::方法的类型参数有一个微妙之处。如果你定义：

```
def ::[H](head: H): HNonEmpty[H, this.type] = HNonEmpty(head, this)
```

那么 lst 的类型有一个不需要的通配符：HNonEmpty[String, ? <: HNonEmpty [Int, HEmpty.type]]。

问题是 this.type 不是右侧的类型（即不是 HNonEmpty[Int, HEmpty.type]]）。相反，它是单例类型，只包含右侧的对象。为此，你需要一个额外的类型变量来获取列表类型。

Scala 编译器可以确定每个列表元素的类型。试着计算下面的表达式：

```
lst.head // 类型为String
lst.tail.head // 类型为Int
lst.tail.tail // 类型为HEmpty
```

考虑下面这个连接两个异构列表的函数：

```
def append(a: HList, b: HList): HList =
  a match
    case HEmpty => b
    case ne: HNonEmpty[?, ?] => HNonEmpty(ne.head, append(ne.tail, b))
```

不幸的是，这个函数用处不大，因为它没有精确的返回类型：

```
val lst2 = append(lst, lst) // 类型为HList
```

你甚至不能请求 lst2.head，因为 HList 没有 head 方法。只有 HNonEmpty 可以，但编译器无法知道 lst2 是非空的。

注意：如果你在 REPL 中尝试这些指令，你会发现 lst2 具有值：

```
HNonEmpty(Fred,HNonEmpty(42,HNonEmpty(Fred,HNonEmpty(42,HEmpty))))
```

但是，这只有在运行时才能知道。

要在编译时准确地确定返回类型，可以使用匹配类型：

```
type Append[A <: HList, B <: HList] <: HList = A match
```

```
  case HEmpty.type => B
  case HNonEmpty[h, t] => HNonEmpty[h, Append[t, B]]
```

这个匹配类型递归地计算连接的类型。我们来看一个计算 append(lst, lst)的例子。A 和 B 都是 HNonEmpty[String, HNonEmpty[Int, HEmpty]]，那么你可以计算 Append[A, B]。经过几个递归步骤后，它是：

```
HNonEmpty[String, HNonEmpty[Int, B]]
```

即：

```
HNonEmpty[String, HNonEmpty[Int, HNonEmpty[String, HNonEmpty[Int, HEmpty]]]]
```

append 的返回类型需要使用这个类型。以下是正确的函数：

```
def append[A <: HList, B <: HList](a: A, b: B): Append[A, B] =
  a match
    case _: HEmpty.type => b
    case ne: HNonEmpty[?, ?] => HNonEmpty(ne.head, append(ne.tail, b))
```

由于 a 和 b 的类型可能变化，append 函数需要类型参数 A 和 B，它们都是 HList 的子类型。返回类型被准确地计算为 Append[A, B]。

现在编译器可以确定表达式的类型，例如：

```
lst2.head // 类型为 String
lst2.tail.tail.tail.tail // 类型为 HEmpty
```

警告：match 子句必须与匹配类型完全一致。你必须在函数中写成 case _: HEmpty.type => b 因为类型有：

```
case HEmpty.type => B
```

下面这样写是错误的。

```
case HEmpty => b
```

注意：HList 示例展示了如何进行类型级别的编程。如果你想在 Scala 代码中使用异构列表，那么不需要实现自己的 HList 类，仅仅使用元组就可以，它们的实现技术与本章介绍的相同。例如，Scala 编译器知道("Fred", 42) ++ ("Fred", 42)的类型是(String, Int, String, Int)。

20.3　字面量类型算术运算

第 18 章介绍了字面量类型，例如类型 3 只持有一个值，即整数 3。

为什么在类型级别拥有值？因为它允许在编译时进行检查和计算。例如，我们可以将 Vec[N]定义为一个包含 N 个元素的向量，其中 N 是编译时常量整数。然后我们可以在编译时检查 Vec[3]是否可以添加到另一个 Vec[3]中而不能添加到 Vec[4]中：

```
class Vec[N <: Int] :
  private val xs: Array[Double] = ...
  def +(other: Vec[N]) = ... // 必须具有相同大小
```

注意，类型参数必须是编译时常量。可以声明 Vec[3]，但不能声明 Vec[n]，其中 n 是一个类型 n 的变量。

边界 N <: Int 不足以保证 N 是单例类型。为了解决这个问题，添加一个类型为 ValueOf[N] 的 using 参数，如下所示：

```
class Vec[N <: Int](using n: ValueOf[N]) :
  private val xs: Array[Double] = Array.ofDim[Double](n.value)
  def +(other: Vec[N]) = // Must have the same size
    val result = Vec[N]()
    for i <- 0 until xs.length do
      result.xs(i) = xs(i) + other.xs(i)
    result
  ...
```

对于编译器已知单个占用者的所有单例类型，都存在一个给定的 ValueOf[S]实例。它有一个生成单个值的方法 value，在类型世界和值世界之间架起了一座桥梁。在上面的代码片段中，value 用于构造向量坐标数组。

注意：using 参数是必需的。仅将 N 的类型限制为 Int & Singleton 是不够的。以下代码是不可行的：

```
class Vec[N <: Int & Singleton] :
  private val xs: Array[Double] =
    Array.ofDim[Double](summon[ValueOf[N]].value)
```

此处，编译器没有足够的信息来推断 N 的单个值。

现在考虑拼接 Vec[N]和 Vec[M]的操作，其结果是一个包含 N + M 个分量的向量。当然，N 和 M 都是类型。你能添加两种类型吗？

如果导入了 scala.compiletime.ops.int.*，那么就可以。这个包定义了名为+、-等的类型，它们在类型级别上执行算术运算。如果 N 和 M 是单例整数类型，那么类型 N + M 就是唯一成员是 N 和 M 之和的类型。

下面是定义拼接的方法：

```
def ++[M <: Int](other: Vec[M])(using ValueOf[N + M]) =
  val result = Vec[N + M]()
  for i <- 0 until xs.length do
    result.xs(i) = xs(i)
  for i <- 0 until other.xs.length do
    result.xs(i + xs.length) = other.xs(i)
  result
```

警告：在 Scala 3.2 中，单例类型推断相当脆弱。如果 using 参数的类型是 ValueOf[M]，Scala

编译器不会推断出 N 和 M 都是可以用+组合的单例。

作为类型级运算的最终用途，我们提供一个 middle 方法，如果元素的数量是奇数，那么它可以生成向量的中间元素。

scala.compiletime.ops.any 包定义了==和!=类型运算符。当 N 中包含一个奇数时，类型 N % 2 != 0 是字面量类型 true。

```
def middle(using N % 2 != 0 =:= true) = xs(n.value / 2)
```

如果 v 有偶数个元素，则调用 v.middle 会产生编译时错误。在这种情况下，N % 2 != 0 为 false，并且不可能召唤一个给定的 false =:= true 实例。

20.4 内联代码

上一节介绍了如何在类型级别上执行计算——确保两个整数类型参数匹配，或者形成它们的和，或者确保其中一个是奇数。这些计算在程序编译时发生。

对于更复杂的编译时计算，可以使用 Scala 的功能来生成内联代码（inline code）。在本节中，你将看到不涉及类型级编程的基本示例。20.6 节使用这些特性来自动生成样例类的代码。

使用宏可以实现更复杂的编译时转换，参见 20.10 节。然而，使用宏进行编程要复杂得多。内联代码生成旨在避免常见用例中的复杂性。

以下示例很好地展示了内联代码生成的机制：

```
inline def run[T](inline task: => T, profile: Boolean) =
  var start: Long = 0
  inline if profile then start = System.nanoTime()
  val result = task
  inline if profile then
    val end = System.nanoTime()
    println(f"Duration of ${codeOf(task)}: ${(end - start) * 1E-9}%.3f")
  result
```

该函数会执行某个任务，如果 profile 标志为 true，就会打印出运行时间。阅读代码，跳过 inline 关键字，可以看到有一个按名称参数 task 执行，返回类型为 T 的结果。一个典型的调用是：

```
println(run(Thread.sleep(1000), true))
```

输出类似于：

```
Duration of Thread.sleep(1000L): 1.001
()
```

注意 run 函数中 println 语句生成的消息，它表示运行的时间。接下来的()来自于 run 调用周围的 println 函数，打印 Unit 返回值。

调用 println(run(Thread.sleep(1000), false))打印了()。

这本身并不引人注目。要了解内联代码生成的特殊之处，请查看生成的字节码（参见本章练习 4）。没有单独的 run 函数。相反，run 的代码放置在调用 run 的函数中。当 profile 为 true 时，代码的第一个副本包含对 System.nanoTime 和字符串格式化器的调用，以及对 Thread.sleep 的调用。代码的第二个副本只调用了 Thread.sleep。

注意 inline 关键字的 3 种用法：

- inline 函数将函数代码放置在函数调用的位置；
- inline 参数将调用表达式置于函数代码内部；
- inline if 丢弃不匹配分支中的代码。

注意： *inline 参数的每个用法都会被扩展。以下代码将实现 task 内联两次：*

```
inline def run[T](inline task: => T, profile: Boolean) =
  var start: Long = 0
  if profile then
    start = System.nanoTime()
    val result = task
    val end = System.nanoTime()
    println(f"Duration of ${codeOf(task)}: ${(end - start) * 1E-9}%.3f")
    result
  else
    task
```

最后，请注意巧妙的 codeOf(task)，它产生一个表示内联表达式的字符串。字符串来自表达式的解析树，而不是源代码。请注意，输出是 Thread.sleep(1000L)，而源代码是没有 L 的 Thread.sleep(1000)。codeOf 函数存在于 scala.compiletime 包中。

inline 匹配与 inline if 类似，只生成匹配分支的代码：

```
inline def sizeof[T <: Matchable] =
  inline erasedValue[T] match
    case _: Boolean => 1
    case _: Byte => 1
    case _: Char => 2
    case _: Short => 2
    case _: Int => 4
    case _: Float => 4
    case _: Long => 8
    case _: Double => 8
    case _ => error("Not a primitive type")
```

例如，sizeof[Int]被替换为 4。

之所以需要 scala.compiletime.erasedValue 方法，是因为 T 是一种类型，但 match 表达式的选择器需要是一个值。它假装生成一个给定类型的值，然后将其与 case 分支中的一个进行匹配。实际上，编译器只是匹配类型，但这样一来，就无须发明用于类型匹配的新语法。

scala.compiletime.error 方法会根据给定的消息报告一个编译时错误。

当 inline match 的每个分支都返回不同的类型时，你可能希望将函数声明为 transparent inline，这样编译器就不会使用共同的超类型作为返回类型。下面是一个例子：

```
transparent inline def defaultValue[T <: Matchable] =
  inline erasedValue[T] match
    case _: Boolean => false
    case _: Byte => 0.asInstanceOf[Byte]
    case _: Char => '\u0000'
    case _: Short => 0.asInstanceOf[Short]
    case _: Int => 0
    case _: Float => 0.0f
    case _: Long => 0L
    case _: Double => 0.0
    case _ => error("Not a primitive type")
```

现在 defaultValue[Int]的类型是 Int。如果没有 transparent 关键字，它将是 AnyVal。

不存在内联循环，但内联函数可以是递归的。这个函数连接元组中的元素：

```
inline def mkString[T <: Tuple](inline args: T, separator: String): String =
  inline args match
    case EmptyTuple => ""
    case t1: (? *: EmptyTuple) => t1.head.toString
    case t2: NonEmptyTuple =>
      t2.head.toString + separator + mkString(t2.tail, separator)
```

例如，mkString(("Fred", 42), ", ")首先被归约为"Fred".toString + ", " + mkString((42), ", ")，然后是"Fred".toString + ", " + 42.toString。

20.5 类型类

一个类如果想要以标准的方式比较它的元素，可以扩展 Comparable 特质，很多 Java 类都能做到这一点。继承是获取能力的面向对象方式。

但这种机制不灵活。考虑一个 List[T]类型，它不能扩展 Comparable，因为元素类型可能不可比较。这是一个遗憾，因为对于具有可比较元素类型的列表，存在一种自然的比较方式。

在第 19 章中，我们看到了另一种方法。我们为数值、字符串和任何扩展了 Comparable 的类提供了给定的 Comparator 实例。然后，我们为那些元素类型具有给定 Comparator 的列表合成 Comparator 实例。排序等算法利用 using 参数进行比较。

这种选择性合成比面向对象方法灵活得多。为了比较实例，根本不需要修改类。相反，我们提供一个给定的实例。

像 Comparator 这样的特质称为类型类（type class）。类型类定义了某个行为，一种类型可以通过提供这种行为来加入类。这个术语来自 Haskell，“类”的使用方式与面向对象编程中不同。将“类”想象成“类动作”——为了一个共同目的而联合在一起的类型。

要了解类型如何加入类型类，我们看一个简单的例子。我们想计算平均值$(x_1 + ... + x_n) / n$。要做到这一点，我们需要能够将两个值相加并将一个值除以一个整数。Scala 库中存在一个 Numeric 类型类，它要求值可以被相加、相乘和比较，但它对值能否被整数除没有任何要求。因此，我们定义自己的类型类：

```
trait Averageable[T] :
  def add(x: T, y: T): T
  def divideBy(x: T, n: Int): T
```

接下来，为了确保类型类一开始就有用，我们引入一些常见类型。这很容易做到，只要在伴生对象中提供给定对象即可：

```
object Averageable :
  given Averageable[Double] with
    def add(x: Double, y: Double) = x + y
    def divideBy(x: Double, n: Int) = x / n

  given Averageable[BigDecimal] with
    def add(x: BigDecimal, y: BigDecimal) = x + y
    def divideBy(x: BigDecimal, n: Int) = x / n
```

现在我们准备使用类型类。在 average 方法中，我们需要一个类型类的实例，以便调用 add 和 divideBy。（注意，这些是类型类的方法，而不是 average 参数的类型。）

此处，我们只计算两个值的平均值，通用情况留作练习。有两种方式可以提供类型类实例：作为 using 参数，或通过上下文边界。我们选择后者：

```
def average[T : Averageable](x: T, y: T) =
  val ev = summon[Averageable[T]]
  ev.divideBy(ev.add(x, y), 2)
```

最后，我们看看类型需要做什么来加入 Averageable 类型类。它必须提供一个给定对象，就像我们一开始就提供的 Double 和 BigDecimal 的给定实例一样。Point 加入的方式如下：

```
case class Point(x: Double, y: Double)

object Point :
  given Averageable[Point] with
    def add(p: Point, q: Point) = Point(p.x + q.x, p.y + q.y)
    def divideBy(p: Point, n: Int) = Point(p.x / n, p.y / n)
```

此处，我们将给定对象添加到 Point 的伴生对象。如果不能修改 Point 类，可以将给定对象放在其他地方，并根据需要导入它。

Scala 标准库提供了大量有用的类型类，例如 Equiv、Ordering、Numeric、Fractional、Hashing、IsIterableOnce、IsIterable、IsSeq、IsMap、FromString。正如你所看到的，提供自己的类型类很容易。

关于类型类的重要一点是，它们提供了一种“特别”的方式来提供没继承那样严格的多态。

20.6 镜像

在本节中，我们将使用一个类型类，它为任何对象提供了一种 JSON 表示：

```
trait JSON[A] :
  def stringify(a: A): String
```

下面是常见类型的 given 实例：

```
object JSON :
  given jsonDouble: JSON[Double] with
    def stringify(x: Double) = x.toString

  given jsonString: JSON[String] with
    def escape(s: String) = s.flatMap(
      Map('\\' -> "\\\\", '"' -> "\\\"", '\n' -> "\\n", '\r' -> "\\r").withDefault
(
        _.toString))
      def stringify(s: String): String = s"\"${escape(s)}\""
```

对于任何样例类，都可以定义一个将字段字符串化的 given 实例：

```
case class Person(name: String, age: Int)

given jsonPerson: JSON[Person] with
  def stringify(p: Person) =
    val name = summon[JSON[String]].stringify(p.name)
    s"""{"name": $name, "age": $p.age}"""
```

但这显然很乏味。在 Java 中，可以使用反射在运行时自动字符串化任意实例。在 Scala 中，我们可以做得更好，在编译时生成转换器代码。

为了在编译时分析类型，我们需要使用镜像（mirror）。每个样例类 T 都会产生一个 Mirror.Product[T]类型。（回忆一下，14.10 节中提到样例类扩展了 Product 特质。）镜像描述了类的以下特性：

- MirroredElemTypes，字段类型的元组
- MirroredElemLabels，字段名称的元组
- MirroredLabel，类的名称

注意，所有这些都是类型。例如，如果 m 是给定的 Mirror.Product[Person]，那么 m.MirroredElemTypes 就是元组类型(String, Int)，m.MirroredElemLabels 是两个单例类型("name", "age")的元组类型，m.mirroredLabel 是单例类型 Person。

在 JSON 表示中，我们需要使用字段名。但是我们需要它们作为字符串对象，而不是单例类型。

scala.compiletime 包提供了 3 个将单例类型转换为值的方法：

- constValue[T]生成单例类型 T 的唯一值。
- constValueOpt[T]，如果 T 是单例类型，则生成一个包含单个值的 Option，否则返回 None。
- constValueTuple[T]生成一个单例值的元组，其中 T 是单例类型的元组类型。

你可以像下面这样从类型转换到对象：

```
val fieldNames = constValueTuple[m.MirroredElemLabels] // 一个字符串元组
```

对于 JSON 格式，不需要类名，但如果需要，那么它就是：

```
val className = constValue[m.MirroredLabel]
```

我们需要为每个字段类型获取给定的 JSON 实例。有 3 种方法可以在内联函数中调用给定的实例：

- summonInline[T]召唤类型 T 的给定实例。
- summonAll[T]，其中 T 是元组类型，召唤 T 的所有给定实例的元组。
- summonFrom 尝试召唤 case 子句中给定的实例。例如，summonFrom { case given Ordering[T] => TreeSet[T](); case _ => HashSet[T]() }。

下面是召唤给定 JSON 实例的一种方法：

```
inline def summonGivenJSON[T <: Tuple]: Tuple =
  inline erasedValue[T] match
    case _: EmptyTuple => EmptyTuple
    case _: (t *: ts) => summonInline[JSON[t]] *: summonGivenJSON[ts]
```

结果是一个 JSON 实例的元组，例如，如果 T 是 Person，那么结果为 JSON[String]和 JSON[Int]。请再次注意，我们从类型元组转换为值元组。

在 20.8 节和 20.9 节中，你将看到更多收集这种类型类实例的优雅的方式。

至此，我们已经拥有了为任意 Product 生成 JSON 实例的所有工具。每个样例类都是 Product 的子类。

```
inline given jsonProduct[T](using m: Mirror.ProductOf[T]): JSON[T] =
  new JSON[T] :
    def stringify(t: T): String =
      val fieldNames = constValueTuple[m.MirroredElemLabels]
      val jsons = summonGivenJSON[m.MirroredElemTypes]
      "{ " + fieldNames.productIterator.zip(jsons.productIterator)
        .zip(t.asInstanceOf[Product].productIterator).map {
          case ((f, j), v) => s""""$f": ${j.asInstanceOf[JSON[Any]].stringify(v)}"""
        }.mkString(", ") + " }"
```

强制转换 j.asInstanceOf[JSON[Any]]是必要的，因为只知道 jsons 是一个 Tuple。

警告：在 Scala 3.2 中，不能将 with 语法与 inline given 一起使用。

现在任何样例类的实例都可以被格式化为 JSON：

```
case class Item(description: String, price: Double)

summon[JSON[Item]].stringify(Item("Blackwell Toaster", 19.95))
  // { "description": "Blackwell Toaster", "price": 19.95 }
```

20.7 类型类派生

在前一节中，我们看到了如何自动获取任何产品类型的 JSON 实例，对和类型也可以这样做。前面说过，和类型是由密封类或 enum 类提供的，例如：

```
sealed abstract class Amount
case class Dollar(value: Double) extends Amount
case class Currency(value: Double, unit: String) extends Amount
```

或

```
enum BinaryTree[+A] :
  case Node(value: A, left: BinaryTree[A], right: BinaryTree[A])
  case Empty
```

与上一节的过程类似，下面是为和类型生成 JSON 实例的方法：

```
inline given jsonSum[T](using m: Mirror.SumOf[T]): JSON[T] =
  new JSON[T] :
    def stringify(t: T): String =
      val index = m.ordinal(t)
      val jsons = summonGivenJSON[m.MirroredElemTypes]
      jsons.productElement(index).asInstanceOf[JSON[Any]].stringify(t)
```

利用 Mirror.SumOf，m.MirroredElemTypes 是一个包含所有子类型的元组，调用 m.ordinal(t)会得到元组中类型 t 的索引。

召唤 JSON[Amount]将会召唤所有子类型的 JSON 实例，即 JSON[Dollar]和 JSON[Currency]。这些是样例类，实例是使用 jsonProduct 生成的。

但是，如果你尝试 summon[JSON[BinaryTree[String]]]，就会遇到问题。子类 BinaryTree[String].Node 会产生一个错误，因为编译器还不知道如何处理 BinaryTree 类型的字段。

这可以通过类型类派生（type class derivation）来解决。BinaryTree 声明它是 JSON 类型类的实例，语法如下：

```
enum BinaryTree[+A] derives JSON :
  case Node(value: A, left: BinaryTree[A], right: BinaryTree[A])
  case Empty
```

JSON 伴生对象必须提供一个名为 derived 的方法或值，以生成类型类的实例。以下是一个合适的方法：

```
inline def derived[T](using m: Mirror.Of[T]): JSON[T] =
  inline m match
```

```
    case s: Mirror.SumOf[T] => jsonSum(using s)
    case p: Mirror.ProductOf[T] => jsonProduct(using p)
```

请记住，很少有程序员会实现自己的类型类。与 JSON、SQL 等交互的库将定义适当的类型类，这些库的用户可以使用 derives 语法表明某个特定类是这种类型类的实例。

20.8 高级类型

泛型类型 List 有一个类型参数 T，并生成一个类型。例如，给定类型 Int，得到类型 List[Int]。因此，像 List 这样的泛型类型有时被称为*类型构造函数*（type constructor），记为 List[_]。在 Scala 中，你还可以更进一步，把类型参数作为类型构造函数。

要了解这可能有用的原因，请考虑 20.6 节中的 summonGivenJSON 方法。如果我们想收集其他类型类的元素，必须重新编写该方法，只需使用其他类型类而不是 JSON。如果我们可以将类型类作为参数传递就好了。这是高级类型的典型用法：

```
inline def summonGiven[T <: Tuple, C[_]]: Tuple =
  inline erasedValue[T] match
    case _: EmptyTuple => EmptyTuple
    case _: (t *: ts) => summonInline[C[t]] *: summonGiven[ts, C]
```

现在，summonGiven[m.MirroredElemTypes, JSON]将所有给定的 JSON[t]实例收集了起来。

我们说 summonGiven 是高级类型，是因为它有一个类型参数，而后者本身也有一个类型参数。（有一种类型理论描述了类型参数的复杂性。对于大多数程序员来说，细节并不重要，因为比你在这里看到的更复杂的情况是非常罕见的。）

这个例子很简洁，但很专业。再举一个例子，我们从以下简化的 Iterable 特质开始：

```
trait Iterable[E] :
  def iterator(): Iterator[E]
  def map[F](f: E => F): Iterable[F]
```

现在考虑一个实现该特质的类：

```
class Buffer[E] extends Iterable[E] :
  def iterator(): Iterator[E] = ...
  def map[F](f: E => F): Buffer[F] = ...
```

对于一个缓冲区，我们希望 map 返回一个 Buffer，而不仅仅是一个 Iterable，这意味着我们不能在 Iterable 特质本身中实现 map，而我们正想要这样做。一种解决方法是使用类型构造函数对 Iterable 进行参数化，如下所示：

```
trait Iterable[E, C[_]] :
  def iterator(): Iterator[E]
  def build[F](): C[F]
  def map[F](f: E => F): C[F]
```

现在 Iterable 对象的结果依赖于类型构造函数，记为 C[_]。这使得 Iterable 成为一种更高级的类型。

map 返回的类型可能与调用 map 的 Iterable 的类型不同。例如，如果对一个 Range 调用 map，结果通常不是一个范围，因此 map 必须构造一个不同的类型，例如 Buffer[F]。这种 Range 类型声明为：

```
class Range extends Iterable[Int, Buffer]
```

注意，第二个参数是类型构造函数 Buffer。

为了在 Iterable 中实现 map，我们需要更多的支持。一个 Iterable 需要能够生成一个容器来容纳任何类型 F 的值。我们定义一个 Container 特质——它是可以向其中添加值的东西：

```
trait Container[E : ClassTag] :
  def +=(e: E): Unit
```

我们需要 ClassTag 上下文边界，因为一些容器需要能够构造泛型 Array[E]。

要生成这样的对象，必须使用 build 方法：

```
trait Iterable[E, C[X] <: Container[X]] :
  def build[F : ClassTag](): C[F]
  ...
```

类型构造函数 C 现在被限制为 Container，因此我们知道可以向 build 返回的对象添加项。我们不能再为 C 的参数使用通配符，因为我们需要表明 C[X]是同一个 X 的容器。

map 方法可以在 Iterable 特质中实现：

```
def map[F : ClassTag](f: E => F): C[F] =
  val res = build[F]()
  val iter = iterator()
  while iter.hasNext do
    res += f(iter.next())
  res
```

可遍历类不再需要提供自己的 map。下面是 Range 类：

```
class Range(val low: Int, val high: Int) extends Iterable[Int, Buffer] :
  def iterator() = new Iterator[Int] :
    private var i = low
    def hasNext = i <= high
    def next() = { i += 1; i - 1 }

  def build[F : ClassTag]() = Buffer[F]
```

注意，Range 是一个 Iterable：你可以遍历它的内容，但它不是 Container：你不能向它添加值。

另一方面，Buffer 同时是 Iterable 和 Container：

```
class Buffer[E : ClassTag] extends Iterable[E, Buffer] with Container[E] :
  private var capacity = 10
```

```
  private var length = 0
  private var elems = Array[E](capacity) // 见注意内容

  def iterator() = new Iterator[E] :
    private var i = 0
    def hasNext = i < length
    def next() = { i += 1; elems(i - 1) }

  def build[F : ClassTag]() = Buffer[F]

  def +=(e: E) =
    if length == capacity then
      capacity = 2 * capacity
      val nelems = Array[E](capacity) // 见注意内容
      for i <- 0 until length do nelems(i) = elems(i)
      elems = nelems
    elems(length) = e
    length += 1
```

这个例子展示了高级类型的典型用法。`Iterable` 依赖于 `Container`，但 `Container` 不是一种类型，而是一种创建类型的机制。

20.9 类型 Lambda 表达式

我们可以将类型构造函数（例如 `List[_]`）视为类型级函数，它将类型 `X` 映射到类型 `List[X]`。这可以用一种特殊的语法表示，称为类型 lambda 表达式：

```
[X] =>> List[X]
```

在这个简单的例子中，类型 lambda 表达式语法不是必需的，但它对于表达更复杂的类型级别的映射是有用的。

警告： 类型参数周围必须有`[]`。例如，`X =>> List[X]`不是一个有效的类型 lambda 表达式。

下面是另一个例子。回想一下 20.3 节介绍的整数类型运算。现在我们需要一种通用机制来检查条件，例如“一个编译时常量是偶数”，如下所示：

```
def validate[V <: Int, P[_ <: Int] <: Boolean](
  using ev: P[V] =:= true, v: ValueOf[V]) = v.value
```

`V` 是单例整数类型，`P` 是将整数转换为布尔值的类型构造函数——这是一个条件。如果在类型级别满足条件，则可以调用 `P[V] =:= true`，并检索值。

你可以将 `P` 指定为类型 lambda 表达式。下面演示了如何检查一个值是否为偶数：

```
validate[10, [V <: Int] =>> V % 2 == 0]
```

注意类型 lambda 表达式。没有它，你需要定义一个命名类型：

```
type Even[V <: Int] = V % 2 == 0
```

并调用：

```
validate[10, Even]
```

最后，我们使用类型 lambda 表达式的概念对 20.6 节中的 summonGivenJSON 函数进行进一步简化。我们手工完成了从类型元组到给定实例元组的转换。scala.compiletime 包中有一个函数 summonAll，它会从类型的元组中调用给定的实例。但是我们不能使用它，因为我们没有正确类型的元组。我们有一个元组(String, Int)，但需要调用(JSON[String], JSON[Int])的实例。如果我们可以映射[X] =>> JSON[X]，就可以了。

这正是 Tuple.Map 类型能够做的，它对类型的元组应用类型级别的转换。类型 type ElemTypesJSON = Tuple.Map[m.MirroredElemTypes, [X] =>> JSON[X]]是字段类型的 JSON 类型类的元组。

实际上，这里并不需要类型 lambda 表达式，只需像下面这样调用实例：

```
val jsons = summonAll[Tuple.Map[m.MirroredElemTypes, JSON]]
```

20.10 宏简介

在本章中，你已经看到了几种进行编译时计算的技术。宏（macro）提供了一种在编译时进行任意代码转换的更为通用的机制。然而，编写宏是复杂的，且需要深入了解编译过程。宏编程是一种非常专业的技能，只用于实现具有看似神奇力量的高级库。

本节将介绍几个宏的用例，并简要介绍其实现。希望这能让你了解宏的功能，从而对这些高级库的实现者如何实现其神奇的效果有一个基本的了解。

我们从一个简单的例子开始。在调试时，经常编写以下的打印语句：

```
println("someVariable = " + someVariable)
```

令人讨厌的是，必须写两次变量名：一次是打印变量名，另一次是获取变量的值。这个问题实际上可以通过内联函数来解决：

```
inline def debug1(inline expr: Any): Unit = println(codeOf(expr) + " = " + expr)
```

我们已经在 20.4 节见过 codeOf 函数，它打印内联值的代码，如下所示：

```
val x = 6
val y = 7
debug1(x * y) // 打印x.*(y) = 42
```

但假设我们还想查看表达式的类型。没有对应的库函数实现这个功能。相反，我们需要编写一个宏。

宏允许操作语法树。如果 e 是一个类型 T 的 Scala 表达式，那么'{e}就是类型 Expr[T]的语法树。有一些方法可以用来分析和生成语法树。

相反，如果你有一个类型 Expr[T]的值 s，你可以在 Scala 表达式中通过${s}语法来使用它所表示的表达式。

'和$操作称为引用（quote）和拼接（splice）。

在我们的 debug1 示例中，我们将为调用 println 生成一棵语法树：

```
'{println(${...} + ": " + ${...} + " = " + ${...})}
```

总的来说，我们的想法是尽可能使用 Scala 语法，仅在必要时使用语法树 API。这里，我们使用 Scala 语法来连接和调用 println。

下面是完整的实现：

```
inline def debug1[T](inline arg: T): Unit = ${debug1Impl('arg)}

private def debug1Impl[T : Type](arg: Expr[T])(using Quotes): Expr[Unit] =
  '{println(${Expr(arg.show)} + ": " + ${Expr(Type.show[T])} + " = " + $arg)}
```

由于技术原因，必须在内联函数中调用宏，此处是 debug1，使用顶级拼接并引用它的参数。通常宏函数使用 Impl 后缀。

注意，'arg 等同于'{arg}，变量名不需要花括号。

宏函数接收 Expr 类型的参数，并且需要使用给定的 Quotes 实例。

调用 arg.show 会生成 arg 语法树的字符串表示。为了拼接它，我们需要把它转换为 Expr。

类似地，Type.show[T]用于生成类型参数的字符串表示，且会被转换为 Expr。

最后，将本身就是一棵语法树的 arg 变量拼接进去。同样，因为它是变量，所以不需要花括号。

debug1 函数打印一个表达式。如果能打印多个就好了：

```
debugN("Test description", x, y, x * y)
```

打印类型没有简单的方法。相反，我们不打印字面量值的表达式，因为打印 Test description = Test description 看起来很傻。

实现有点复杂：

```
inline def debugN(inline args: Any*): Unit = ${debugNImpl('args)}

private def debugNImpl(args: Expr[Seq[Any]])(using q: Quotes): Expr[Unit] =
  import q.reflect.*

  val exprs: Seq[Expr[String]] = args match
    case Varargs(es) =>
      es.map { e =>
        e.asTerm match
          case Literal(c: Constant) => Expr(c.value.toString)
          case _ => '{${Expr(e.show)} + " = " + $e}
      }
```

```
'{println(${exprs.reduce((e1, e2) => '{$e1 + ", " + $e2})})}
```

与以前一样，debugN 函数调用 debugNImpl 宏，传递引用的参数（现在为 Expr[Seq[Any]]）。和之前一样，我们需要使用给定的 Quotes 实例。

现在我们需要更多关于 Scala 内部的知识。args 参数实际上是 Varargs 的一个实例，我们将其解构以获取其元素。每个元素要么是一个字面量，要么是一个同时打印描述和值的表达式。

在第一种情况下，我们用字面量的字符串表示生成一个 Expr。在第二种情况下，我们在编译时将表达式的字符串表示 e.show 和字符串" = "拼接起来，并生成一个表达式，以便在运行时将表达式的值拼接起来。

调用 reduce 将表达式的值拼接起来。注意，嵌套的引用和拼接用于计算 e1 和 e2 的拼接。我们最好查看生成的字节码，以理解宏扩展的复杂性（见本章练习 27）。

最后一个例子是扩展 20.3 节介绍的类型检查。我们能够在编译时检查两个向量的长度是否相同，或者长度是否为奇数。假设我们要检查字符串。例如，我们可能希望在编译时验证字符串字面量是否只包含数字，然后再将其解析为整数。

这种检查需要在运行时调用一个方法，例如 String.matches，这对于 inline 函数是不可能的。同样，需要一个宏。

具体来说，我们将定义一个类型 StringMatching[regex]，用于匹配正则表达式的字符串字面量，也指定为字符串字面量。例如，声明：

```
val decimal: StringMatching["[0-9]+"] = "1729"
```

将会成功，但是：

```
val octal: StringMatching["[0-7]+"] = "1729"
```

不会编译。

以下是 StringMatching 类型：

```
opaque type StringMatching[R <: String & Singleton] = String
```

在伴生对象中，我们定义一个隐式转换：

```
inline given string2StringMatching[S <: String & Singleton, R <: String & Singleton]:
    Conversion[S, StringMatching[R]] = str =>
  inline val regex = constValue[R]
  inline if matches(str, regex)
  then str.asInstanceOf[StringMatching[R]]
  else error(str + " does not match " + regex)
```

matches 调用是一个宏：

```
inline def matches(inline str: String, inline regex: String): Boolean =
  ${matchesImpl('str, 'regex)}

def matchesImpl(str: Expr[String], regex: Expr[String])(
    using Quotes): Expr[Boolean] =
```

```
Expr(str.valueOrAbort.matches(regex.valueOrAbort))
```

如果使用引用和拼接的'{$str.matches($regex)}就更好了，但它没有内联。因此，matchesImpl 方法手动将表达式树转换为值，调用 String.matches，并为布尔值结果生成一个 Expr。

本章概述了一些实现高级 Scala 库的技术。现在我们已经读到本书的结尾，我希望作为对 Scala 语言各个方面的快速介绍，本书对你是有用的，并且你会发现它在未来作为参考是同样有效的。

练习

1. 使用递归的匹配类型和联合类型定义一个类型 Interval[MIN <: Int, MAX <: Int] <: Int，该类型描述一个整数区间，并在编译时检查成员关系。例如，类型为 Interval[1, 10]的变量可以设置为 1 到 10 之间的任何常量整数，而不能设置为任何其他值。
2. 为对 N 取模的整数定义一个不透明类型 IntMod[N]，使用+、-、*运算符只合并具有相同模数的整数。
3. 定义一个 zip 函数，它接受两个相同长度的 HList，并生成一个相应对偶的 HList，还需要一个递归匹配类型 Zip。
4. 请查看调用 20.4 节中的 run 函数时生成的字节码。用 Scala 编译器从配套代码中编译 Section5 类，然后在@main 方法调用的类文件上运行 javap -c -private。你怎么知道 run 函数的代码是内联的呢？
5. 请验证 20.4 节中警告事项中的代码将 task 参数的代码内联了两次。
6. 在调用 20.4 节的 run 函数时生成的字节码中，codeOf(task)字符串是如何出现的？尝试用两个不同的任务调用 run。
7. 解释为什么 Ordering 是一个类型类而 Ordered 不是。
8. 将 20.5 节中的 average 方法泛化为 Seq[T]。
9. 让 String 成为 20.5 节中 Averageable 类型类的成员。divBy 方法应该保留第 n 个字母，这样 average("Hello", "World")就变成了"Hlool"。
10. 为什么不能将 20.10 节中的 debug 函数实现为 inline 函数呢？如果将参数作为元组传递，例如 debugN((x, y + z))，能做到这一点吗？
11. 编写一个递归的内联函数，计算 20.3 节中 Vec 元素的和。
12. 编写一个递归内联函数，生成返回类型为 Any 的 HList 中索引为 n 的元素。
13. 使用精确的返回类型改进前一练习。例如，elem(("Fred", 42), 1)的类型应该是 Int。（提示：使用递归匹配类型 Elem[T, N]。在实现中可能仍然需要强制转换。如果你被卡住了，可以看看 Scala 中 `Tuple` 类的源代码。）

14. 创建一个流畅的 API，用于从控制台读取整数、浮点数和字符串。例如：`Read in aString askingFor "Your name" and anInt askingFor "Your age" and aDouble askingFor "Your weight"`。返回合适类型的元组，例如本例中的 `(String, Int, Double)`。
15. 使用 `using` 语法重写 20.5 节中的 `average` 函数。
16. 重写 20.5 节中的 `average` 函数，计算任意数量个参数的平均值。
17. 定义一个 `Fraction` 类，并使其成为标准 `Fractional` 类型类的实例。
18. 定义一个类型类 `Randomized`，用于生成类型的随机实例。为 `Int`、`Double`、`BigDecimal` 和 `String` 提供给定实例。
19. 实现一个内联函数，根据组件类型是否允许排序，对数组进行二分搜索或线性搜索。
20. 修改 20.6 节中的 `summonGivenJSON` 函数，让它返回一个 `List[JSON[Any]]` 而非一个元组。那么能否避免在 `jsonProduct` 中调用 `asInstanceOf` 呢？
21. 20.6 节中介绍的自动派生方法对 `Person` 类不起作用。如何解决这个问题呢？
22. 扩展 20.6 节中的 `JSON` 类型类，使其能够处理布尔值和数组。
23. 为 20.6 节中的 `JSON` 类型类添加一个 `parse` 方法，并为样例类实现解析。
24. 确认在 20.6 节的 `jsonProduct` 函数中，如果给类型参数添加了非常合理的范围 `<:Product`，就可以避免将其转换为 `asInstanceOf[Product]`。这将导致 20.7 节中的什么问题？
25. 一个（可能无限的）元素类型为 `T` 的集合可以被建模为一个函数 `T => Boolean`，当参数是集合中的一个元素时，该函数为 `true`。通过两种方式声明一个类型 `set`，分别使用类型参数和类型 lambda 表达式。
26. `"abc".map(_.toUpper)` 的结果是一个字符串，而 `"abc".map(_.toInt)` 的结果是一个向量。了解 Scala 库中是如何实现的。
27. 编写一个使用 20.10 节中的 `debugN` 宏的程序。（需要将宏和使用它的代码放在单独的源文件中。）使用 `javap -c -private` 分析类文件。你能将字符串拼接与引用和拼接级别联系起来吗？对 `map` 和 `reduce` 的调用发生了什么？